FORSCHUNGSBERICHTE
DES WIRTSCHAFTS- UND VERKEHRSMINISTERIUMS
NORDRHEIN-WESTFALEN

Herausgegeben von Staatssekretär Prof. Dr. h. c. Dr. E. h. Leo Brandt

Nr. 430

Prof. Dr. Georg Garbotz
Dr.-Ing. Gerhard Drees

Institut für Baumaschinen und Bauarbeiten
der Technischen Hochschule Aachen

Untersuchungen über das Kräftespiel an Flachbagger-Schneidwerkzeugen in Mittelsand und schwach bindigem, sandigem Schluff unter besonderer Berücksichtigung der Planierschilde und ebenen Schürfkübelschneiden

Als Manuskript gedruckt

WESTDEUTSCHER VERLAG / KÖLN UND OPLADEN

1958

ISBN 978-3-663-03825-2   ISBN 978-3-663-05014-8 (eBook)
DOI 10.1007/978-3-663-05014-8

Forschungsberichte des Wirtschafts- und Verkehrsministeriums Nordrhein-Westfalen

Gliederung

Vorwort . . . . S. 7

1. Einleitung . . . . S. 9
   1.1 Die geschichtliche Entwicklung . . . . S. 9
   1.2 Der Stand der Forschung . . . . S. 13
      1.21 Die Schneidwerkzeuge der Universal-
           und Flachbagger . . . . S. 14
      1.22 Die landwirtschaftlichen Bodenbear-
           beitungsgeräte . . . . S. 17
      1.23 Die Zerspanung von Metallen . . . . S. 18
      1.24 Zusammenfassung der Forschungsergebnisse . . . . . . S. 19
      1.25 Die Aufgabenstellung . . . . S. 20
   1.3 Die Festlegung der Bezeichnungen am Schneidwerkzeug . . S. 21

2. Die untersuchten Bodenarten und Schneidwerkzeuge . . . . . . S. 23
   2.1 Der Versuchsboden . . . . S. 23
   2.2 Die Ermittlung der Reibung zwischen Schneidwerk-
      zeug und Boden . . . . S. 26
      2.21 Die Reibung zwischen Sand und Schneidwerkzeug . . S. 26
      2.22 Die Reibung zwischen Schluff und Schneidwerkzeug . S. 27
   2.3 Die Schneidwerkzeuge . . . . S. 28
      2.31 Die ebenen Schneidmesser . . . . S. 29
      2.32 Die gekrümmten Schneidwerkzeuge . . . . S. 30
           2.321 Das Planierschild mit symmetrischem Profil . S. 31
           2.322 Das Planierschild mit nach oben zunehmender
                 Krümmung . . . . S. 31
           2.323 Das Planierschild mit nach oben abnehmender
                 Krümmung . . . . S. 32

3. Die Versuchseinrichtung . . . . S. 32
   3.1 Die Versuchsbahn und die Antriebswinde . . . . S. 32
   3.2 Der Versuchswagen . . . . S. 33
   3.3 Die Meßelemente und die Registriereinrichtungen . . . . S. 35
      3.31 Die Dehnungsmeßelemente und der hydraulische
           Zugkraftmesser . . . . S. 37
      3.32 Die Registriereinrichtungen . . . . S. 41

4. Die Grundlagen für die Auswertung der Meßergebnisse . . . . . S. 41
   4.1 Die Berechnung der Schildfüllung . . . . S. 42
   4.2 Die Ermittlung der Resultierenden nach Größe,
       Richtung und Lage . . . . S. 44
   4.3 Die erforderliche Leistung . . . . S. 46
   4.4 Die Hauptschnittkraft . . . . S. 46
   4.5 Die Rückkraft . . . . S. 46

5. Die Versuchsdurchführung . . . . S. 49
   5.1 Die Versuchsvorbereitung . . . . S. 49
       5.11 Die Versuchsvorbereitung des Mittelsandes . . . . . S. 49
       5.12 Die Versuchsvorbereitung des schwach
            bindigen sandigen Schluffs . . . . S. 50
   5.2 Die Durchführung der Versuche . . . . S. 51

6. Die Vorversuche mit ebenem Schneidmesser im Mittelsand . . . S. 52
   6.1 Vorversuchsreihe I . . . . S. 53
       6.11 Veränderung des Schnittwinkels . . . . S. 53
       6.12 Die Veränderung der Geschwindigkeit . . . . S. 55
       6.13 Die Veränderung der Spandicke . . . . S. 55
       6.14 Folgerungen . . . . S. 55
   6.2 Vorversuchsreihe II . . . . S. 56

7. Die Hauptversuche im Mittelsand . . . . S. 56
   7.1 Modellversuche mit ebenen Schneidmessern . . . . S. 56
   7.2 Das ebene Schneidmesser mit konstanter Hubhöhe . . . . . S. 63
       7.21 Die Veränderung des Schnittwinkels . . . . S. 63
       7.22 Die Veränderung der Geschwindigkeit . . . . S. 66
       7.23 Die Veränderung der Spandicke . . . . S. 67
       7.24 Folgerungen . . . . S. 67
   7.3 Die Modellversuche mit Planierschilden . . . . S. 68
       7.31 Der Neigungswinkel $\varepsilon = -15°$ . . . . S. 69
       7.32 Der Neigungswinkel $\varepsilon = 0°$ . . . . S. 72
       7.33 Der Neigungswinkel $\varepsilon = +10°$ . . . . S. 73
   7.4 Die Hauptversuche mit Planierschilden . . . . S. 74
       7.41 Die Veränderung des Schildneigungswinkels . . . . . S. 74
       7.42 Die Veränderung der Schnittgeschwindigkeit . . . . S. 75
       7.43 Die Veränderung der Spandicke . . . . S. 79

        7.44 Der Vergleich der Planierschilde . . . . S. 79
        7.45 Die Zusammenfassung der Untersuchungen
             der Planierschilde im Sand . . . . S. 82
  7.5 Das Planierschild mit Parabelprofil mit
     Vibrationseinwirkung . . . . S. 83

8. Die Hauptversuche in schwach bindigem sandigen Schluff . . . S. 86
  8.1 Die Modellversuche mit ebenen Schneidmessern . . . . . S.. 86
  8.2 Das ebene Schneidmesser . . . . S. 89
        8.21 Die Veränderung des Schnittwinkels . . . . S. 89
        8.22 Die Veränderung der Geschwindigkeit . . . . S. 90
        8.23 Die Veränderung der Spandicke . . . . S. 92
        8.24 Folgerungen . . . . S. 92
  8.3 Die Modellversuche mit Planierschilden . . . . S. 93
  8.4 Die Hauptversuche mit Planierschilden . . . . S. 94
        8.41 Die Veränderung des Neigungswinkels . . . . S. 96
        8.42 Die Veränderung der Geschwindigkeit . . . . S. 96
        8.43 Die Veränderung der Spandicke . . . . S. 98
        8.44 Der Vergleich der Planierschilde . . . . S. 100
        8.45 Die Zusammenfassung der Untersuchungen der
             Planierschilde im Schluff . . . . S. 104

9. Ergänzungsversuche . . . . S. 107
  9.1 Planierschild mit Aluminiumauskleidung . . . . S. 108
        9.11 Die Rückkraftkomponenten . . . . S. 108
        9.12 Die Hauptschnittkraft und die Rückkraft . . . . . S. 108
        9.13 Die resultierende Schnittkraft . . . . S. 111
        9.14 Die erforderliche Motorleistung . . . . S. 112
        9.15 Die Schildfüllung . . . . S. 112
        9.16 Die Lage der resultierenden Schnittkraft . . . . S. 113
        9.17 Folgerungen . . . . S. 114
  9.2 Planierschild mit Evolventenprofil I -
     Erhöhung des Wassergehaltes . . . . S. 114
        9.21 Allgemeines . . . . S. 114
        9.22 Die Veränderung des Neigungswinkels . . . . S. 115
        9.23 Folgerungen . . . . S. 115

10. Entwicklung von Formeln für die Hauptschnittkraft . . . . . S. 116
  10.1 Das ebene Schneidmesser im Sand . . . . S. 116

10.2 Die Planierschilde im Sand . . . . S. 120

10.3 Das ebene Schneidmesser im Schluff . . . . S. 123

10.4 Die Planierschilde im Schluff . . . . S. 125

11. Praktische Hinweise für die Gestaltung der Flachbagger . . . . S. 126

    11.1 Die Schürfwagen . . . . S. 127

        11.11 Der Motorschürfwagen mit Vorderradantrieb . . . . S. 131

        11.12 Der Motorschürfwagen mit Heckmotor . . . . S. 131

        11.13 Der Anhängerschürfwagen . . . . S. 132

    11.2 Der Straßenhobel . . . . S. 133

        11.21 Der Straßenhobel mit Allradantrieb . . . . S. 134

        11.22 Der Straßenhobel mit Hinterradantrieb . . . . . . S. 135

    11.3 Die Planierraupen und Planierreifenschlepper . . . . . S. 136

12. Zusammenfassung der Versuchsergebnisse . . . . S. 137

    12.1 Die Versuche im Mittelsand . . . . S. 137

    12.2 Die Versuche im schwach bindigen, sandigen Schluff . . S. 138

13. Literaturverzeichnis . . . . S. 140

Forschungsberichte des Wirtschafts- und Verkehrsministeriums Nordrhein-Westfalen

V o r w o r t

Nachdem der gleislose Erdbau sich in Deutschland seit 1945 mehr und mehr durchgesetzt hat und zur vorherrschenden Methode des Erdbaus überhaupt wurde, sind zahlreiche Forschungsarbeiten über dieses Gebiet veröffentlicht worden, die jedoch vorwiegend betriebstechnische Probleme behandeln. Nur vereinzelt liegen Hinweise darüber vor, welcher Art die Maschinenbeanspruchungen sind, die bei der Bodenbearbeitung auftreten. Wie die Beispiele des Landmaschinen- und Werkzeugmaschinenbaus zeigen, sind jedoch exakte, im Laboratorium durchgeführte Versuche für eine optimale Gestaltung der Geräte unerläßlich. Aus diesem Grund wurde dem Verfasser auf Veranlassung von Herrn Prof. Dr. GARBOTZ die vorliegende Forschungsarbeit übertragen, durch die in den Jahren 1954 und 1955 in der Versuchsbahn des Instituts für Baumaschinen und Baubetrieb an der Rheinisch-Westfälischen Technischen Hochschule, Aachen, das bei der Bodenbearbeitung an den Schneidwerkzeugen auftretende Kräftespiel einwandfrei ermittelt werden konnte. Daraus wurden wichtige Schlüsse für die optimale Formgebung der Schneidwerkzeuge gezogen.

Folgende staatliche und private Stellen haben die Forschungsarbeit finanziell unterstützt und damit ihre Durchführung erst ermöglicht:

    Das Wirtschafts- und Verkehrsministerium des Landes
    Nordrhein-Westfalen
    Die Gesellschaft der Freunde der Aachener Hochschule
    Das Battelle-Memorial-Institut für Deutschland e.V.
    Die Deutsche Forschungsgemeinschaft

Ihnen gilt mein besonderer Dank für die verständnisvolle Förderung der Arbeit.

Die Versuchseinrichtung wurde zu einem großen Teil in den Werkstätten der Firmen

    Hanomag AG, Hannover-Linden   und
    Demag-Baggerfabrik, Düsseldorf-Benrath

angefertigt und damit die Versuchsdurchführung wesentlich erleichtert.

Vor allem aber möchte ich Herrn Prof. Dr. GARBOTZ für sein Vertrauen danken, mit dem er mir die Forschungsarbeit übertrug und für die Gewährung einer Arbeitsmöglichkeit in seinem Institut. Es ist sein bleibendes Verdienst, seit 20 Jahren die Entwicklung des gleislosen Erdbaus in Deutschland maßgeblich beeinflußt zu haben. Aus dieser reichen Erfahrung heraus hat er dem Verfasser eine unermüdliche und großzügige Förderung gewähren können und ihm mit Ratschlägen und Hinweisen stets zur Seite gestanden.

Herrn Dipl.-Ing. FRENKING danke ich für seine Mitwirkung bei der Entwicklung der Meßeinrichtung.

Mein Dank gilt ferner Herrn cand.ing. SPALLEK für seine Mithilfe bei der Auswertung der Meßergebnisse und Herrn Werkmeister BEGASSE und dem Institutsmechaniker, Herrn SCHMITZ, für ihre tatkräftige Mitarbeit bei der Durchführung der Versuche.

1. Einleitung

1.1 Die geschichtliche Entwicklung

Die Entwicklung der Erdbaugeräte ist eng verbunden mit der Entwicklung und Ausbreitung der modernen Verkehrsmittel in den USA und in Europa [1]. Bei der Herstellung von Kanälen, Eisenbahndämmen, Straßen und Flugplätzen wurden die Geräte und Methoden entwickelt, die dem heutigen Erdbau ihr Gesicht gegeben haben.

So taucht in den USA zum ersten Male im Jahre 1825 bei der Herstellung des Erie-Kanals als Vorläufer des heutigen Schürfwagens ein Schrapper auf, der aus einem vorne offenen Holzkasten bestand, dessen Boden und Schneidkante mit Blech beschlagen waren. Er ähnelte etwa den heute im Hochbau viel verwendeten Handschrappern. Gezogen wurde dieser Schrapper von zwei Pferden. Bald aber erkannte man, daß eine wesentliche Leistungssteigerung zu erreichen war, wenn das Transportgefäß mit Rädern versehen wurde.

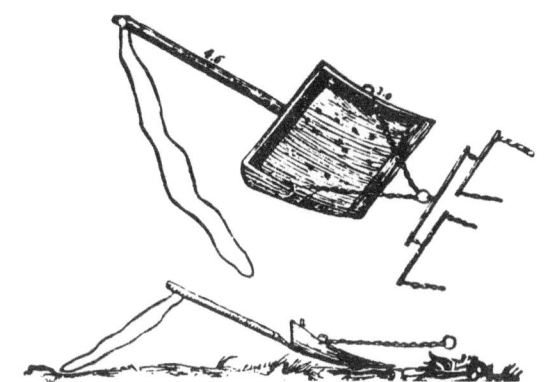

A b b i l d u n g   1
Handschrapper (1824)

Reproduced by courtesy of American Farmer, 1824, (Baltimore),
Vol. VI. Number I
Drag Scraper
The Mouldebaert
An implement in Flemish Husbandry, and highly recommended
in RADCLIFFE's report, &c.&c.

Besonders in den 60er und 70er Jahren des vorigen Jahrhunderts, als in den USA die großen Bahnbauten durch den ganzen Kontinent getrieben wurden, suchte man unter dem großen Konkurrenzdruck ein billiges Erdbaugerät großer Leistung. So entwickelten zahlreiche Bauunternehmungen ihre eigenen Schürfwagen, die jedoch anfangs nur ein sehr geringes Fassungsvermögen von etwa 0,08 m^3 hatten. Erst zu Anfang des 20. Jahrhunderts kam man auf Größen bis zu 0,44 m^3.

All diesen Schürfwagen war aber gemeinsam, daß sie keine besondere Schneide hatten, sondern das vordere Ende des Kübelbodens wurde in Stahl ausgebildet und als Schneide benutzt. Beim Schürfen hob man den Kübel hinten an, so daß die Schneide den Boden berührte, beim Transport ließ man den Kübel wieder herunter, so daß die Schneide vorn frei lag, der Kübel jedoch hinten auf dem Boden schleifte. Aber schon damals konnte man bei Transportentfernungen von 180 bis 420 m mit der Hälfte der beim normalen Karrenbetrieb anfallenden Kosten arbeiten.

Die ersten Vorläufer unserer modernen Schürfwagen entstanden, als zu Anfang des 20. Jahrhunderts WADDELL in Philbrook, Montana, USA, einen zweiachsigen Schürfwagen erfand, der zum Schürfen abgesenkt, zum Transport gehoben und zum Entleeren gekippt werden konnte. In den folgenden Weiterentwicklungen dieses Typs wurden dann besondere Schneiden am Kübelboden angebracht und diese auswechselbar ausgebildet, so daß nach Einführung

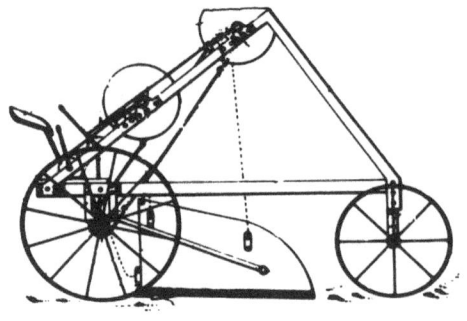

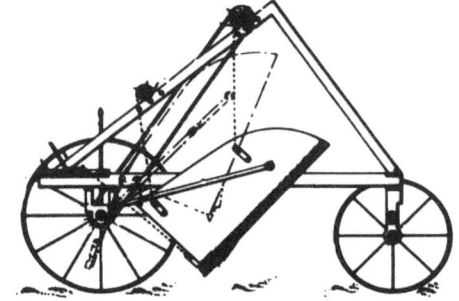

A b b i l d u n g 2
Schürfwagen (1904)

Forschungsberichte des Wirtschafts- und Verkehrsministeriums Nordrhein-Westfalen

der Motorschlepper kurz vor dem 1. Weltkrieg sich der moderne Anhängerwagen entwickeln konnte. Der moderne Motorschürfwagen ist wesentlich neueren Datums, denn er wurde erst 1923 von Le TOURNEAU erfunden. 1938 erschien dann der LeTOURNEAU Tournapull auf dem Markt und damit war die Entwicklung der Schürfwagen im wesentlichen abgeschlossen, denn dieses Gerät wies alle Merkmale der modernen Konstruktionen auf: Riesenluftreifen, bewegliche Rückwand und Vorderschürze, auswechselbares Schneidmesser aus vergütetem Stahl.

Die Vorläufer der Planierraupen sind jedoch wesentlich jüngeren Datums. Sie entstanden aus der Notwendigkeit heraus, Boden auf wenig tragfähigem Grund aufzuschütten, Teiche zu verfüllen, Dämme über Sümpfe hinweg zu führen usw.. Die normalen Schürfwagen konnten dafür nicht verwendet werden, da die Zugtiere oder die Zugmaschinen ja zuerst den nicht tragfähigen Baugrund zu betreten hatten. So erfanden die Bauunternehmer zu Anfang des zwanzigsten Jahrhunderts eine Methode, den Boden vor sich her zu schieben, anstatt ihn wie bisher hinter sich her zu ziehen. Diese ersten Planierschilde bestanden aus starken Bohlen, die mit Eisenblech beschlagen waren. Sie wurden vorne an der Deichsel eines leichten einachsigen Wagens befestigt. Zum Transport konnten die ersten Planierschilde umgelegt werden. Als Antriebskraft wurden wie bei den ersten Schürfwagen Pferde verwendet.

A b b i l d u n g   3
Planiergerät (1917)

Aber erst 1921 wurde von den Vorläufern der Caterpillar Co. in den USA die erste Planierraupe entwickelt, 1923 baute LaPlant Choate die erste verkaufsreife Planierraupe. Diese ersten Typen bestanden aus einem

Abbildung 4
Planierraupe (1923)

Raupenschlepper als Grundgerät, an dem vorne ein ebenes Schild befestigt war, das von Hand bedient wurde. Bald erkannte man, daß die Handbedienung viel zu zeitraubend war, und so brachte LaPLANT CHOATE 1925 die erste hydraulisch betätigte Planiervorrichtung auf den Markt. 1927 wurde dann das Schwenkschild erfunden und 1929 die Schild-Kippvorrichtung. 1928 betrat auch LeTOURNEAU dieses Feld und nach ihren eigenen Angaben hat diese Firma das seilbetätigte Planierschild eingeführt.

Während die ersten Planierschilde einfach aus einer senkrechten ebenen Platte bestanden, stellte man sie bei den späteren Ausführungen schräg und gab ihnen am oberen Rande eine kleine Krümmung.

Abbildung 5a
Planierschild (1924)

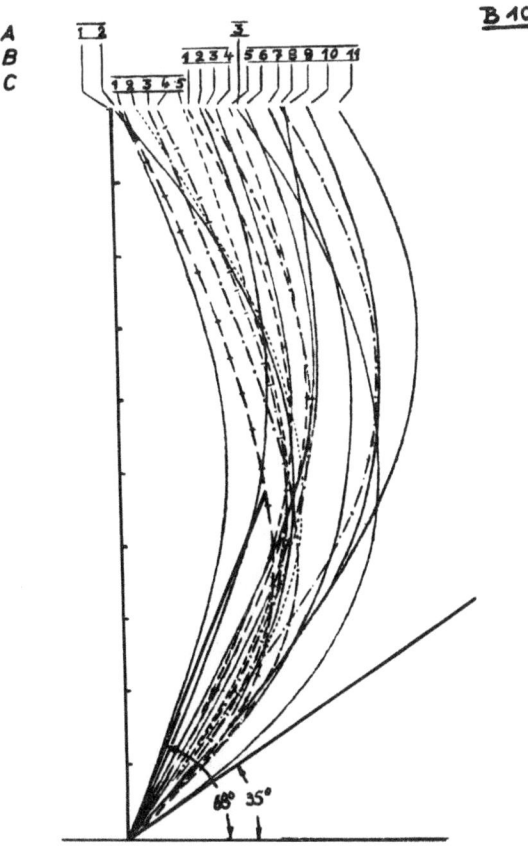

Abbildung 5b
Planierschildprofile (1952) (nach KÜHN [10], [11])

Erst allmählich entwickelten sich die Schildformen mit vollständig gekrümmten Profil.

Wie jedoch Abbildung 5b zeigt, besteht bei den Herstellern keine Klarheit über die günstigste Krümmungsgestaltung, sondern man findet die verschiedensten Profilformen.

1.2 Stand der Forschung

Da sich die technische Entwicklung auf einem neuen Gebiet niemals unabhängig von den benachbarten Disziplinen vollzieht, wurden vom Verfasser bei der Feststellung des Standes der Forschung auch die Zerspanung von Metallen und die landwirtschaftliche Bodenbearbeitung in die folgenden Betrachtungen einbezogen.

Forschungsberichte des Wirtschafts- und Verkehrsministeriums Nordrhein-Westfalen

1.21 Die Schneidwerkzeuge der Universal- und Flachbagger

Ende der 20er Jahre veranlaßte KLEIN in Hannover zwei Forschungsarbeiten, die die Widerstände und Bewegungen klären sollten, die eine eindringende Baggerschaufel im Erdreich hervorruft. Hierbei fand DRINGLINGER [4] beim Durchziehen von Blechwänden durch Sand, daß der Stirnwiderstand sich nicht nach den üblichen Formeln für den passiven Erddruck lotrechter Wände errechnen läßt, sondern daß sich die Widerstände von der sog. kritischen Schnittiefe ab nach einem anderen Gesetz ändern. Die kritische Schnittiefe liegt dabei bei $h_k = 74\ s_k$, wobei s_k die Breite des eindringenden Profils darstellt.

Eine weitere Klärung der Schnittvorgänge im einzelnen bringt die Arbeit von RAHTJE [18]. Als wichtigste Ergebnisse seien hier aufgeführt:

1. Der Keilwinkel der lotrecht vorgetriebenen Bleche sollte bei $33,5°$ liegen,

2. Die Materie Sand nimmt keine Sonderstellung gegenüber den Metallen ein,

3. Zwei im Boden vorgetriebene senkrechte Bleche (etwa die Seitenwände eines Baggerlöffels) beeinflussen sich dann nicht mehr, wenn ihr Abstand größer als die 2,5-fache Schnittiefe ist.

Aus diesen beiden Arbeiten lassen sich für den Flachbagger jedoch keine speziellen Nutzanwendungen ableiten, denn im Gegensatz zum Löffelbagger tragen sie nur in flachen Schichten ab (daher Flachbagger) und selbst dort, wo zwei lotrechte Wände als seitliche Begrenzung eines Grabgefäßes (z.B. beim Schürfwagen) vorgetrieben werden, ist ihre Eindringtiefe gegenüber den Blechdicken und dem Abstand der Seitenwände so gering, daß die obigen Betrachtungen dafür nicht in Betracht kommen.

Von größerer Bedeutung sind die Betrachtungen von DOMBROWSKI [5] über Baggerlöffel. Er schlägt für Baggerzähne einen Keilwinkel von $32 - 35°$ vor und stellt fest, daß eine Verringerung des Keilwinkels auf $26 - 27°$ eine erheblich geringere Standzeit ergibt. Für den Schnittwinkel δ ergibt sich nach DOMBROWSKI eine Erhöhung des Schneidwiderstandes um 15 - 20 %, wenn δ von 30 auf $50°$ vergrößert wird. Die Hauptschnittkraft P_1 gibt er in den Grenzen von 0,2 bis 2,8 kg/cm^2 an, wobei der untere Wert für lockeren Sand und der obere Wert für schweren Lehm gilt. Da diese Betrachtungen für eine waagerechte Baggerlöffelschneide gelten, geben sie einen gewissen Hinweis, mit welchen Kräften bei den Schürfkübelschneiden zu rechnen ist.

Außerdem zeigen sie, daß der optimale Schnittwinkel auf keinen Fall bei 45° liegen wird, wie es i.a. bei den Schneidmessern der Schürfwagen der Fall ist.

Bei den Arbeiten über Flachbagger sind wegen ihrer überwiegend betriebstechnischen Natur nur wenig Hinweise über die Ausgestaltung der Schneidwerkzeuge zu finden. Sie beschränken sich im wesentlichen auf die Feststellung der vorhandenen Formen. So gibt RÖSSLER [20] bei den Planierschilden ein δ von 40 - 45° als den üblichen Schnittwinkel an. KÜHN [11] macht zum ersten Mal genauere Angaben über Schürfwiderstände, Schildfüllung, Bodenarten usw.. Bei den Schürfkübelschneiden findet KÜHN bei einer Schürftiefe von 10 cm Werte, die von 0,3 kg/cm² bis 3 kg/cm² je nach Bodenart schwanken. Diese Zahlen decken sich mit denen von DOMBROWSKI für den Schneidwiderstand von Baggerlöffeln. Allerdings sind diese Werte bei einem Schnittwinkel von 45° gemessen, der, wie sich später zeigen wird, keineswegs das Optimum darstellt. Diese Tatsache ist auch KÜHN bekannt, denn er weist in seiner Forschungsarbeit darauf hin, daß ein größerer Schnittwinkel deshalb erforderlich ist, weil plastische Böden bei geringerem Schnittwinkel nicht genügend zerkleinert werden und deshalb eine schlechte Kübelfüllung ergeben. Er hält deshalb einen Schnittwinkel von 40 bis 45° für den günstigsten. Bei der Betrachtung von Planierschilden unterscheidet Kühn drei Profilgruppen:

Profilgruppe A: Krümmungen mit konstantem Halbmesser

Profilgruppe B: Krümmungen mit variablem, nach oben abnehmendem Halbmesser (Zunahme der Krümmung)

Profilgruppe C: Krümmungen mit variablem, nach oben zunehmendem Halbmesser (Abnahme der Krümmung)

Die Profilachse, d.h. die Verbindungslinie der Anfangs- und Endpunkte des Schildprofils, ist dabei unter 0 - 18° nach hinten geneigt.

An Hand von Baustellenversuchen in verschiedenen Bodenarten ergab sich beim Profil B eine um etwa 11 %, beim Profil C eine um etwa 17 % größere Schildfüllung gegenüber dem Profil A. Leider gibt KÜHN keinerlei Hinweise, in welchen Bodenarten, bei welchem Raumgewicht und welcher Bodenfestigkeit diese Werte ermittelt wurden, so daß ein Vergleich mit anderen Messungen nicht möglich ist.

Ferner untersucht KÜHN die Förderleistung der verschiedenen Schildformen in verschiedenen Bodenarten, wobei zwar diesmal die verschiedenen Bodenarten, jedoch nicht der Schürfweg, der Transportweg, das Porenvolumen des Bodens, die Sieblinien usw., angegeben werden, so daß auch hier Vergleiche schlecht möglich sind. Aus den in diesem Zusammenhang angegebenen Werten läßt sich jedoch entnehmen, daß die Schildform die größte Rolle bei lehmigem Sand und feuchtem Lehm spielt. Diese Feststellung wurde später durch die genauen Laboratoriumsversuche des Verfassers bestätigt. Nach KÜHN hatte ein Schild der Form A in lehmigem Sand eine um 14 % geringere und in fettem Lehm eine um 12,5 % niedrigere Förderleistung gegenüber der Form C.

Die Firma Allis-Chalmers schlägt für die Planierschar des Straßenhobels eine Evolventenform vor, bei der die Krümmungsradien gleichmäßig nach oben zunehmen. Nach Firmenangaben wird dabei der Boden in eine rollende Bewegung versetzt, wodurch der Name "roll-away board" entstanden ist. Weiter nimmt der Druck des Bodens auf die Schar nach oben hin ab und vermindert dadurch die Reibung zwischen Boden und Schar. Sämtliche vorhandenen Fabrikate haben an der unteren Schneidkante einen Schnittwinkel von 45°.

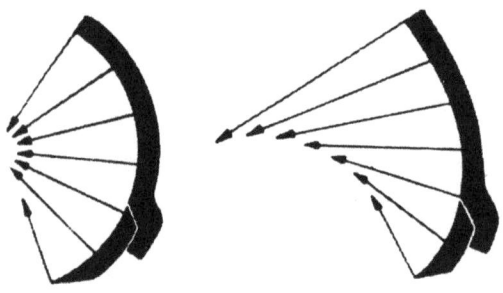

A b b i l d u n g 6
Planierschare mit Kreis- und Evolventenprofil

GABAY [6] gibt dagegen als günstigstes Profil für Planierschilde die gerade Schildform an, wobei ein Schnittwinkel von 72° ein Minimum an Zugkraft benötigen soll. Nur für Schwenkschilde empfiehlt er die konkave Form. Mit dieser Auffassung steht GABAY jedoch ziemlich allein da.

Forschungsberichte des Wirtschafts- und Verkehrsministeriums Nordrhein-Westfalen

1.22 Landwirtschaftliche Bodenbearbeitungsgeräte

Nach der Zerspanung von Metallen ist wohl von den benachbarten Gebieten keines so genau untersucht worden wie das der Bodenbearbeitung in der Landwirtschaft. Hier sei besonders auf die neueren Arbeiten der Forschungsanstalt für die Landwirtschaft in Braunschweig-Völkenrode und auf die früheren Arbeiten unter Leitung von KÜHNE in München hingewiesen.

KÜHNE [13] ließ zum ersten Mal einen Meßpflug bauen, der es ermöglichte, die bei der Bodenbearbeitung auftretenden Kräfte zu registrieren. In einer größeren Anzahl von Forschungsarbeiten ermittelte man für bestimmte Pflugscharformen die Lage der resultierenden Kraft und die Abhängigkeit der Zugkraft von Bodenart, Feuchtigkeitsgehalt, Furchentiefe, Furchenbreite, Geschwindigkeit und Scharform. Die daraus gewonnenen Ergebnisse können jedoch für die Schneidwerkzeuge der Flachbagger nicht maßgebend sein, da bei den landwirtschaftlichen Pflügen der Boden nur abgetrennt und gewendet, jedoch nicht transportiert oder in ein Gefäß hineingedrückt wird. Allerdings muß gesagt werden, daß die Art und die Durchführung der zahlreichen Forschungsarbeiten in vielen Punkten bei dem benachbarten Gebiet der Flachbagger zum Vorbild genommen werden können.

Unmittelbar verwertbare Ergebnisse wird man aus den landwirtschaftlichen Forschungsarbeiten jedoch für Fräswerkzeuge der Bodenvermörtelungsgeräte und die Diskuspflugschare der Pflugbagger erhalten können, da über Bodenfräsen und Scheibenpflüge mehrere Forschungsarbeiten vorliegen. Auf diese Probleme wird im Rahmen der vorliegenden Forschungsarbeit nicht eingegangen.

Wichtige Hinweise über die Gestaltung der Schneidwerkzeuge kann man aus den Normen über die Grundformen der verschiedenen Pflugkörper entnehmen. So ist nach DIN 11 120 als Schnittwinkel für die Scharpflüge angegeben: $\delta = 26 - 32°$, da diese Winkel den geringsten Kraftaufwand für die waagerechte Abtrennung des Erdstreifens erfordern. Allerdings weist SCHILLING [21] darauf hin, daß der Winkel möglichst groß zu halten ist, um schnell auf die gewünschte Arbeitstiefe zu kommen, während die Schneidwirkung des Pflugkörpers um so besser ist, je kleiner δ ist. Die gleichen Überlegungen gelten auch für das Planierschild. Die Form das Streichbleches des Pflugkörpers, das den abgetrennten Bodenstreifen übernimmt und ihn wendet, ist durch eine Anzahl Formlinien festgelegt, die nach DIN 11 121 - 11 125 als Parabeln dargestellt werden, da nur ein stetiger Verlauf der Krümmung optimale Arbeitsbedingungen ergibt.

Recht beachtenswert sind die zahlreichen Forschungsarbeiten von SÖHNE [23], die dieser in Braunschweig-Völkenrode durchgeführt hat. Unter anderem hat er beim Vortreiben einer schiefen Ebene durch Sand festgestellt, daß sich ein Minimum an Zugkraft bei einem Winkel von $\delta = 16 - 17°$ ergibt. Durch rechnerische Zerlegung der Zugkraft in die verschiedenen Anteile für die Überwindung der Reibung, für die Beschleunigung des abgetrennten Bodenspans, für den Hub des Bodenspans usw. kam SÖHNE zu dem Ergebnis, daß allein die Reibung zwischen Bodenspan und Oberfläche des Schneidwerkzeugs, der sogenannten Spanfläche, mehr als 1/3 der Zugkraft beansprucht. Auch er beobachtete das Entstehen von Scherebenen, wie sie schon vor ihm NICHOLS festgestellt hatte. Leider macht SÖHNE keine genaueren Angaben, mit welcher Spandicke gearbeitet worden ist.

1.23 Zerspanung von Metallen

Nur wenige Gebiete der Technik sind so erforscht worden, wie die der Zerspanung. So liegt es nahe, zu untersuchen, ob die dort gefundenen Zusammenhänge sich auf das benachbarte Gebiet der Bodenbearbeitung übertragen lassen.

Während die Großzahl der Forschungsarbeiten zu empirisch ermittelten Gesetzen kam, die die speziellen Werkstoffeigenschaften durch Konstanten berücksichtigte, versuchte HUCKS [8] zum ersten Mal auf dem Weg der Plastizitätsmechanik den Vorgang zu erforschen. Da aber völlig andere Bedingungen den Vorgang beherrschen, können die gewonnenen Ergebnisse auf keinen Fall auf die Bodenzerspanung übertragen werden. Insbesondere wird dabei vernachlässigt die Reibung zwischen abgetrenntem Span und Werkstoff und die notwendige Hubarbeit, damit der abgetrennte Span über die hintere Schneidkante abfließen kann.

Wichtig ist aber die Erkenntnis, daß bei der Zerspanung zwei Grundtypen von Spanformen anfallen, nämlich der Fließspan und der Scherspan. Unter dem Scherspan ist ein Span zu verstehen, bei dem die einzelnen Spanteile nach völliger Trennung vom Werkstoff getrennt anfallen. Unter einem Fließspan versteht man einen Span in zusammenhängender und regelmäßiger Form, bei dem der Werkstoff stetig abschert und der Span in Gleitebenen und geschichtet vor der Schneide abläuft. Der Scherspan tritt dann auf, wenn das Formänderungsvermögen des Werkstoffes nicht mehr zur Fließspanbildung reicht.

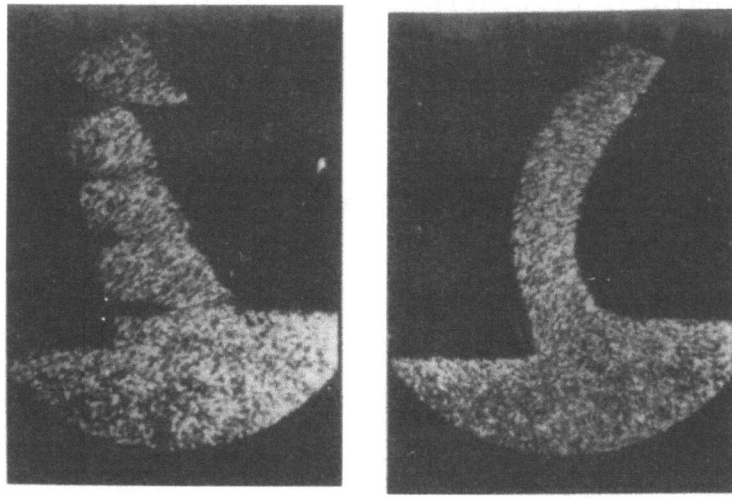

Abbildung 7
Scher- und Fließspan (nach ERNST)

1.24 Zusammenfassung der Forschungsergebnisse

Aus diesen o.a. Forschungsarbeiten lassen sich für die ebenen und gekrümmten Schneidwerkzeuge der Flachbagger folgende Schlüsse ziehen:

1. Bei den ebenen Schneidmessern wird der günstigste Winkel etwa zwischen 16 und 30° liegen.

2. Da die Reibung auf der schiefen Ebene zwischen Bodenspan und Schneidwerkzeug 1/3 der gesamten Arbeit ausmacht, ist die Spanfläche so auszubilden, daß die Reibung ein Minimum wird.

3. Der günstigste Schnittwinkel bei den Planierschilden wird etwa bei 30° liegen.

4. Der Krümmungsverlauf des Planierschildes muß stetig sein, um die besten Arbeitsbedingungen zu erreichen.

5. Beim Sand wird wegen des geringen Formänderungsvermögens ein Scherspan, beim lehmigen Boden dagegen ein Fließspan zu erwarten sein.

6. Der Unterschied in den verschiedenen Profilformen der Planierschilde wird beim Sand nur gering, beim lehmigen Boden jedoch ganz erheblich sein.

7. Zum Schluß sei hier noch eine von STROPPEL [25] angegebene Zusammenfassung sämtlicher Schnitt- und Keilwinkel für pflanzliche, tierische und technische Schnittgüter sowie für die Bearbeitung von Ackerböden wiedergegeben. Hieraus geht hervor, daß harte Werkstoffe große, weiche Werkstoffe kleine Spanwinkel erfordern (siehe hierzu Abb. 8).

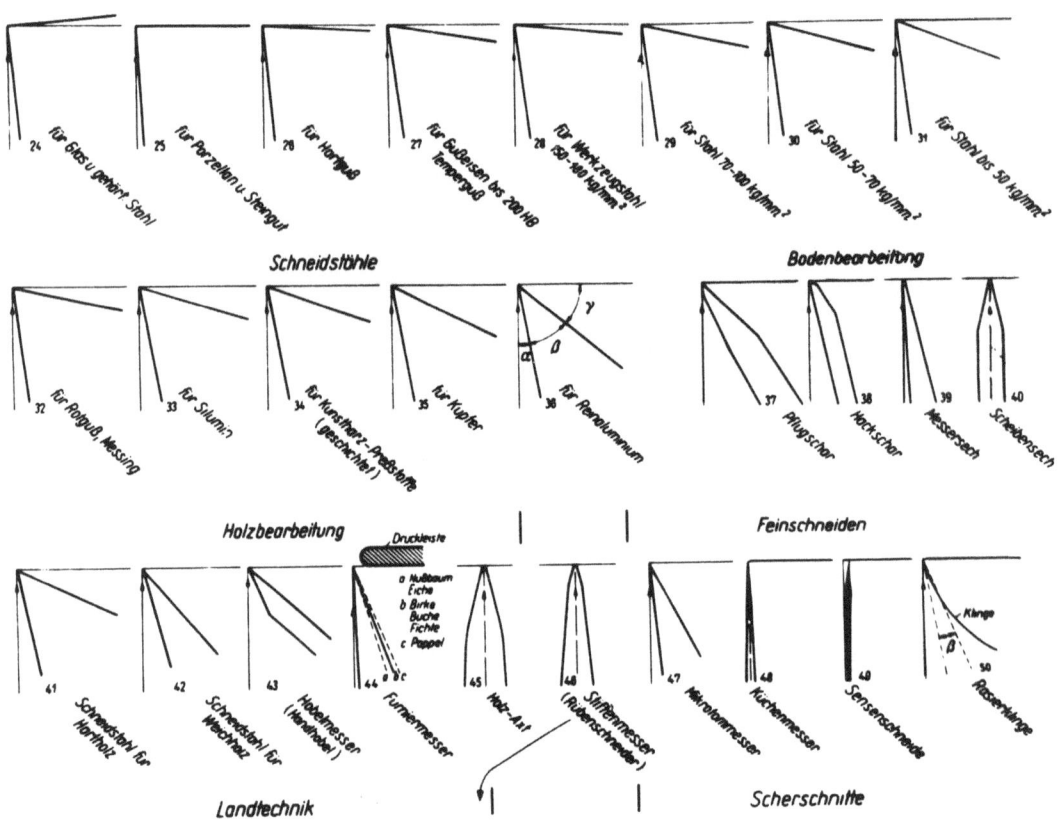

Abbildung 8

Die Schnitt- und Keilwinkel einiger typischer Werkzeugschneiden für pflanzliche, tierische und technische Schnittgüter sowie die Bearbeitung von Ackerböden (nach STROPPEL 25)

1.25 Die Aufgabenstellung

Nachdem durch die Auswertung der vorhandenen Literatur der Umfang der Forschungsarbeit abgegrenzt war, ergab sich für die Untersuchungen folgende Aufgabenstellung:

Wie erfolgt der Schnittvorgang in kohäsionslosen und bindigen Böden.

Wie wirken sich die Veränderung von Schnittwinkel, Spandicke und Schnittgeschwindigkeit auf das Kräftespiel an ebenen Schürfkübelschneiden und deren Leistung aus.

Welchen Einfluß hat die Veränderung von Neigungswinkel, Spandicke, Schnittgeschwindigkeit und Schildform auf das Kräftespiel an gekrümmten Planierschildern und deren Leistung.

Wie läßt sich die erforderliche Schnittkraft rechnerisch erfassen.

Welche Wege gibt es, die vorhandenen Flachbagger konstruktiv zu verbessern.

1.3 Festlegung der Bezeichnungen am Schneidwerkzeug

Um eine einheitliche Bezeichnungsweise in der gesamten Zerspanungstechnik zu erhalten, von der die Bodenbearbeitung mit den Schneidwerkzeugen der Flachbagger nur einen Teilbereich darstellt, wurden die Bezeichnungen übernommen, die im Maschinenbau bei der Zerspanung genormt sind.

Die Bezeichnung für die Kraftkomponenten ist hingegen nicht genormt, so daß im Maschinenbau in der großen Anzahl der erschienenen Forschungsarbeiten unterschiedliche Bezeichnungen verwendet wurden. Deshalb wählte der Verfasser aus den zahlreichen zur Verfügung stehenden Bezeichnungen die für seine Zwecke zweckmäßigsten aus, wie sie von KIENZLE [12] vorgeschlagen werden. Danach wird die beim Drehen auftretende Kraft in die in Abbildung 9 dargestellten Komponenten zerlegt.

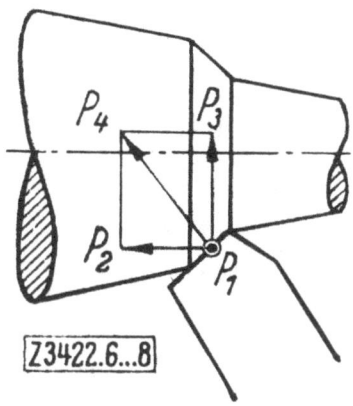

A b b i l d u n g   9
Kraftkomponenten beim Drehen (nach KIENZLE)

Da es sich bei dem vorliegenden Schneidprozeß um einen Orthogonalprozeß handelt, wie er auch im Maschinenbau beim Hobeln vorhanden ist, wird $P_2 = 0$ und $P_3 - P_4$. P_1, die als Hauptschnittkraft bezeichnet wird, bleibt vollständig erhalten und ändert sich nicht.

Infolgedessen wurde die horizontal gerichtete Kraftkomponente P_1 auch hier als Hauptschnittkraft mit dem Index P_1 bezeichnet. Die dazu senkrecht stehende Kraftkomponente, die Rückkraft, wurde aus Zweckmäßigkeitsgründen mit P_4 bezeichnet, da sie sich auf Grund der 3-Punktabstützung (s. Abschnitt 3.3) aus drei Rückkraftkomponenten zusammensetzt, und diese mit den Indizes 1, 2, 3 versehen werden. Wir erhalten also P_{41}, P_{42} und P_{43}. Alle anderen auftretenden Größen, wie z.B. Leistung N, Geschwindigkeit v usw. wurden mit den normal üblichen Bezeichnungen versehen.

Die Bezeichnungen am spanabhebenden Werkzeug ergeben sich aus Abbildung 10. Sie sind nach DIN 768 genormt. Nicht genormt ist die Bezeichnung Schildneigungswinkel ε, die für die Neigung der Schildachse gegen die Lotrechte gewählt wurde.

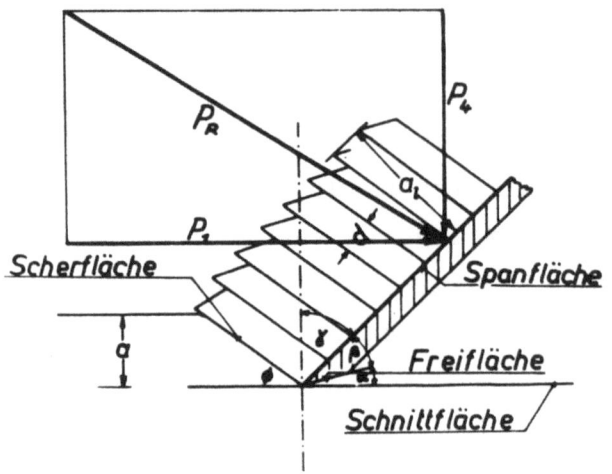

Abbildung 10

Bezeichnung am Schneidwerkzeug

α = Freiwinkel
β = Keilwinkel
γ = Spanwinkel
δ = $\alpha + \beta$ Schnittwinkel
Φ = Scherwinkel
a = Spantiefe
b = Spanbreite
a_1 = Lamellenbreite
d = Lamellendicke
λ = Spanstauchung = $\frac{a_1}{a}$
P_1 = Hauptschnittkraft
P_4 = Rückkraft
P_r = resultierende Schnittkraft

Forschungsberichte des Wirtschafts- und Verkehrsministeriums Nordrhein-Westfalen

2. Die untersuchten Bodenarten und Schneidwerkzeuge

2.1 Der Versuchsboden

Da entsprechend den Forschungsarbeiten in der Landwirtschaft und in der Zerspanungstechnik zwei grundsätzlich verschiedene Schnittarten zu erwarten waren, nämlich der Messerschnitt mit der Fließspanbildung und der Scherschnitt mit der Scherspanbildung, der sich durch Überschreitung des Formänderungsvermögens ergibt, waren auch entsprechend zwei Bodenarten zu wählen, die diese beiden Schnittarten im Versuch wiedergeben. Entsprechend den Untersuchungen von KÜHN [10, 11], war besonders bei den verschiedenen Planierschildprofilen eine starke Abhängigkeit von der Bodenart zu erwarten. So wurde also ein reiner Sand mit sehr geringem Formänderungsvermögen und ein schwach bindiger, sandiger Schluff mit großem Formänderungsvermögen gewählt.

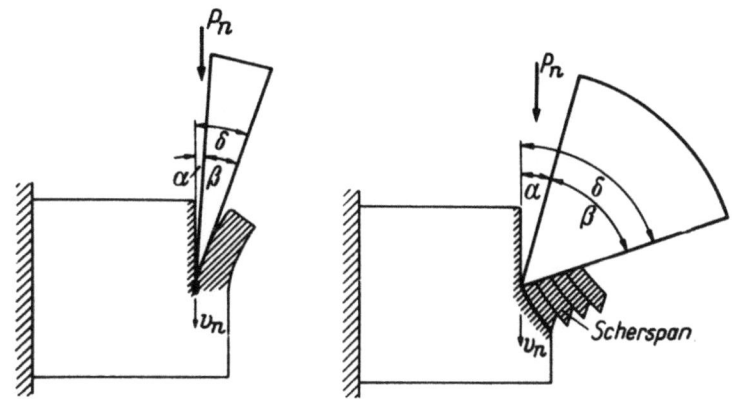

Abbildung 11
Messer- und Scherschnitt (nach STROPPEL)

Es erhebt sich dabei die Frage, ob die in der Versuchsbahn ermittelten Ergebnisse ohne weiteres auf die Natur zu übertragen sind. Es war dem Verfasser klar, daß die beiden Bodenarten nur einen ganz geringen Anteil an der Vielzahl der vorkommenden Bodenarten umfaßten und daß sie in dieser Reinheit i.a. in der Natur nicht vorkommen. Da aber jegliche Störungen des Bodengefüges durch Einschlüsse größerer Steine auch Störungen in den Meßgeräten ergeben, mußte auf einen vollkommen gleichmäßigen Boden gedrungen werden. Nun lassen sich beim Sand ohne weiteres die natürlichen Verhältnisse nachahmen, da durch Auflockern und Verdichten der Naturzustand wieder herstellbar ist. Beim leicht bindigen, sandigen Schluff ist dieses jedoch nicht der Fall. Eine Auflockerung in Krümelstruktur und eine anschließende Verdichtung durch Walzen lassen diese Krümelstruktur nicht vollständig verschwinden. Insbesondere lassen sich die in der Versuchsbahn gemessenen Schneidwiderstände bei schwach trockenem, bindigem Boden nicht auf die in der Natur vorhandenen Verhältnisse übertragen, da sich der Boden mit fortschreitender Austrocknung verfestigt und in ungestörtem Zustand sehr große Schneidwiderstände ergibt. Wird jedoch ein solcher Boden mit hoher Konsistenzzahl in Krümelstruktur mit Hilfe einer Bodenfräse gebracht, so bleibt diese Krümelstruktur auch nach dem Walzen vorhanden, und der Boden verhält sich beim Schneidprozeß nicht viel anders als etwa Sand. Andererseits läßt sich bei zu hohem Feuchtigkeitsgehalt, d.h. bei geringer Konsistenzzahl, eine Krümelbildung und damit eine einwandfreie Versuchsvorbereitung nicht ermöglichen, da die Bodenteilchen sofort wieder zusammenkleben. Es muß also mit einer Feuchtigkeit gearbeitet werden, die einerseits gerade noch die Bildung einer Krümelstruktur erlaubt, andererseits jedoch den Boden so verdichtet, daß ein möglichst zusammenhängender Bodenkörper entsteht. Insgesamt läßt sich aber der in der Natur vorhandene Zustand in der Versuchsbahn nicht wieder vollständig herstellen und die erhaltenen Werte liegen damit etwas niedriger, als es in der Natur der Fall ist.

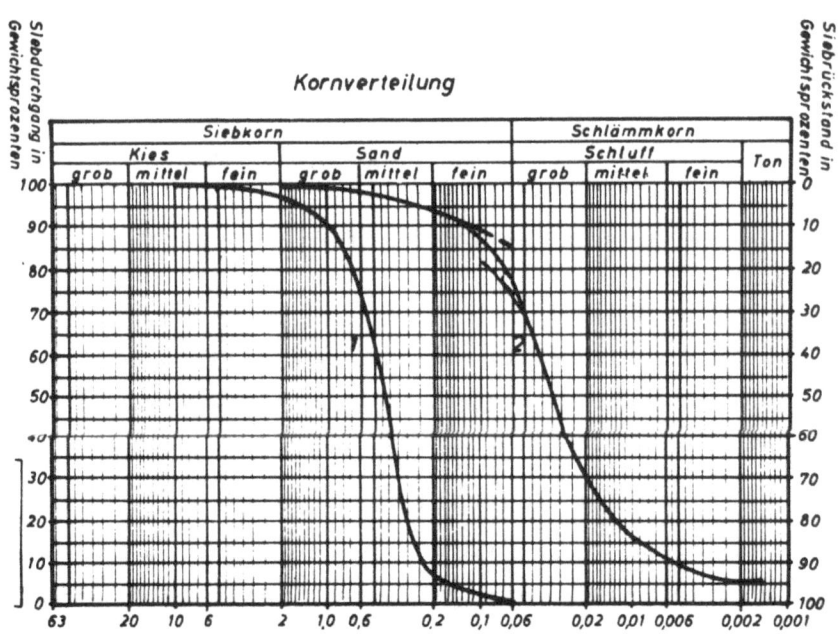

A b b i l d u n g 12

Kornverteilungskurven von Mittelsand (1) und schwach bindigem, sandigen Schluff (2)

Forschungsberichte des Wirtschafts- und Verkehrsministeriums Nordrhein-Westfalen

Bodenart		Mittelsand	schwach bindiger sandiger Schluff
Gewinnungsstelle		Maaskiesvorkommen Nähe Geilenkirchen	Ziegelwerke Würselen
Kornverteilung	> 2	3 % (Sieblinie 1)	(Sieblinie 2)
	2 - 0,6	22 %	3 %
	0,6 - 0,2	70 %	4 %
	0,2 - 0,06	5 %	16 %
	0,06 - 0,02		48 %
	0,02 - 0,006		18 %
	0,006 - 0,002		5 %
	< 0,002		6 %
Ungleichförmigkeitsgrad U		2,0	7,0
spez. Gewicht		2,65	2,67
lockerste Lagerung n_o		48 %	
dichteste Lagerung n_d		30,2 %	
Fließgrenze W_f			27,4
Ausrollgrenze W_a			20,9
Plastizitätszahl P_l			6,5
Versuchswassergehalt		3 - 5 %	16,4 und 18,0 %
Scherbeiwert μ_s [*)] Scherwinkel τ_s		0,87 für w = 4 - 5 % 41° und w = 8,1 %	
Reibungsbeiwert μ_g [*)] Reibungswinkel τ_g		0,70 für w = 4 - 5 % 35° und w = 8,1 %	0,25 14° für w = 16,1 %
Haftfestigkeit c [*)]		0,05-0,08 für w=4-5 und w=8,1 %	

*) Zur Ermittlung der Haftfestigkeit und des Reibungswertes bei Schluff wurde mit dem gleichen Raumgewicht und Wassergehalt gearbeitet wie im Großversuch. Nach dem Einstampfen erfolgte sofort der Scherversuch, um die Verhältnisse im Großversuch nachzuahmen, bei dem nach der Walzverdichtung der Boden auch sofort zerspant wurde

Forschungsberichte des Wirtschafts- und Verkehrsministeriums Nordrhein-Westfalen

Die Bodeneigenschaften der beiden Versuchsböden, die im Institut für Verkehrswasserbau, Grundbau und Bodenmechanik der T. H. Aachen (Direktor o. Prof. Dr.-Ing. habil. E. SCHULTZE) festgestellt wurden, sind in Abbildung 12 und in vorstehender Tabelle wiedergegeben.

2.2 Ermittlung der Reibung zwischen Schneidwerkzeug und Boden

Da die Versuche an landwirtschaftlichen Pflügen und an schiefen Ebenen im Boden ergaben, daß die Bewegungsreibung zwischen Spanfläche und Span etwa 1/3 der insgesamt aufzuwendenden Zugkraft ausmacht [23], wurden in einer besonderen Versuchsreihe die entsprechenden Reibungskoeffizienten ermittelt. Dabei wurden beim Mittelsand und beim Schluff zwei verschiedene Versuchseinrichtungen gewählt, entsprechend den besonderen Eigenschaften der verwendeten Bodenarten.

2.21 Die Reibung zwischen Sand und Schneidwerkzeug

Für den Sand wurde ein Holzkasten mit den Innenmaßen 820 x 600 mm angefertigt, der auf einer Holzunterlage von 650 x 1500 mm aufliegt, da sich hier verhältnismäßig leicht eine ebene Oberfläche in einer größeren Ausdehnung herstellen läßt. Vorn an der Holzunterlage war die von einem Elektromotor angetriebene Winde befestigt. Der Kasten wurde mit Sand gefüllt und auf diesen nach Verdichten und Abstreichen des Sandes ein ebenes Schneidmesser mit den Abmessungen 450 x 1000 mm aufgelegt. Diese Stahlplatte kragte vorn 5 cm und hinten 15 cm aus, um beim Vorziehen stets die gleiche Auflagefläche zu haben. Die Vortriebsgeschwindigkeiten wurden zu 2,19, 3,25 und 4,1 cm/s gewählt, die Feuchtigkeitsgehalte zu 4,07 und 5,9 % und die Normalspannung zwischen 0,0085 und 0,017 kg/cm^2. Dabei nimmt der Reibungs-

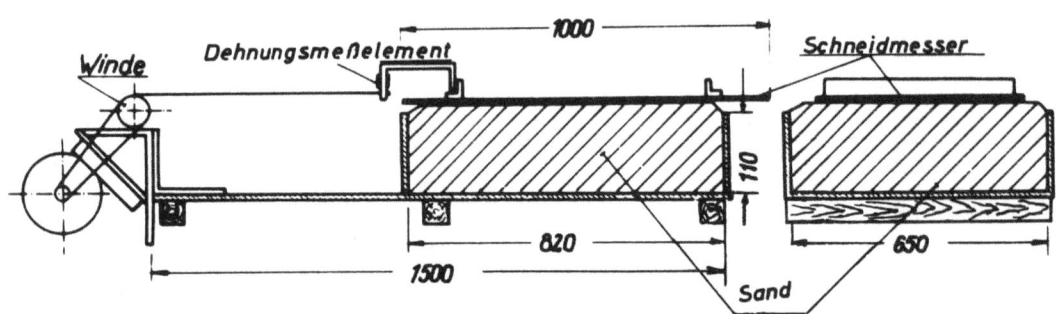

Abbildung 13

Versuchsanordnung zur Messung des Reibungskoeffizienten zwischen Boden (Sand) und Schneidwerkzeug

koeffizient bei der Feuchtigkeit w = 4,07 % von 0,58 auf 0,54 ab mit steigendem σ, während er bei der größeren Feuchtigkeit leicht ansteigt von 0,535 bis auf 0,55. Gewählt wurde als gültiger Wert μ = 0,55.

2.22 Die Reibung zwischen Schluff und Schneidwerkzeug

Beim Schluff läßt sich nur sehr schwierig bei größeren Abmessungen eine vollkommen ebene Fläche herstellen auf der die zu untersuchende Stahlplatte aufliegt. Infolgedessen wurden die Versuche mit einer Scherbuchse durchgeführt. Hierbei wurde der untere Buchsenteil mit Schluff gefüllt, dieser verdichtet und völlig geglättet. Dann wurde am oberen Buchsenteil eine Platte 10 x 10 cm Größe aus dem zu untersuchendem Werkstoff befestigt und auf den Unterteil aufgesetzt. Die weitere Versuchsdurchführung erfolgt wie bei den normalen Scherversuchen mit Boden. Mit Hilfe dieser umgebauten Scherbüchse wurde der Reibungskoeffizient zwischen Stahl bzw. Aluminium und schwach bindigen, sandigen Schluff ermittelt.

Den Ergebnissen muß die Bemerkung vorausgeschickt werden, daß die Versuchswerte stark streuten und der Reibungskoeffizient vom Weg abhängig war. Der hier mögliche Gleitweg beträgt 10 mm und selbst dafür zeigte sich ein deutliches Ansteigen der Versuchwerte mit zunehmendem Reibungsweg, so daß man bei einer rechnerischen Erfassung mit einem Mittelwert rechnen muß. Die Veränderlichkeit des Reibungskoeffizienten ist nach Ansicht des Verfassers darauf zurückzuführen, daß beim Reibungsweg 0 die Metallplatte von nur wenigen Bodenteilchen getragen wird, da die

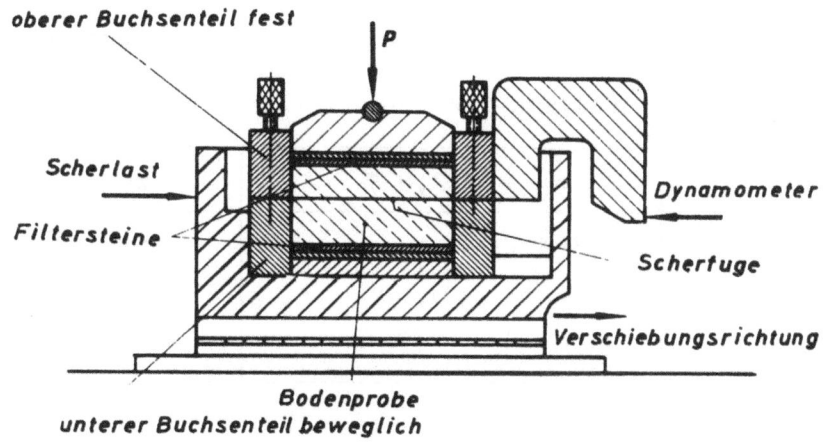

A b b i l d u n g 14

Scherbuchse

Bodenoberfläche noch porös ist. Mit zunehmendem Reibungsweg werden diese Unebenheiten geglättet und die Berührungsfläche vergrößert, so daß auch die Oberflächenspannungen anwachsen. Weiter ergab sich, daß der Reibungskoeffizient mit steigendem Wassergehalt abnimmt.

Alle diese Erscheinungen stellte auch SÖHNE [24] in seiner umfassenden Untersuchung über die Reibung und Kohäsion bei Ackerböden fest. SÖHNE verwendete dabei ein Ringschergerät, um einen beliebig langen Reibungsweg bei unveränderten Lastbedingungen zu erhalten. Bei dem Verfahren des Verfassers war das nicht möglich. Er klärt das Abnehmen des Reibungskoeffizienten mit größer werdender Bodenfeuchtigkeit aus dem größer werdenden Wasserfilm zwischen Boden und Metallplatte, wodurch die Oberflächenspannungen sehr viel kleiner werden bzw. ganz verschwinden.

Bei der Untersuchung der beiden Werkstoffe Stahl und Aluminium stellte sich außerdem eine Abhängigkeit der Reibungskraft R vom Werkstoff heraus. Es gilt daher folgendes Gesetz:

$$R = \mu^* N + a \cdot F$$

wobei μ^* den reinen Reibungsbeiwert und a den Adhäsionsbeiwert darstellt. Für Aluminium ergab sich nun, daß μ^*_{Al} kleiner als μ^*_{Fe} ist. Der Adhäsionsbeiwert lag für Aluminium jedoch wesentlich höher, so daß man daraus folgern kann, daß bei kleinen Normalspannungen der Stahl, bei großen wahrscheinlich das Aluminium günstiger ist. Auf jeden Fall liegen aber die in den Hauptversuchen erreichten Normalspannungen in dem Bereich, in dem der Stahl günstiger ist. Hier wären unbedingt noch Untersuchungen notwendig, um den für Planierschilde günstigsten Werkstoff herauszufinden.

Im einzelnen ergaben sich folgende Mittelwerte:

	w = 12,8 %		w = 16,2 %	
	μ^*	a	μ^*	a
Stahl	0,5	0,02	0,43	0
Aluminium	0,41	0,09	0,38	0,05

2.3 Die Schneidwerkzeuge

Wie bei den verschiedenen Bodenarten waren auch bei den Schneidwerkzeugen aus einer Vielzahl von Formen die geeignetsten auszuwählen.

2.31 Die ebenen Schneidmesser

Bei den Schneiden von Schürfkübeln liegen die verschiedensten Formen vor. Es sind dabei völlig ebene Schneidmesser als auch solche zu finden, die sich in ihrer Form dem gekrümmten Kübelboden anpassen. Ein Teil der Schneiden weist dabei ein vorstehendes Mittelstück auf, um das Eindringen in harten Boden zu erleichtern. Da aber bei den in der Versuchsbahn durchgeführten Versuchen auf der gesamten Versuchsstrecke mit gleichbleibender Tiefe gefahren wird, fällt dieser Grund fort und es wurde also ein ebenes Schneidmesser als Schneidwerkzeug gewählt.

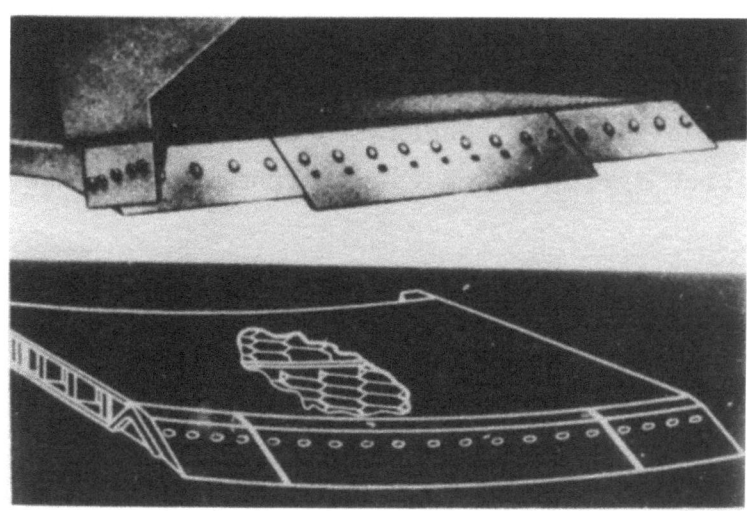

A b b i l d u n g 15
Schneidmesserform von Schürfwagen

Neben der Größe und der Lage der auftretenden Kräfte ist für die Konstruktion der Schürfkübelschneiden der Schnittwinkel von größter Bedeutung. Da die Versuchsergebnisse sich aber nur vergleichen lassen, wenn die Hubhöhe, d.h. der vertikale Abstand der unteren und oberen Kante der Schneidmesser, konstant ist, mußte für jeden Schnittwinkel ein besonderes Schneidmesser angefertigt werden. Als Grundform wurde dabei für den Winkel von $\delta = 20°$ ein Schneidmesser von 450 mm Länge und 1000 mm Breite gewählt, wobei als Länge die Ausdehnung parallel und als Breite die Ausdehnung senkrecht zur Vortriebsrichtung bezeichnet wird. Aus dieser Grundform ergeben sich die anderen Formen nach

$$l = 450 \cdot \frac{\sin 20°}{\sin \delta}$$

Obwohl von SÖHNE [23] für Sandboden als günstigster Schnittwinkel 16 - 17° angegeben wird, hat es wenig Sinn, bis zu derartig geringen Winkeln herunterzugehen, da die Schneide dadurch unverhältnismäßig lang und damit konstruktiv schlecht lösbar wird. Immerhin bedeutet eine Verkleinerung des Schnittwinkels von 45° auf 20° eine Verlängerung der Schneide um mehr als das Doppelte, bei 15° wäre es schon das 2,7fache. Außerdem besteht bei sehr flachen Schnittwinkeln, besonders bei den seilbetätigten Schürfwagen, die Gefahr, daß in hartem Boden die Schneide nicht eindringt, weil hier nur das Eigengewicht des leeren Kübels zur Überwindung des Eindringwiderstandes zur Verfügung steht. Als obere Grenze für δ wurde 45° gewählt, der bei den Schürfwagen am meisten verwendete Schnittwinkel des Schneidmessers. Um noch einen weiteren Zwischenwert zu erhalten und damit den Verlauf der Kurve bestimmen zu können, wurde als dritter Schnittwinkel 30° gewählt. Die sich daraus ergebenden Schneiden sind aus Abbildung 16 ersichtlich.

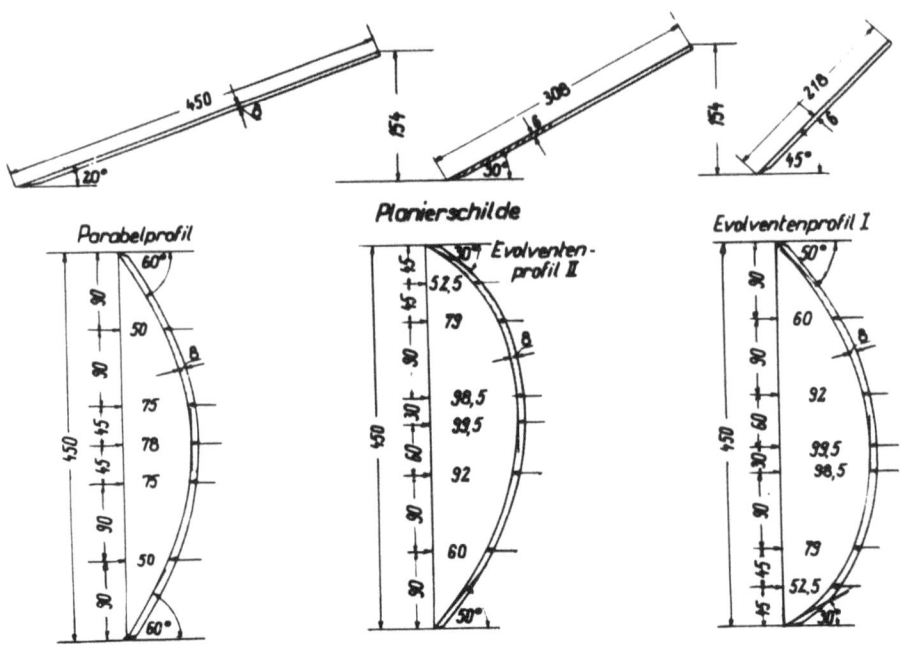

Abbildung 16
Ebene und gekrümmte Schneidwerkzeuge
Ebenes Schneidmesser, h = 154 mm = const.

2.32 Die gekrümmten Schneidwerkzeuge

Wie aus Abbildung 5b ersichtlich, gibt es eine Unzahl von Planierschildformen, die von KÜHN in die drei Profilgruppen A, B, C eingeteilt wurden. Entsprechend seinen Vorschlägen wurde aus jeder dieser Gruppen ein Planierschild gewählt und untersucht.

Bei der Festlegung der Planierschildhöhe wurde das gleiche Maß gewählt wie bei den Schneidmessern, nämlich 450 mm. Das Verhältnis von Höhe zu Breite beträgt bei den Planierschilden der deutschen Raupen 0,31 - 0,49. Bei der gewählten Breite von 1000 mm liegt dieser Wert mit 0,45 innerhalb des Bereiches an der oberen Grenze. Es wurde damit ein Verhältnis erhalten, wie es bei den Planierschilden der Kleinstraupen üblich ist. Von Modellversuchen dabei zu sprechen ist nicht ganz richtig, da Planierschilde dieser Abmessungen durchaus bei den 10PS-Raupen vorkommen.

2.321 Planierschild mit symmetrischem Profil (Parabelprofil)

KÜHN faßt unter A in seiner Dissertation Planierschilde mit konstanten Krümmungen zusammen, d.h. aber, daß diese nur ein Profil haben können, das einen Kreisbogen darstellt. Diese Form ist allgemein als ungünstig bezeichnet worden, so daß vom Verfasser vorgeschlagen wird, dieser Form A sämtliche Planierschilde einzuordnen, die symmetrisch ausgebildet sind, wobei es gleichgültig ist, ob die Krümmung zur Symmetrielinie hin ab- oder zunimmt. Entsprechend wurde hier ein Parabelprofil gewählt, das zur Mittellinie symmetrisch ist. Die Pfeilhöhe f beträgt $\frac{1}{5,8}$ der Planierschildhöhe. Der Schnittwinkel δ hat eine Größe von $60°$. In der Zusammenstellung von KÜHN schwanken die Schnittwinkel zwischen $68°$ und $35°$. Damit liegt dieser hier verwendete Schnittwinkel an der oberen Grenze.

2.322 Planierschild mit nach oben zunehmender Krümmung (Evolventen-Profil II)

Für diese Gruppe, die von KÜHN als Profilform B bezeichnet wird, wurde vom Verfasser ein Evolventenprofil gewählt, da sämtliche Forschungsarbeiten auf dem Gebiete der Bodenbearbeitung auf die Wichtigkeit des stetigen Verlaufs der Krümmung hinweisen. Außerdem führt die amerikanische Firma Allis-Chalmers die Pflugschar ihrer Straßenhobel in Evolventenform aus, allerdings mit nach oben abnehmendem Krümmungsverlauf (Form C), da diese Form ihrer Ansicht nach die geringste Schnittkraft erfordert. Der Schnittwinkel des Evolventenprofils II beträgt $50°$, der Auslaufwinkel $30°$ und die Pfeilhöhe 1/4,5 der Schildhöhe.

2.323 Planierschild mit nach oben abnehmender Krümmung
   (Evolventen-Profil I)

Da die für die Profilform B gewählte Schildform alle notwendigen Voraussetzungen für die Profilform C besitzt, konnte auf die Konstruktion eines besonderen Schildes verzichtet werden und einfach durch Umdrehen des Evolventenprofil II das Evolventenprofil I hergestellt werden. Wir haben damit ein Planierschild vorliegen, dessen Form von Allis-Chalmers als rollaway board bezeichnet wird (siehe Seite 16). Der Schnittwinkel beträgt also hier 30°, der Auslaufwinkel 50°. Die Pfeilhöhe bleibt mit 1/4,5 unverändert.

3. Die Versuchseinrichtung

Wie schon im Vorwort erwähnt, wurden sämtliche Versuche in der Versuchsbahn des Institutes für Baumaschinen und Baubetrieb der Rheinisch-Westfälischen Technischen Hochschule in Aachen (Direktor o. Prof. Dr. GARBOTZ) durchgeführt. Denn nur in einer solchen Versuchsbahn sind die Bedingungen anzutreffen, die stets die gleichen Voraussetzungen ermöglichen, wie z.B.: Gleiche Temperatur, gleiche Feuchtigkeit, gleiches Raumgewicht des Bodens, gleichmäßiger Versuchsboden, gleiche Schnittbedingungen während des Versuches.

3.1 Die Versuchsbahn und die Antriebswinde

Die Versuchsbahn, eine sogenannte Bodenrinne, besitzt eine Breite von 3050 mm, eine Länge von 21000 mm und eine Tiefe von 900 mm. Da die gesamte Tiefe nicht benötigt wurde, füllte man die Bahn bis auf 300 mm Tiefe mit Kiessand auf, der vor dem Einbringen des eigentlichen Bodens durch Rüttler stark verdichtet wurde. Ebenfalls wurde eine Breitenbeschränkung der Bahn auf 2000 mm vorgenommen, um die schon recht erheblichen Bodenmassen nicht noch weiter vergrößern zu müssen. Zu beiden Seiten der Bahn befinden sich Schienen, auf denen der Wagen läuft.

Gezogen wird der Versuchswagen von einer schweren Winde mit 5 t Zugkraft, die von einem 14kW-Elektromotor angetrieben wird. Mit Hilfe eines zwischen Motor und Winde geschalteten hydraulischen Getriebes (Boehringer) ist es möglich, die Drehzahl stufenlos zu verändern. Damit sind Geschwindigkeiten von 0 - 1,4 m/s (0 - 5 km/h) erzielbar.

Abbildung 17
Versuchsbahn

3.2 Der Versuchswagen

Der Versuchswagen besteht aus zwei Teilen, die völlig voneinander getrennt sind:

1. aus einem auf Schienen verfahrbarem Wagen
2. aus einem Rahmen als Geräteträger für das zu untersuchende Schneidwerkzeug.

Die Verbindung zwischen dem Wagen und dem Rahmen wird durch Meßelemente hergestellt. Der verfahrbare Wagen hat eine Breite von 3140 mm und eine Länge von 1600 mm bei einem Achsabstand von 1340 mm. Er ist aus Profilen U 16 zusammengesetzt. An den Schmalseiten befinden sich Gleitlager von Muldenkippern, in denen die Achsen mit Muldenkipperrädern gelagert sind. Der Wagen überspannt mit seiner Breite die gesamte Bahn, die eine Breite von 3050 mm hat.

Der Rahmen für die Schneidwerkzeuge ist aus U 12 Profilen zusammengesetzt und trägt, durch eine Dreieckkonstruktion geführt, zwei längsverschiebliche Holme, an die die Schneidwerkzeuge angeschraubt werden. Die Zustellbewegung des Schneidwerkzeuges wird über zwei Spindeln mit Handkurbeln durchgeführt. An den Holmen sind seitlich Marken eingehauen, um die gewählte Spanstärke einzustellen.

Wie aus Abbildung 18 ersichtlich ist, wurde hinten am Versuchswagen eine Glattradwalze mit 1600 mm Breite, 600 mm Walzendurchmesser und 340 kg

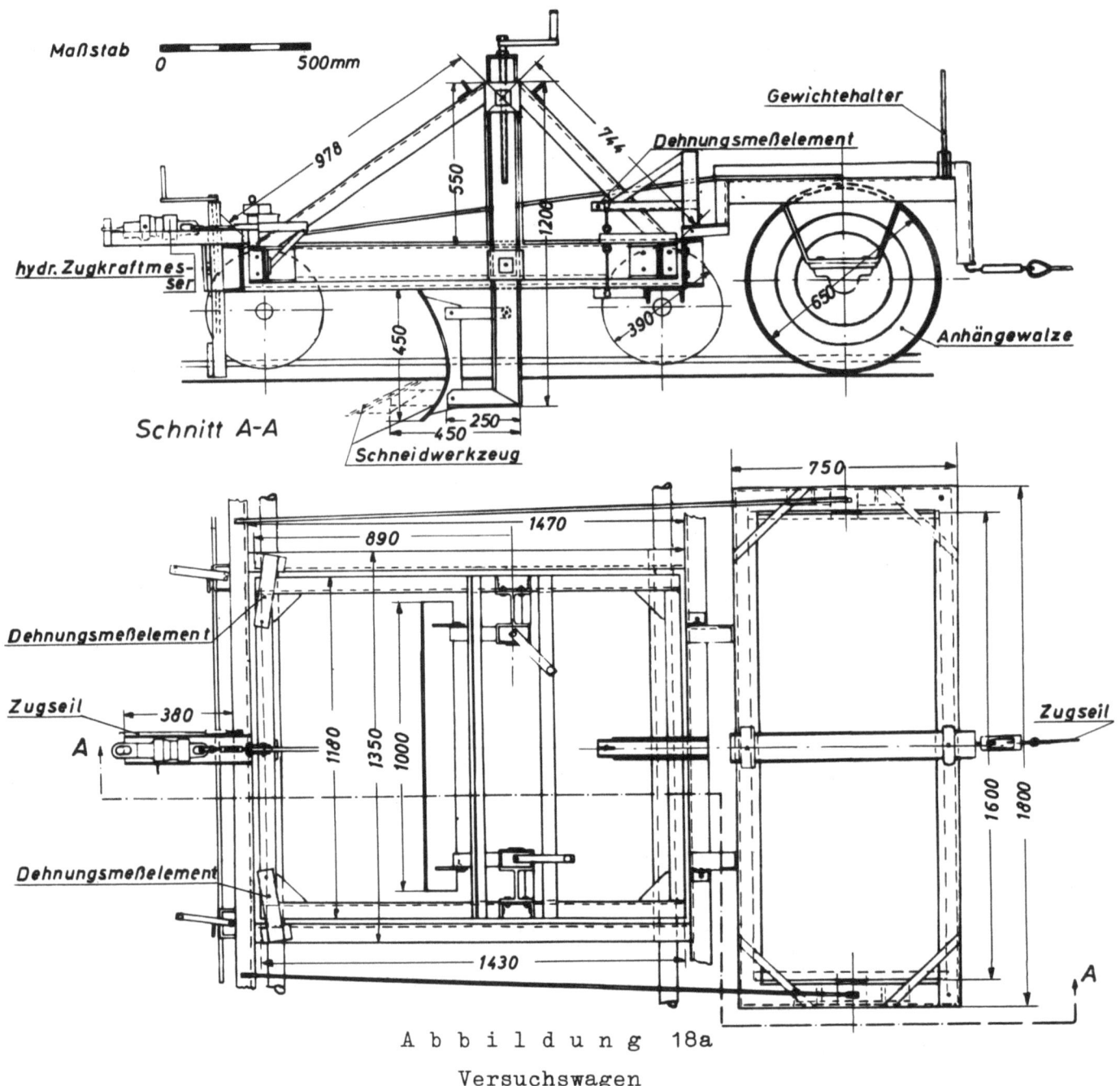

Abbildung 18a
Versuchswagen

Gewicht angehängt, die nur zur Verdichtung des Bodens auf den Versuchsboden abgelassen wird. Diese Walze dient während der Durchführung eines Versuches gleichzeitig als Gegengewicht gegen nach oben gerichtete Rückkräfte, die besonders bei den Versuchen mit Planierschilden den Wagen hinten von den Schienen abzuheben versuchen. Vorn am Wagen befindet sich ein ebenfalls über Spindeln verstellbares Brett mit einer Stahlschiene, das zum Abstreichen des aufgerissenen Bodens nach einem Versuch dient.

Abbildung 18b
Versuchswagen

3.3 Die Meßelemente und die Registriereinrichtung

Um eine Kraft im Raum einwandfrei erfassen zu können, ist die Messung von sechs Kraftkomponenten notwendig. Aus der Richtung und der Größe der Kraftkomponenten können dann die resultierende Kraft und das resultierende Moment nach Größe und Lage berechnet werden.

Definiert man die Lage der Achsen so, wie in Abbildung 19 dargestellt, so müssen zur Erzielung einer statisch bestimmten Dreipunktabstützung in Z-Richtung 3 Meßstellen, außerdem 2 in Y-Richtung und eine in X-Richtung angeordnet werden. Da bei den hier durchgeführten Untersuchungen nur solche Schneidvorgänge betrachtet werden, bei denen die Werkzeugschneiden senkrecht zur Vortriebsrichtung (X-Achse) stehen, können quer zur X-Achse also in Y-Richtung, keine Kräfte auftreten, vorausgesetzt, der Schneidprozeß verläuft symmetrisch zur XZ-Ebene. Ordnet man nun eine Meßstelle in dieser XZ-Ebene parallel zur X-Achse an, so können damit sämtliche zur Erfassung der resultierenden Schnittkraft notwendigen Komponenten gemessen werden.

Wie schon auf Seite 22 erwähnt, wird die in XZ-Ebene parallel zur X-Achse gemessene Kraft als Hauptschnittschnittkraft P_1 bezeichnet, während die dazu senkrechten Kräfte in Z-Richtung, die aus der Dreipunktabstützung herrühren, nach Kienzle als Rückkraftkomponenten P_{41}, P_{42} und P_{43} bezeichnet werden.

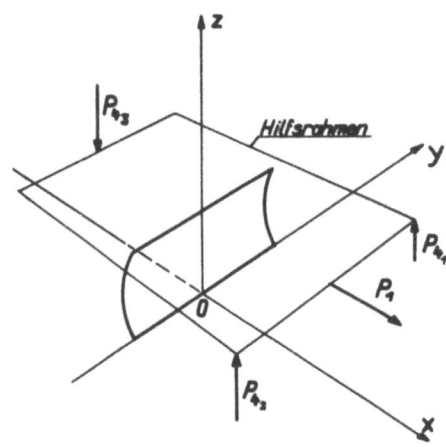

Abbildung 19
Anordnung der Kräfte und des Koordinatensystems im Raum

Die Auswahl der richtigen Meßelemente bereitete die größten Schwierigkeiten bei der Versuchsdurchführung. Wie schon eben erwähnt, ist der Rahmen über die Meßelemente auf dem Versuchswagen abgestützt. Sollen aber von den Meßelementen irgendwelche Kräfte aufgenommen und durch die Registriereinrichtung festgehalten werden, so sind gewisse Verformungen dieser Meßelemente notwendig.

Diese Verformungen bewirken aber eine Verschiebung des Schneidwerkzeuges gegenüber der Ruhelage und damit eine Veränderung der gewählten Ausgangsbedingungen. Die Meßelemente müssen also außerordentlich steif sein, um die Verformungen so gering wie möglich zu halten.

In der ersten Reihe der Vorversuche, die alle mit der 450 mm breiten, geraden Schneide durchgeführt wurden, wurden deshalb Druckmeßdosen eingebaut. Diese Druckmeßdosen wiesen jedoch erhebliche Nachteile auf. Sie zeigten sich zunächst außerordentlich empfindlich gegenüber dauernden Erschütterungen, so daß sich bei Nacheichungen vollkommen veränderte Eichkurven ergaben mit Abweichungen von über 30 %.

Außerdem tritt bei sämtlichen Schneidversuchen ein in positiver Richtung der Y-Achse gerichtetes Moment auf, das den Rahmen hinten anhebt. Das bedeutet aber, die vorher mit dem Eigengewicht des Rahmens belastete Druckmeßdose wird entlastet. Wird dieses Eigengewicht überwunden, so können keine Kräfte mehr registriert werden und der Versuch wird unbrauchbar. Aber auch eine Vorbelastung des Rahmens ist wegen der sehr hohen bei P_{43}

auftretenden Kräfte nicht möglich, da dazu Gewichte von 1000 kg benötigt worden wären. Damit fiel die nur in einer Richtung belastbare Druckmeßdose aus.

Ferner konnte der Rahmen bei all diesen Versuchen niemals in eine solche Lage gebracht werden, daß er an der Druckmeßdose P_1 vollständig anlag, ohne diese jedoch vorzubelasten. Im Augenblick des Anfahrens im Versuch rutschte der Rahmen zwar nach hinten und legte sich gegen die Meßdose, aber es mußte zunächst einmal die Reibung zwischen dem Rahmen und den Druckmeßdosen überwunden werden. Es läßt sich dabei niemals genau feststellen, wie weit bei plötzlich auftretenden Kraftspitzen noch eine Verschiebung des Rahmens auftrat und wie weit die Kräfte durch elastische Verformung übertragen wurden. Eine Entlastung auf Null konnte auch nicht vollständig stattfinden, da selbst bei völliger Entlastung des Rahmens in horizontaler Richtung immer noch die Reibung zu überwinden war.

Bei der zweiten Vorversuchsreihe wurden die Druckmeßdosen 1, 2, 3 durch Dehnungselemente ersetzt. Die horizontale Druckmeßdose P_1 wurde bei dieser nächsten Versuchsreihe noch beibehalten, jedoch ebenfalls entfernt, als sich der induktive Geber trotz Neuanfertigung der Stahlmembrane aus hochwertigem Stahl V Cr Mn noch immer als zu empfindlich gegenüber Stoßbelastungen erwies.

Bei den Hauptversuchen wurden also folgende Meßelemente verwendet: 3 Dehnungsmeßelemente für die Rückkraftkomponenten und ein hydraulisches Meßelement für die Hauptschnittkraft.

3.31 Dehnungsmeßelemente und der hydraulische Zugkraftmesser

Die Dehnungsmeßelemente bestehen für die beiden Meßstellen P_{41} und P_{42} aus einem Flacheisen, das auf ein kleines Kastenprofil aufgeschweißt ist (Abb. 20). Dieses Kastenprofil wurde mit Stahlschrauben auf den Versuchswagen aufgeschraubt und der Hilfsrahmen mit den Schneidwerkzeugen an dem biegsamen Drahtseil, das am Ende des Flacheisens befestigt ist, aufgehängt.

Das Meßelement der hinteren Meßstelle dagegen ist ein einfaches Flacheisen, das auf den Hilfsrahmen aufgeschraubt und nach oben und unten mit dem Versuchswagen durch Drahtseile verbunden ist, da es in zwei Richtungen belastbar sein muß. Der Grund für diese Sonderausführung liegt in dem bei der Versuchsdurchführung wirkenden Moment (siehe Seite 36) das den Rahmen

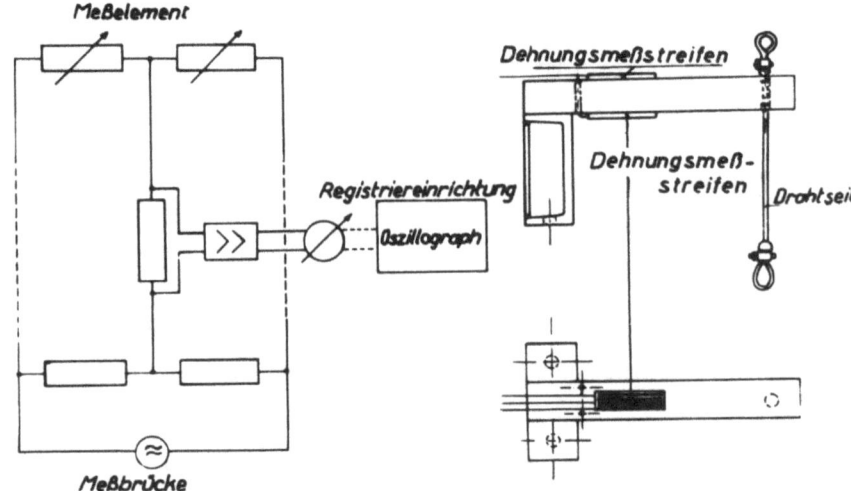

Abbildung 20

Schaltskizze der Dehnungsmeßvorrichtung und Dehnungsmeßelemente

vorn heruntergedrückt und hinten anhebt. Um das im Ruhestand unbelastete untere Drahtseil straff zu halten, wurde noch in diesem Drahtgestell ein Spannschloß eingeschaltet. Die Anordnung der Meßelemente geht aus Abbildung 21 hervor.

Auf das Flacheisen des jeweiligen Meßelementes werden zwei Dehnungsmeßstreifen (Philipps) aufgeklebt, von denen der eine als Meßstreifen, der andere als Kompensationsstreifen zum Ausgleich etwaiger Temperaturschwankungen verwendet wird. Biegt sich nun das Flacheisen unter der Belastung durch, so wird der eine Meßstreifen verlängert, der andere verkürzt. Das bedeutet aber eine Querschnittsänderung und damit eine Widerstandsänderung der im Meßstreifen befindlichen feinen Drähte. Nun bilden die beiden aufgeklebten Dehnungsmeßstreifen eine Halbbrücke und mit der sogenannten Meßbrücke zusammen eine Widerstandsmeßbrücke. Die durch Dehnung hervorgerufene Widerstandsänderung bedeutet aber eine Verstimmung der Meßbrücke, so daß jetzt ein Meßstrom zu fließen beginnt, der nach einer Verstärkung vom Schleifen-Oszillographen als Registrierinstrument auf Fotopapier aufgezeichnet wird. Allerdings haben die Dehnungsmeßelemente den Nachteil, daß sie nur für einen ganz bestimmten Kraftbereich gelten, da bei geringen Belastungsänderungen die möglichen Fehler sich zu stark auswirken. Sie müssen so dimensioniert werden, daß sie die zugelassene Dehnung von 0,001 so weit wie möglich ausnutzen. Es wäre z. B. nicht richtig, ein

Abbildung 21
Gesamtansicht des Rahmens mit eingespanntem Planierschild
und Meßelementen

Element, das für den Bereich von 0 - 1000 kg angelegt ist, auch für einen Bereich anzuwenden, in dem genaue Werte von 0 - 100 kg verlangt werden.

Von besonderer Wichtigkeit für diese Meßelemente ist, daß die Durchbiegung nicht zu groß wird, da sonst das Schneidwerkzeug aus der Anfangslage gerät. Es gilt

$$f = \frac{4}{E \cdot b} \left(\frac{l}{h}\right)^3 \cdot P$$

für $E = 2{,}1 \cdot 10^6$ kg/cm^2, $l = 20$ cm, $h = 3$ cm, $b = 5$ cm ergibt sich

$$f = 0{,}113 \, P \quad [\text{cm}]$$

(Meßelement P_{41} und P_{42})

für $l = 18$ cm ist $f = 0{,}083 \, P$ [cm] (Meßelement P_{43})

P ist hierbei in (t) einzusetzen.

Außerdem wurde noch ein zweiter Satz Dehnungsmeßelemente angefertigt mit folgenden Abmessungen:

$l = 20$ cm, $h = 2$ cm, $b = 3$ cm mit $f = 0{,}635 \, P$ [cm]

(Meßelement P_{41} und P_{42})

Für $l = 18$ cm ergibt sich $f = 0{,}46 \, P$ [cm] (Meßelement P_{43}) P ist in (t) einzusetzen.

Diese zulässige Kraft errechnet sich dabei aus der Beziehung:

$$\sigma = \varepsilon \cdot E = \frac{M}{W}; \quad M = P \cdot l = \varepsilon \cdot E \cdot W \text{ für } \varepsilon = 0,001$$

ergibt sich

$$P_{zul} = \frac{2,1 \cdot b \cdot h^2}{b \cdot l} = 350 \cdot \frac{bh^2}{l}$$

Für einen Abstand vom Kraftangriffspunkt bis zum Dehnungsmeßstreifen von l = 13 cm, ergibt sich P_{zul} = 1200 kg und f = 1,35 mm für b = 5 cm und h = 3 cm.

Für den zweiten Satz (b = 3 und h = 2 cm) erhält man entsprechend P = 320 kg und f = 0,2 cm. Diese Werte stellen Maximalwerte dar, die im Dauerbetrieb um 25 % zu ermäßigen sind.

Für die Meßstelle P_1 wurde ein hydraulischer Maihak-Zugkraftmesser verwendet, der den großen Vorteil hat, daß man durch einfach durchzuführendes Auswechseln der Feder eine große Anzahl von Meßbereichen besitzt. Außerdem ist das Meßdiagramm sofort sichtbar und das Meßgerät ist nicht den unvermeidbaren Schwankungen ausgesetzt, wie sie bei den elektrischen Meßverfahren auftreten, wo sich durch Verschiebung der Nullpunktmarke erhebliche Fehler ergeben können. Der Maihak-Zugkraftmesser besteht aus zwei Teilen: Aus der Zugflasche und der Registriereinrichtung, die durch eine Kupferleitung verbunden sind. Die Zugflasche wird aus einem ölgefüllten Zylinder gebildet, der durch einen Kolben verschlossen wird. Wird bei der Belastung der Kolben in den Zylinder gedrückt, so preßt sich das Drucköl durch die Kupferleitung in das Registriergerät. Hier ist ein zweiter Kolben mit Zylinder vorhanden. Dieser Kolben ist mit einem Schreibstift verbunden, der auf einem ablaufenden Wachspapier schreibt. Drückt das Öl nun auf den Registrierkolben, so muß dieser den auf ihm lastenden Druck der auswechselbaren Feder aufheben. Die Papiertrommel wird über eine biegsame Welle von einem Reibrad angetrieben, das auf einem Rad des Versuchswagens mitläuft. Dadurch ist der Papiervorschub von der Geschwindigkeit unabhängig.

Während die Dehnungsmeßelemente immer unter einer gewissen Belastung stehen, da der Rahmen an ihnen aufgehängt ist, ist die Zugflasche nur bei der Versuchsfahrt unter Belastung. Um die kleinen Längenveränderungen

ausgleichen zu können, die bei geringen Ölverlusten aus der Zugflasche
entstehen und um Rahmen und Zugflasche voneinander trennen zu können, wurde ein kleines Spannschloß zwischen Rahmen und Zugflasche geschaltet.

3.32 Die Registriereinrichtung

Zur Registrierung der Meßströme wurde ein HATHAWAY-6-Schleifen-Oszillograph benutzt. Dieses Gerät besitzt 6 Meßschleifen und ist damit zur gleichzeitigen Registrierung von 6 Meßströmen geeignet. Die vom Meßstrom durchflossene Schleife trägt einen ganz kleinen Spiegel. Jede Veränderung des Meßstromes bewirkt aber eine Drehung der Schleife, die sich zwischen den Polen eines permanenten Magneten befindet. Fällt nun ein Lichtstrahl auf den Spiegel, so wandert dieser entsprechend der Schleifendrehung aus. Läßt man lichtempfindliches Papier von dem Lichtstrahl belichten, so hat man nach dem Entwickeln und Fixieren den Meßstreifen und damit in unserem Falle auch die Kraft, die diesen Meßstrom hervorruft, festgehalten.

A b b i l d u n g 22
Meßbrücken und Schleifenoszillograph

4. Die Grundlagen für die Auswertung der Meßergebnisse

Bei der Beurteilung der Verwendbarkeit der untersuchten Schneidwerkzeuge und für die Konstruktion der Planierraupen spielen folgende Größen eine Rolle:

Die Schildfüllung	Die Hauptschnittkraft
Die Resultierende aller angreifenden	Die Rückkraft
Kräfte nach Lage und Größe	Die erforderliche Leistung

4.1 Die Berechnung der Schildfüllung

Da die gemessenen Kräfte bei den Planierschilden an sich nichts aussagen, sondern erst in Verbindung mit dem Rauminhalt des bewegten Bodens eine Vergleichsmöglichkeit der Schilde untereinander und auch einen Anhalt für die Größe der auftretenden Kräfte bei größeren und kleineren Planierschilden ergeben, mußte eine einfache Formel entwickelt werden, um ohne zeitraubendes Wiegen die Schildfüllung schnell berechnen zu können. Insbesondere ist der von KÜHN [11] vorgeschlagene Weg des Schiebens der erzielten Schildfüllung auf eine Waage nach den Erfahrungen des Verfassers mit gewissen Fehlerquellen behaftet. Wie sich aus den Versuchen ergab, war die Schildfüllung beim Schluff abhängig von der Schnittgeschwindigkeit. Das Planierschild hätte also mit seiner Unterkante mit konstanter Geschwindigkeit bis genau an die Unterkante der Wiegeplatte gefahren werden müssen. Das ist versuchstechnisch nicht möglich. Außerdem wäre dabei der vor dem Schild befindliche Boden über die Wiegeplatte bei völlig veränderten Versuchsbedingungen zu schieben gewesen. Leider beschreibt KÜHN in seiner Dissertation nicht, wie er mit diesen Schwierigkeiten fertig geworden ist. Demgegenüber ist das Ausmessen einfacher und vor allem genauer.

Wie aus Abbildung 23 ersichtlich, wurde nur der Boden als Schildfüllung betrachtet, der sich innerhalb der Schildbreite befindet. Der Verfasser befindet sich damit in Übereinstimmung mit den Bezeichnungen von KÜHN und anderen Forschern. Weiter zerfällt der vor dem Schild angehäufte Boden in zwei Abschnitte: In einen Abschnitt 1 unterhalb der Schildoberkante und

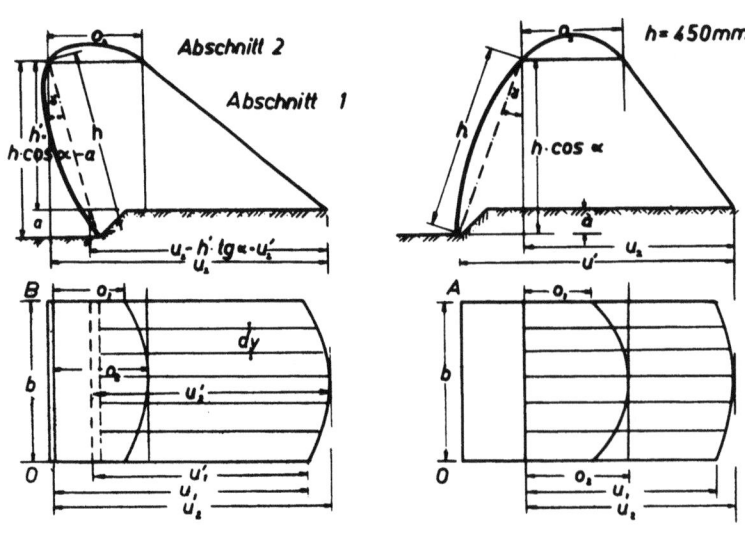

A b b i l d u n g 23

Berechnung des Rauminhaltes vor dem Planierschild

einem Abschnitt 2 oberhalb der Schildoberkante. Der Abschnitt 2 wurde nicht berechnet, sondern von Hand sorgfältig abgenommen, gewogen und dann auf den Rauminhalt umgerechnet, wobei sich bei Sand aus zahlreichen Versuchen ein $\gamma = 1,53$ ergab. Beim Schluff wurde der Abschnitt 2 ebenfalls von Hand abgenommen, aber dann in Eichgefäßen der Rauminhalt festgestellt.

Beim Abschnitt 2 hatte sich aber ergeben, daß die obere und untere Begrenzungslinie eine Kurve war, die einer Parabel sehr stark angenähert war. Infolgedessen wurde ein Körper berechnet, der gegen das Schild durch eine Ebene (strichpunktiert) und oben und unten durch eine Ebene begrenzt ist. Diese sind nach vorn durch eine Parabel abgeschlossen. Die Verbindungslinie der Parabeln, also die Böschung des vor dem Planierschild liegenden Bodens, ist eine Gerade.

Legen wir einen Schnitt durch diesen Erdkörper, so ergeben sich stets Trapeze vom Flächeninhalt:

$$F = \frac{o + u}{2} \cdot h'$$

Bezeichnen wir den Abstand zweier Trapeze mit dy, so ergibt sich der Rauminhalt

$$V = \int_0^B \frac{1}{2}(o + u')h' \cdot dy = \frac{h'}{2} \cdot \left(\int_0^B o \cdot dy + \int_0^B u' \cdot dy \right)$$

d.h. aber, daß das Integral über die obere und untere Fläche zu nehmen ist. Berechnet man den Flächeninhalt mit Hilfe der SIMPSONschen Regel

$$\int_a^b f(x)dx = \frac{h}{3}(y_0 + 4y_1 + 2y_2 + 4y_3 + 2y_4 + \ldots + 4y_{n-1} + y_n) + R$$

$$h = \frac{b-a}{n}$$

so ergibt sich für eine Parabel $R = 0$. Für $n = 2$ wird damit:

$$V = \frac{h'}{2}\left[\frac{b}{6}(o_1 + 4o_2 + o_1) + \frac{b}{6}(u_1' + 4u_1')\right]$$

$$= \frac{h' \cdot b}{12}\left[2o_1 + 4o_2 + 2u_1' + 4u_2'\right]$$

$$V = \frac{h' \cdot b}{6}\left[o_1 + u_1' + 2(o_2 + u_2')\right]$$

Seite 43

Es ist $b = 1$ m, $h' = h \cdot \cos\alpha - a$, $u' = u \pm h' \cdot \operatorname{tg}\alpha$;

Gemessen werden o_1, o_2, u_1 und u_2

Der Rauminhalt in der Schildhöhlung zwischen der strichpunktierten Geraden und dem Schild wurde durch Planimetrieren ermittelt. Er beträgt für die Evolvente I und II 0,025 m³, für die Parabel 0,022 m³.

Somit ist die gesamte Schildfüllung

$$V_{ges} = 0{,}025 \text{ (bzw. } 0{,}022) + \frac{h' \cdot b}{6}\left[o_1 + u_1' + 2(o_2 + u_2')\right] + V_2$$

4.2 Die Ermittlung der Resultierenden nach Größe, Richtung und Lage

Zur Ermittlung der günstigsten Konstruktion der Schildaufhängung an den Planierraupen und der Formgebung der Schürfkübel ist es unbedingt notwendig, die Resultierende sämtlicher Einzelkräfte nach Größe, Lage und Richtung zu kennen. Dabei ist es zweckmäßig, den 0-Punkt des Koordinatensystems an die untere Schneidkante in die Mittelebene des betrachteten Schneidwerkzeuges zu legen. Das hat den Vorteil, daß die Kräfte P_1 und P_{43} in der XZ-Ebene liegen und die Kräfte P_{41} und P_{42} symmetrisch zu dieser. Dann läßt sich die Resultierende wie folgt berechnen (siehe Abb. 19):

Das System befindet sich im Gleichgewicht, wenn

$$\Sigma X = 0$$
$$\Sigma Z = 0$$
$$\Sigma M = 0;$$

setzen wir die Kräfte in der in Abbildung 19 angegebenen Richtung an, so erhalten wir

$$X = 0 \quad R_x + P_1 = 0; \quad R_x = -P_1$$

$$Z = 0 \quad R_z + P_{41} + P_{42} - P_{43} = 0; \quad R_z = P_{43} - (P_{41} + P_{42})$$

Für $P_{43} < P_{41} + P_{42}$ ist R_z negativ.

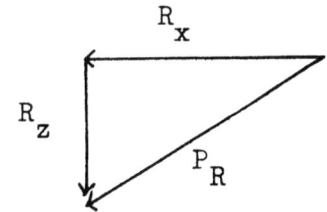

(ebenes Schneidmesser im Sandboden)

Für $P_{43} \geq P_{41} + P_{42}$ ist R_z positiv

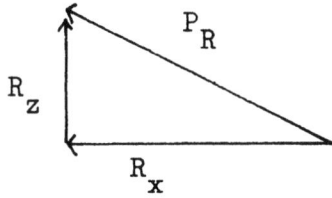

(Planierschilde und ebenes Schneidmesser im Schluffboden)

Die Resultierende ist dann

$$P_R = \sqrt{P_1^2 + \left[P_{43} - (P_{41} + P_{42})\right]^2}$$

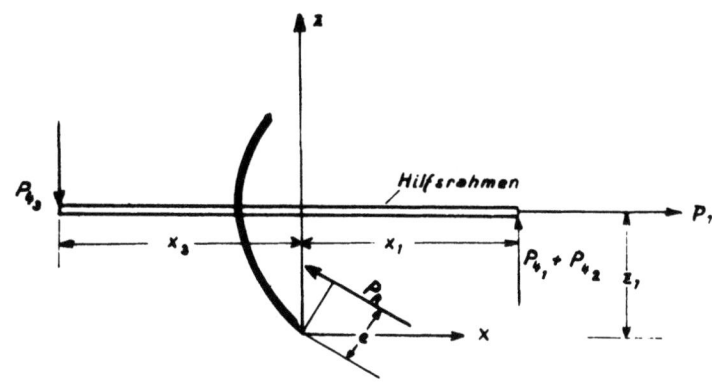

Abbildung 24
Berechnung der Resultierenden

Die Lage der Resultierenden errechnet sich folgendermaßen:

$$M = 0 \quad P_1 \cdot z_1 - P_{43} \cdot x_3 - (P_{41} + P_{42}) x_1 - P_R \cdot e = 0$$

$$e = \frac{P_1 \cdot z_1 - \left[(P_{41} + P_{42}) \cdot x_1 - P_{43} \cdot x_3\right]}{P_R}$$

Der Neigungswinkel der Resultierenden gegen die x-Achse ergibt sich aus:

$$\operatorname{tg} \vartheta = \frac{P_{43} - (P_{41} + P_{42})}{P_1}$$

4.3 Die erforderliche Leistung

Zur Ermittlung der erforderlichen Leistung ist die horizontal in Vortriebsrichtung wirkende Kraft P_1 einzusetzen.

$$N = P_1 \cdot v \cdot \frac{1000}{3600 \cdot 75} = \frac{P_1 \cdot v}{270} \ [\text{PS}] \qquad \begin{array}{l} P_1 \ [\text{kg}] \\ v \ [\text{km/h}] \end{array}$$

4.4 Die Hauptschnittkraft

Um eine Kraft durch einen Versuch genau ermitteln zu können, ist es notwendig, daß diese Kraft über eine längere Meßstrecke mit annähernd konstanter Größe wirkt. Bei den Schneidmessern ist das nach Überwindung einer kurzen Anfahrstrecke stets der Fall, denn der Boden fließt kontinuierlich über das Schneidwerkzeug hinweg. Bei den Planierschilden dagegen häuft sich der Boden mit zunehmendem Schürweg vor dem Schild auf. Bei zu feuchtem Boden, dessen Zusammenhang durch das Abschälen eines dünnen Spans nicht zerstört wird, rollt sich dieser Span auf und ergibt eine immer größere Schildfüllung, bis der Vorgang schließlich durch Überschreitung der vorhandenen Windenleistung zum Stehen kommt oder vorher die Meßelemente zerstört werden. Ist der Boden dagegen trocken, so gelingt es nicht, die Krümelstruktur des gefrästen Bodens durch Verdichten zu beseitigen, so daß sich der Boden im Schnittvorgang wie ein rolliger Boden verhält. Durch Versuche wurde festgestellt, daß ein Wassergehalt von 15,5 bis 17 % für die Schneidversuche günstig ist. Denn hierbei treten die Unterschiede in den verschiedenen Planierschildformen ganz klar hervor, jedoch häuft der Boden nach einigen Metern Schürfweg sich nicht mehr vor dem Schild auf, sondern er fließt seitlich ab und die erreichten maximalen Kräfte bleiben in etwa konstant.

Wie aus Abbildung 25 ersichtlich, kann man mit einer halben Versuchsbahn bei Sand und bei Versuchen mit ebenen Schneidmessern im Schluff gut auskommen, bei Planierschilden im Schluff muß jedoch die gesamte Bahn ausgenutzt werden.

4.5 Die Rückkraft

Die unter 4.4 angestellten Betrachtungen über die Länge der Meßstrecke und den optimalen Wassergehalt des Bodens gelten entsprechend auch für

Mittelsand

Schwach bindiger, sandiger Schluff

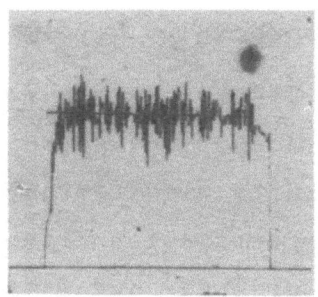

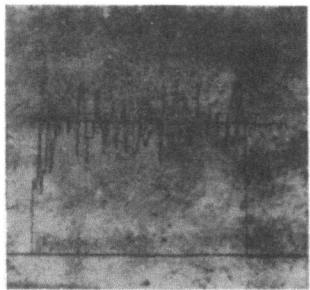

Ebenes Schneidmesser

$\delta = 30°$, $a = 100$ mm, $v = 2$ km/h

Feder 250 kg, w=4,2 %, Schürfweg 8,50 m

Ebenes Schneidmesser

$\delta = 30°$, $a = 100$ mm, $v = 1$ km/h

Feder 800 kg, w=18,4 %, Schürfweg 8,50 m

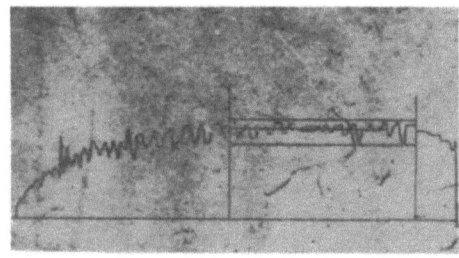

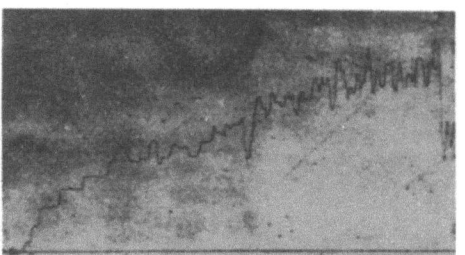

Planierschild (Evolvente I)

$\epsilon = -15°$, $a = 50$ mm, $v = 2$ km/h

Feder 800 kg, w=3,65 %, Schürfweg 17,0 m

Planierschild (Evolvente I)

$\epsilon = 0°$, $a = 45$ mm, $v = 1$ km/h

Feder 1600 kg, w=16,1%, Schürfweg 16,50 m

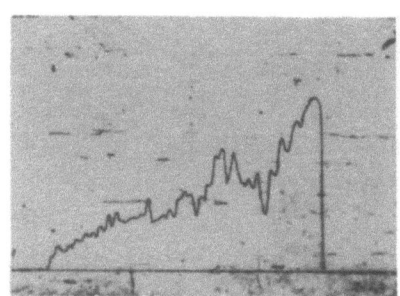

Planierschild (Evolventenprofil I)

$\epsilon = 0°$, $a = 30$ mm, $v = 1$ km/h

Feder 2400 kg, $w = 19,5$ %, Schürfweg 10,20 m
schwach bindiger sandiger Schluff

A b b i l d u n g 25

Verlauf der Hauptschnittkraft P_1 in Abhängigkeit vom Schürfweg

die Rückkraft. Es ist ohne weiteres einleuchtend, daß der Verlauf der Rückkraft in etwa dem der Hauptschnittkraft entsprechen muß.

Es sei hier noch einmal darauf hingewiesen, daß die in den nun folgenden Kurvendarstellungen angegebenen Kräfte, die die Auswertung der einzelnen Versuche umfassen, nicht die absoluten Schnittkräfte wiedergeben, sondern stets die Kräfte bezogen auf den Querschnitt der zerspanten Fläche oder die Schildfüllung. Der Grund dafür ist ohne weiteres aus der Tatsache ersichtlich, daß die Kraft an sich wenig aussagt, wenn man nicht weiß, welche Bodenmenge transportiert oder welcher Querschnitt abgetragen wurde. Es wurden für diese spezifischen Kräfte keine neuen Bezeichnungen gewählt, um nicht die Übersichtlichkeit zu zerstören, sondern die alten Bezeichnungen beibehalten.

A b b i l d u n g 26
Freisescher Zugkraftmesser

Bei der Rückkraftkomponente P_{43} ist noch zu erwähnen, daß bei den Versuchen mit Planierschilden im Schluff die Rückkraft so groß wurde, daß die auftretenden Kraftspitzen das hinten eingebaute Dehnungselement über den zulässigen Bereich hinaus beanspruchten. Deshalb wurde hier der von der Max-Planck-Gesellschaft im Institut für Instrumentenkunde entwickelte Freisesche Zugkraftmesser eingesetzt, der es ermöglicht, große Kräfte bei Verschiebungen von 0,5 mm zu messen. Da die auftretenden Kräfte auf jeden Fall größer waren als das Eigengewicht des Meßrahmens an dieser Stelle, konnte auf eine in zwei Richtungen wirkende Meßvorrichtung verzichtet werden. Es genügt ein Kraftmeßgerät, das die nach Überwindung des Eigengewichtes nach oben wirkende Rückkraftkomponente maß. Die Meßgenauigkeit des Gerätes beträgt bei 0,1 mm Ablesegenauigkeit des Schriebes etwa 10 kg. Das ist vernachlässigbar im Vergleich zu dem Meßbereich von mehr als 1000 kg.

5. Die Versuchsdurchführung

5.1 Die Versuchsvorbereitung

Da als unbedingte Voraussetzung für die Vergleichbarkeit der Versuchsergebnisse eine stets gleichmäßige Verdichtung des Versuchsbodens erforderlich ist, wurde auch ein gleichbleibender Vorbereitungsgang für die Versuche gewählt. Diese Vorbereitung war je nach Bodenart verschieden.

5.11 Versuchsvorbereitung des Mittelsandes

Vor dem Versuch wurde der Boden stets gleichmäßig bis etwa 15 cm Tiefe aufgerissen. Ein tieferes Aufreißen war nicht notwendig, da die Versuche mit einer max. Spandicke a = 100 mm gefahren wurden und bei der gewählten Verdichtungsart von 18 Walzenübergängen die aufgerissene Schicht nach der Verdichtung ein stets gleichmäßiges Porenvolumen zeigte. Die Bodenbearbeitung erfolgte daher entweder mit dem Schneidmesser oder aber mit Hacke und Schaufel. Auch die seitlich liegenden, nicht vom Schneidwerkzeug erfaßten Teile der Versuchsbahn wurden umgegraben. Dann schloß sich der Ausgleich der gröbsten Bodenunebenheiten mit der Harke an und entlich die Herstellung des Feinplanums mit einem vorn am Wagen befindlichen Abziehbrett, das über Spindeln mit 2,5 mm Ganghöhe abgelassen werden konnte.

Nachdem zu beiden Seiten der Bahn ein kleiner Graben ausgehoben war, begann die Verdichtung. Dieser Graben verhinderte, daß der von der Walze zur Seite gedrängte Boden sich an der Bahneinfassung ablagerte und die Walze dann diesen seitlich liegenden Boden zwar sehr stark verdichtete, die Mitte der Bahn jedoch kaum erfaßte (Abb. 17). Wie aus Abbildung 18a und 18b ersichtlich, befand sich hinten am Wagen eine Walze, die gleichzeitig als Ausgleichsgewicht gegen eine zu große Rückkraft diente. Diese Walze mit einem Eigengewicht von 340 kg walzte den locker eingebrachten Boden viermal ab. Dann wurde eine Zusatzbelastung von 120 kg aufgebracht. Diese Zusatzgewichte hatten aber gegenüber dem Anlenkpunkt der Walze einen größeren Hebelarm als die Walzenachse. Dadurch wurde eine Mehrbelastung von $\frac{120 \cdot 820}{520}$ = 197 kg erreicht. Nach sechs Übergängen wurden weitere 120 kg aufgebracht, so daß jetzt insgesamt 240 kg wirkten und unter Berücksichtigung des Hebelarms 397 kg. Damit wirkten pro cm Walzenbreite 770/160 = 4,8 kg. Nach weiteren 8 Walzgängen war der Mittelsand so verdichtet, daß die natürliche Lagerungsdichte von etwa 37 % Porenvolumen erreicht war. Eine größere Verdichtung war wegen der Gleichförmigkeit des Mittelsandes (U = 2) nicht zu erreichen.

Anschließend wurden zwei Bodenproben mit dem Ausstechzylinder entnommen, um etwaige Schwankungen in der Verdichtung und im Wassergehalt festzuhalten. Durch diese laufende Kontrolle konnte der Wassergehalt mit Abweichungen von $\pm$ 0,5 % konstant gehalten werden.

5.12 Versuchsvorbereitung des schwach bindigen Schluffs

Für den bindigen Boden wurde eine Bungartz Bodenfräse von 900 mm Arbeitsbreite mit einem 14 PS-Stiehl-Dieselmotor beschafft. Diese mit elastischen Aufreißwerkzeugen besetzte Bodenfräse hat etwa eine Arbeitstiefe von 20 - 25 cm. Mit ihr wurde nach jedem Versuch der Boden in ganzer Breite aufgefräst, und zwar in 6 Übergängen. Bei 0,90 m Arbeitsbreite und 1,80 m Bahnbreite bedeutete das ein dreimaliges Bearbeiten jedes Bahnteils. Nur dadurch wurde es möglich, den Schluff in eine krümelige Struktur zu versetzen, so daß er mit Harke und danach mit dem Abziehbrett auf eine über die ganze Bahn konstante Höhe gebracht werden konnte. Dann erfolgten vier

A b b i l d u n g 27
Bungartz-Bodenfräse

Forschungsberichte des Wirtschafts- und Verkehrsministeriums Nordrhein-Westfalen

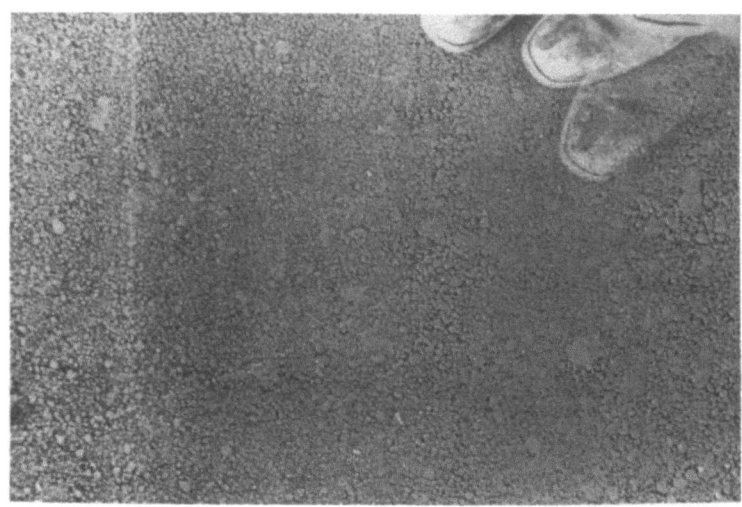

A b b i l d u n g 28
Gefüge des verdichteten Bodens

Walzenübergänge unter dem Walzengewicht mit 120 (197 kg) Zusatzbelastung, anschließend 6 weitere Übergänge und schließlich 8 Übergänge mit 300 kg bei Berücksichtigung des Hebelarms mit 492 kg zusätzlich. Damit waren je cm Walzenbreite 830/160 = 5,2 kg Belastung vorhanden. Die Krümelstruktur ließ sich damit nicht völlig beseitigen, aber es wurde eine Lagerungsdichte erzielt, die eine Nachahmung des in der Natur sich abspielenden Schneidprozesses erlaubte.

Nach dem Abwalzen wurden zwei Bodenproben zur Überprüfung des Feuchtigkeitsgehaltes entnommen und mit der Proctornadel der Eindringwiderstand festgestellt. Diese Maßnahmen waren reine Kontrollmaßnahmen und erlaubten die Konstanthaltung der Bodenfeuchtigkeit.

5.2 Die Durchführung des Versuchs

Bei jedem Versuch wurde am Bahnanfang eine Grube ausgehoben und das Schneidwerkzeug auf die Tiefe abgelassen, mit der nachher der Versuch durchgeführt werden sollte. Im Gegensatz zu den Vorgängen auf der Baustelle brauchte sich das Schneidwerkzeug also nicht selbst einzuschneiden. Zunächst legte man genau die Fahrstrecke fest, dann wurden die Dehnungsmeßelemente über Schleppkabel an die Meßbrücke angeschlossen, das Spannschloß zwischen Zugkraftmesser und Rahmen angezogen, und nun konnte der Versuch durchgeführt werden. Während des Versuches bediente ein Mechaniker die

Winde, und ein zweiter den Oszillographen, der nach der richtigen Einstellung vom Versuchsingenieur nur noch ein- und ausgeschaltet zu werden brauchte. Der Versuchsingenieur ging während des Versuchs neben dem Wagen her und beobachtete die Vorgänge.

Nach dem Versuch wurden die Meßdiagramme dem Zugkraftmesser entnommen, das Registrierpapier des Oszillographen entwickelt und der vor dem Planierschild liegende Boden bzw., bei Versuchen mit ebenen Schneidmessern, der auf dem Schneidmesser befindliche Boden ausgemessen.

6. Die Vorversuche mit ebenem Schneidmesser im Mittelsand

Bevor die in den Hauptversuchen verwendeten Schneidwerkzeuge entworfen und die bei den Versuchen zu verändernden Größen festgelegt wurden, sollten die Vorversuche diese Punkte klären. Außerdem mußte überprüft werden, ob die entworfene Meßeinrichtung für diese Zwecke geeignet war. Bei den zahlreichen Arbeiten auf den Gebieten der landwirtschaftlichen Bodenbearbeitung und der Zerspanung waren solche Vorversuche in den meisten Fällen nicht nötig, da hier die zweckmäßigsten Einrichtungen schon von vorhergehenden Versuchen her bekannt waren. Da der Verfasser aber mit seiner Arbeit Neuland betrat, konnte er auf derartige Erfahrungen nicht zurückgreifen. Es gelang durch diese Vorversuche, die zweckmäßigste Meßeinrichtung zu entwerfen und den optimalen Versuchsablauf so festzulegen, daß die späteren Hauptversuche wesentlich erleichtert wurden. Da die Meßergebnisse der Vorversuche durch ungeeignete Meßelemente wahrscheinlich teilweise verfälscht sind, dürfen aus ihnen keine allgemein gültigen Schlüsse gezogen werden.

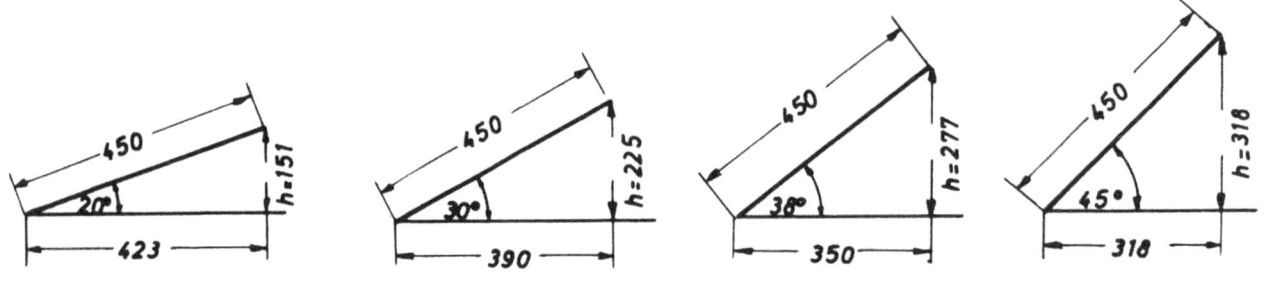

Abbildung 29

Schneidmesser für die Vorversuche

Vorversuche mit ebenem Schneidmesser $h \neq const$

Forschungsberichte des Wirtschafts- und Verkehrsministeriums Nordrhein-Westfalen

Bei den Vorversuchen wurde mit einem einzigen Schneidwerkzeug gearbeitet, das die Abmessungen 450 x 1000 mm hatte. Wie die Abbildung 29 zeigt, entsteht durch die Variation des Schnittwinkels eine unterschiedliche Hubhöhe, so daß durch diese Versuche nicht geklärt werden kann, welcher Schnittwinkel für die Schürfwagenschneiden zu empfehlen ist. Alle Vorversuche wurden mit einem mittleren Wassergehalt w = 4 - 5,5 % durchgeführt. Die beiden Versuchsreihen unterscheiden sich im wesentlichen durch veränderte Meßeinrichtungen und veränderte Porenvolumen.

6.1 Vorversuchsreihe I (w = 4,0 - 5,5 %, n = 38,5 - 41,5 %)

Wie unter 3,3 erwähnt, waren bei diesen Versuchen Druckmeßdosen mit all ihren Schwierigkeiten eingesetzt. Als Schnittwinkel wurden $20°$, $30°$, $38°$ und $45°$ gewählt, als Spandicke 50 und 100 mm und als Geschwindigkeit v = 1 km/h und v = 2 km/h. Aus den in Abbildung 30a bis 30f aufgetragenen Ergebnissen seien hier nur folgende Punkte kurz hervorgehoben.

6.11 Veränderung des Schnittwinkels

Die vorderen Rückkraftkomponenten $P_{41} + P_{42}$ bleiben konstant (Abb. 30a), die hinten liegende Komponente P_{43} nimmt dagegen stark zu.

Die Hauptschnittkraft wächst mit der Zunahme des Schnittwinkels von $20°$ auf $45°$ um etwa 90 %. Die Rückkraft nähert sich bei $45°$ etwa Null (Abb. 30b).

Die resultierende Schnittkraft vergrößert sich um 70 %, wenn δ von $20°$ auf $45°$ zunimmt (Abb. 30c).

Die Motorleistung zeigt den gleichen Verlauf wie P_1, weil sie aus dieser nur durch Multiplikation mit dem Faktor V/270 entstanden ist (Abb. 30d).

Die Spanstauchung (Abb. 30a) ist bei a = 50 mm bei allen Schnittwinkeln konstant. Bei a = 100 mm wächst sie von 2 auf 3,5 an. Daraus läßt sich folgern, daß bis zu einem bestimmten Verhältnis von Spandicke a zu Messerlänge l die Spanstauchung mit einer Vergrößerung von $\delta = 20°$ bis $\delta = 45°$ in starkem Maße zunimmt. Ist aber ein bestimmtes kritisches Verhältnis a/l erreicht, so ist die Reibung so groß, daß unter dieser die maximal erreichbare Stauchung auch schon bei flachen Schnittwinkeln erfolgt.

Der Angriffspunkt der Resultierenden P_R (Abb. 30f) liegt zwischen 60 und 10 mm Höhe von der unteren Schneidkante aus gerechnet. Für Berechnungen

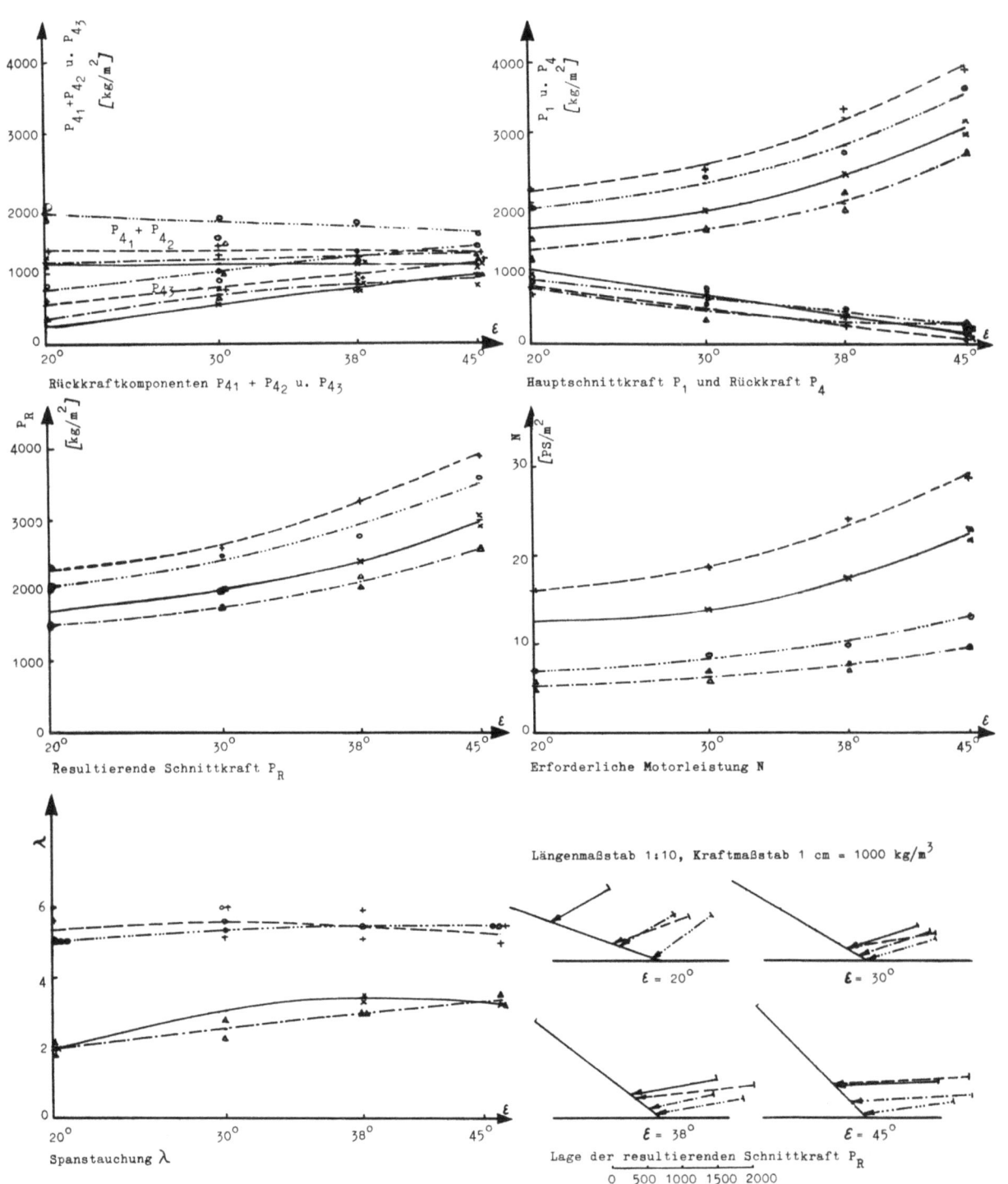

Abbildung 30a - f

Vorversuche mit ebenem Schneidmesser - Versuchsreihe I

Messerbreite 1000 mm, Messerlänge 450 mm

×——× $v = 2$ km/h, $a = 100$ mm
△—·—△ $v = 1$ km/h, $a = 100$ mm
+——+ $v = 2$ km/h, $a = 50$ mm
○—··—○ $v = 1$ km/h, $a = 50$ mm

Versuchsboden: **Mittelsand**

Wassergehalt $w = 4,0 - 5,5 \%$

Trockenraumgewicht $\gamma_t = 1,52 - 1,63$

Porenvolumen $n = 38,5 - 41,5 \%$

Forschungsberichte des Wirtschafts- und Verkehrsministeriums Nordrhein-Westfalen

könnte P_R also als in halber Spandicke angebracht gedacht werden. Der Steigungswinkel von P_R nimmt von $30°$ auf etwa $0°$ ab.

6.12 Die Veränderung der Geschwindigkeit

Die Rückkraftkomponenten $P_{41} + P_{42}$ und P_{43} zeigen bei der Abhängigkeit von der Geschwindigkeit einen offensichtlichen Meßfehler, da hier die Kurven für $v = 1$ km/h über denen für $v = 2$ km/h liegen. Im übrigen kann man sagen, daß bei diesen Versuchen eine Verdoppelung der Vortriebsgeschwindigkeit eine Erhöhung der Hauptschnittkraft und der Resultierenden (je Flächeneinheit!) von 10 - 18 % ergibt. Die Spanstauchung nimmt nur für $a = 100$ mm um teilweise 20 % zu. Trotz der Ungenauigkeit der Meßvorrichtung zeigt sich, daß der Abstand der Resultierenden von der Schneidkante für $v = 2$ km/h und $a = 100$ mm am größten, für $v = 1$ km/h und $a = 50$ mm am kleinsten ist.

Für die Leistung N wirkt sich die Geschwindigkeit naturgemäß am stärksten aus. Hier bedeutet eine Erhöhung der Schnittgeschwindigkeit um 100 % eine Erhöhung der erforderlichen Motorleistung um 220 bis 240 %. Vergleicht man den günstigsten und den ungünstigsten Wert miteinander, so bedeutet eine Veränderung von $a = 100$ mm und $v = 1$ km/h auf $a = 50$ mm und $v = 2$ km/h eine Erhöhung der erforderlichen Motorleistung um 300 bis 320 %.

6.13 Die Veränderung der Spandicke

Eine Verminderung der Spandicke von 100 auf 50 mm setzt die Hauptschnittkraft (umgerechnet auf 1 m^2 zerspante Fläche!) um 30% herauf. Diese Zunahme erklärt sich nur aus der großen Spanstauchung und der damit notwendigen größeren Kraft zur Überwindung der Reibung. Die gleiche Zunahme zeigte sich bei der resultierenden Schnittkraft P_R und der erforderlichen Motorleistung. Die Spanstauchung betrug bei Veränderung von $a = 100$ mm auf $a = 50$ mm etwa das Doppelte.

6.14 Folgerungen

Somit läßt sich schon aus den Vorversuchen erkennen, daß

1. Die Schneidlänge nicht zu groß sein darf,

2. Bei gleichen Ausgangsbedingungen es am vorteilhaftesten ist, im Sand mit größerer Spandicke, dafür aber mit kleinerer Geschwindigkeit zu arbeiten.

6.2 Vorversuchsreihe II (w = 3,8 - 5,2 %, n = 37 - 39 %)

Bei dieser Versuchsreihe (Abb. 31a bis 31f) wurden die Druckmeßdosen für die Rückkraftkomponenten durch Dehnungsmeßelemente ersetzt. Für die Hauptschnittkraft wurde aber noch eine Druckmeßdose beibehalten, die jedoch, wie Abbildung 31b zeigt, bei den Hauptschnittkräften Fehlmessungen herbeiführte. Offensichtlich ist der bei $\delta = 45°$ fast waagerechte Kurvenverlauf unrichtig. Allein die Überlegung sagt schon, daß die Kurve im P_1-Diagramm mit größer werdendem δ steiler werden muß und daß sie höchstens bei $90°$ einen waagerechten Verlauf haben kann. Die Versuchsergebnisse sind zwar der Vollständigkeit halber hier mit aufgeführt (Abb. 31a bis 31f), aber wegen der Fehlmessungen sei auf eine ausführliche Diskussion verzichtet.

Die Rückkraftkomponenten $P_{41} + P_{42}$ zeigen hier einen schwach gekrümmten Verlauf, während P_{43} bis $45°$ wieder stark ansteigt und P_4 als Summe aller Komponenten bei $45°$ den Wert Null erreicht. Unverändert gegenüber der Versuchsreihe I bleibt auch die Spanstauchung, die bei a = 100 mm wieder von 2 auf 3,5 zunimmt und für a = 50 mm bei 5,2 ungefähr konstant bleibt.

7. Hauptversuche im Mittelsand

Da wir auf Seite 25 gesehen hatten, daß bei einem Wassergehalt von w = 8,1 % keine wesentliche Veränderung der Scher- und Reibungswinkel sowie des Reibungskoeffizienten Sand - Stahl entstanden waren und da der Schneidprozeß bei gleichen Versuchsböden nur durch diese Werte beeinflußt wird, konnte auf eine Variation des Wassergehaltes verzichtet werden. Die gleiche Erfahrung machte auch THEINER [26] bei seinen Walzverdichtungsversuchen, bei denen feuchter Mittelsand mit w = 10 - 12 % weder eine bessere Verdichtbarkeit noch ein größeres zulässiges Walzengewicht ergab.

7.1 Modellversuche mit ebenen Schneidmessern

Schon die Vorversuche zeigten die Erscheinung, die nach den vorliegenden Forschungsarbeiten zu erwarten war, nämlich das Auftreten von Scherebenen im Sand. Da diese Scherebenen zwar an der Oberfläche studiert werden konnten nicht aber im Boden selbst, wurden Modellversuche im Sand im Maßstab 1 : 3 mit eingefärbten Bodenschichten durchgeführt.

Es ist von vornherein durchaus nicht sicher, ob die im Modellversuch beobachteten Vorgänge auch mit den Hauptversuchen übereinstimmen. Deshalb

Forschungsberichte des Wirtschafts- und Verkehrsministeriums Nordrhein-Westfalen

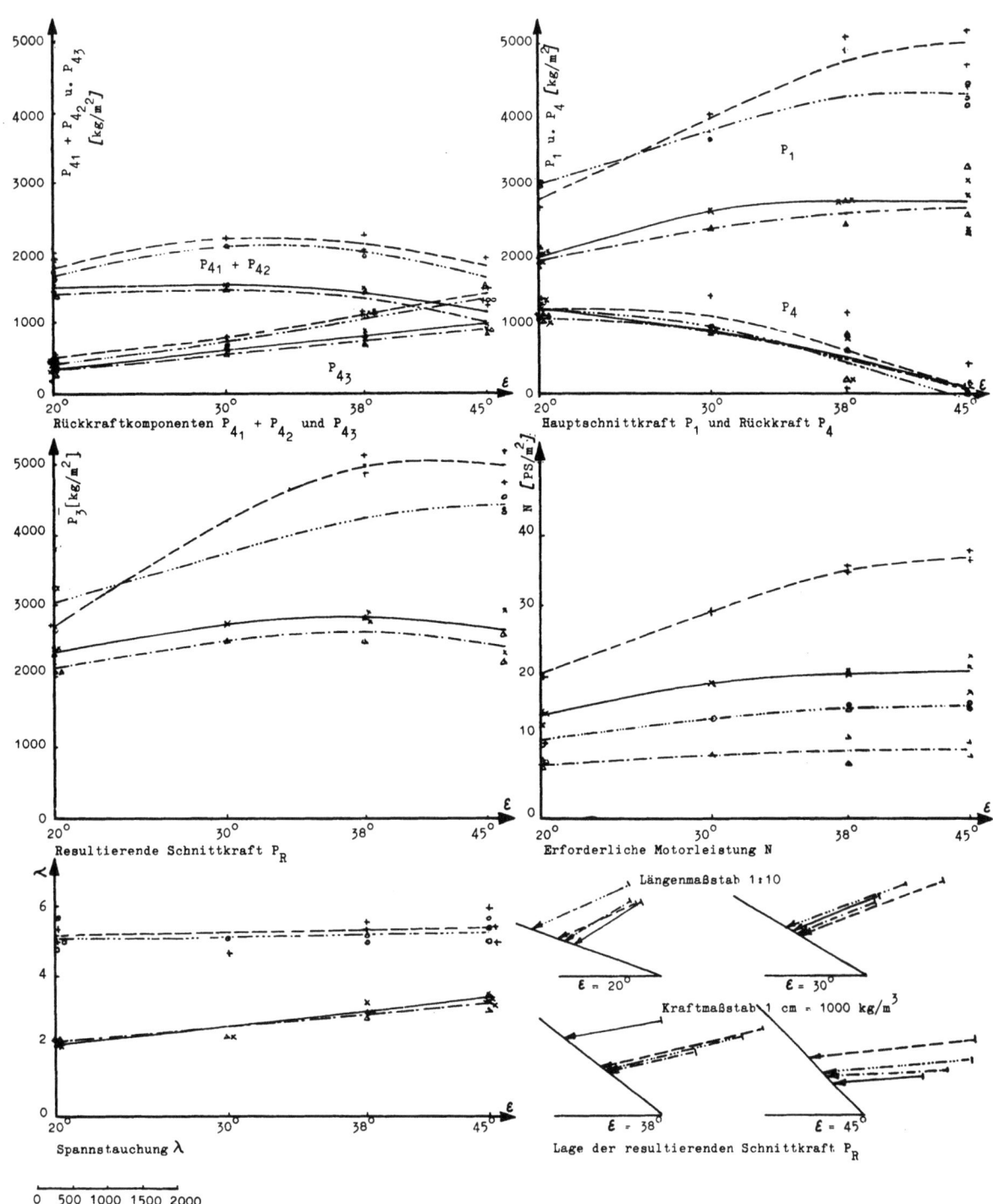

Abbildung 31a - f

Vorversuche mit ebenem Schneidmesser - Versuchsreihe II

Messerbreite 1000 mm, Messerlänge 450 mm

×———× $v = 2$ km/h; $a = 100$ mm   Versuchsboden: Mittelsand

△—·—△ $v = 1$ km/h; $a = 100$ mm   Wassergehalt $w = 3,8 - 5,2 \%$

+---+ $v = 2$ km/h; $a = 50$ mm   Trockenraumgewicht $\gamma_t = 1,62 - 1,67$

o······o $v = 1$ km/h; $a = 50$ mm   Porenvolumen $n = 37 - 39 \%$

Seite 57

wurden bei den Hauptversuchen mit ebenen Schneidmessern ebenfalls gefärbte Schichten in der großen Versuchsbahn eingebracht.

In Abbildung 32 wurde durch eingefärbten Sandboden, der bereits zerspant ist und sich nun in Form eines Scherspans auf dem Schneidmesser befindet, ein Schnitt gelegt und durch Wegräumen eines Teiles des Sandes dieser Schnitt dem Betrachter zugängig gemacht. Wir sehen, daß die links von der Schneidkante glatt durchlaufende Schicht auf dem Schneidmesser abgetreppt ist, das heißt, es haben sich lauter Scherebenen gebildet. Die Übertragung des Schnittvorganges vom Modellversuch auf den Großversuch ist also zulässig.

Abbildung 32
Ebenes Schneidwerkzeug mit eingefärbten Bodenschichten

Die Modellversuchsbahn (Abb. 33b, Seite 59) besteht aus einem Holzkasten von 3000 mm Länge, 610 mm Breite und 110 mm Tiefe. Die eine Längswand wurde abklappbar ausgebildet, um die Spanbildung nach Ausgraben auch im Bild festhalten zu können.

Über diese Bodenrinne laufen in 300 mm Höhe Schienen, auf der ein Versuchswagen fährt (Abb. 33a), der das zu untersuchende Schneidwerkzeug trägt. Angetrieben wird dieser Wagen von einer kleinen Winde mit einem 0,28 kW-Elektromotor, der sowohl von den an der Winde befindlichen Druckknopfschaltern als auch von den Endschaltern betätigt werden kann, so daß ein Überfahren der Endlagen verhindert wird.

Forschungsberichte des Wirtschafts- und Verkehrsministeriums Nordrhein-Westfalen

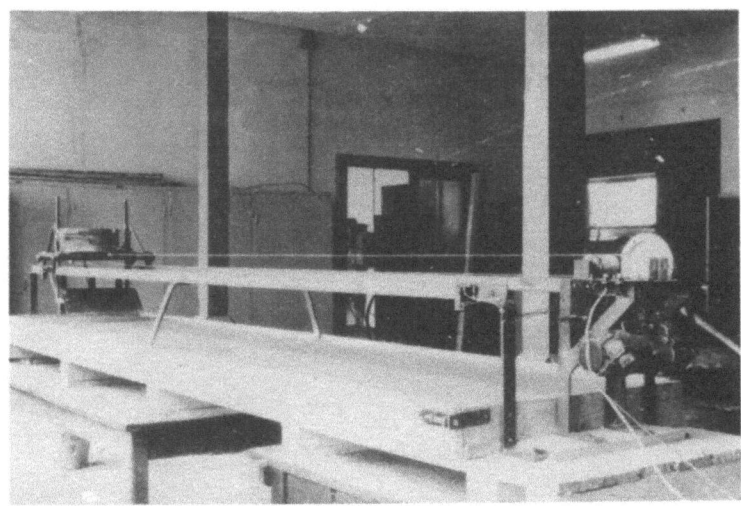

Abbildung 33b
Modellversuchsbahn

Diese Versuchsbodenrinne wird nun mit dem gleichen Sand gefüllt, wie er in der großen Bahn vorhanden ist. Da es interessiert, wie der tatsächliche Schneidprozeß im Boden vor sich geht, müssen in den Boden einzelne Schichten eingefärbt werden. Der zunächst gemachte Versuch, dies mit blaugefärbtem Sand gleicher Körnung zu bewerkstelligen, erwies sich als wenig zweckmäßig, da in einer Schwarz-Weiß-Photographie die so eingefärbte Schicht sich kaum abhebt. Statt dessen wurde fein gemahlene Kohle verwendet, die mit einem Sieb in einer sehr dünnen Lage aufgestreut wurde.

Der locker eingebrachte Boden wurde also mit einer Lehre in einer bestimmten Höhe abgezogen, mit Kohle ganz dünn bestreut und dann Sand darüber aufgebracht. Beim Einbringen der nächsten Schicht wurde das gleiche Verfahren angewendet, bis schließlich der Kasten aufgefüllt war.

Die Verdichtung erfolgte mit einer kleinen Handwalze von 480 mm Breite, 140 mm ∅ und einem Gewicht von 11,3 kg. Da die damit hergestellte Verdichtung noch nicht genügte, wurde anschließend die Oberfläche mit einem Stampfer von 120 x 150 mm Grundfläche und 3,2 kg Gewicht abgestampft. Nach nochmaligem Überwalzen ergab sich eine vollkommen ebene Oberfläche, die somit der Bedingung der gleichen Spandicke genügte. Zu erwähnen ist noch, daß die Schneidwerkzeuge genau im Maßstab 1 : 3 der später in der Versuchsbahn verwendeten Werkzeuge hergestellt wurden. In normalen bindigen oder rolligen Böden ist bei einem solchen Maßstab nach den in der

Forschungsberichte des Wirtschafts- und Verkehrsministeriums Nordrhein-Westfalen

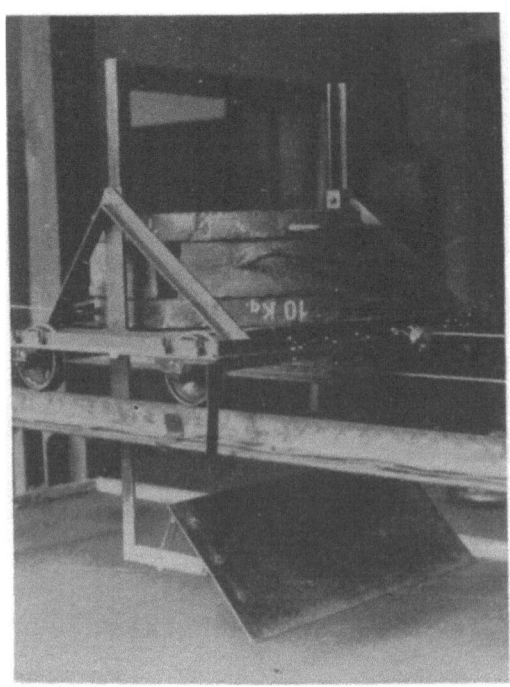

Abbildung 33a
Modellversuchswagen

Bodenmechanik als allgemein gültig betrachteten Erfahrungen eine Übertragung der gewonnenen Erkenntnisse noch zulässig.

Verwendet wurde als Schneidwerkzeug ein ebenes Blech von 150 x 333 mm mit einer Blechdicke von 2 mm mit einer unter 20° angeschliffenen Schneidkante. Verändert wurde bei den Versuchen der Schnittwinkel δ von 20 bis 45° (Abb. 34). Aufgenommen wurde die Spanbildung am Anfang der Versuche, nach einem Fahrweg von etwa 25 - 30 cm, und am Ende nach einem solchen von etwa 2,00 m. Um auch die Verhältnisse bei größeren Schnittwinkeln untersuchen zu können, kamen später noch zwei Versuche mit δ = 60° und 90° hinzu, die aber auf 0,25 m Fahrweg beschränkt blieben (Abb. 35, Seite 62).

Bei sämtlichen Versuchen mit geradem Schneidwerkzeug wurden zwei Schichten in 1 und 2 cm Abstand von der Oberfläche eingestreut. Als Schnittiefe (Spanstärke) war 33 mm vorhanden; das entspricht im Großversuch einer solchen von 100 mm. Bei genauer Betrachtung des Schneidprozesses ergibt sich folgender Vorgang:

Die sich vorschiebende Schneide, die eine schiefe Ebene darstellt, trennt zunächst in der Schnittfuge den Zusammenhang des Bodens. Der abgetrennte Erdspan schiebt sich auf die schiefe Ebene hinauf, wobei die eingefärbten

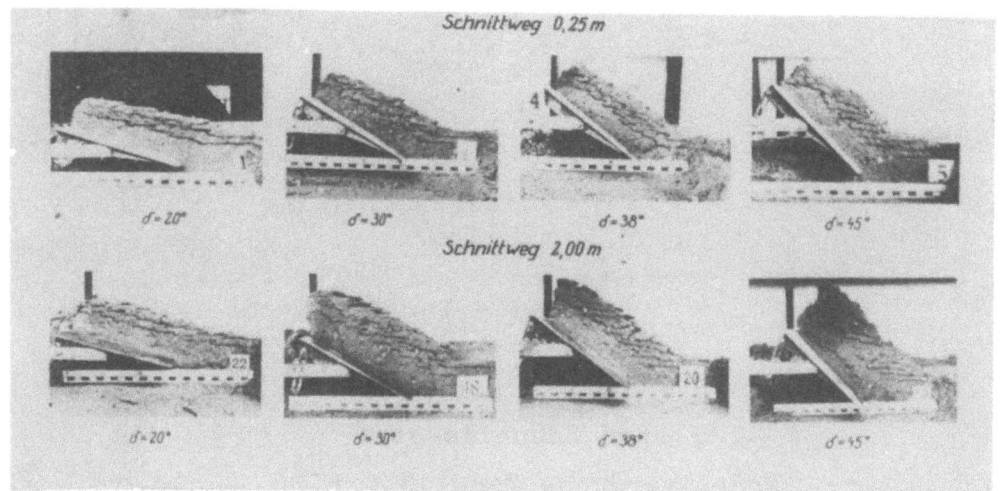

Abbildung 34a
Ebenes Schneidmesser
Modellversuche im Maßstab 1 : 3
Messerbreite 333 mm, Messerlänge 150 mm, Spandicke 33 mm,
Versuchsboden : Mittelsand

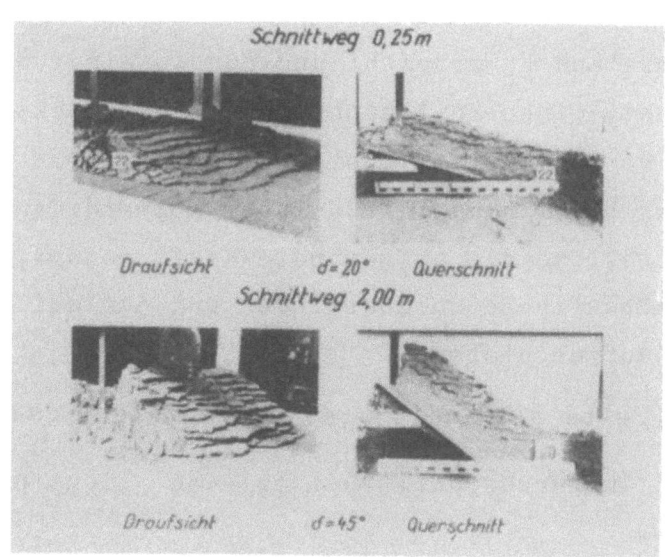

Abbildung 34b
Ebenes Schneidmesser
Modellversuche im Maßstab 1 : 3
Messerbreite 333 mm, Messerlänge 150 mm, Spandicke 33 mm,
Versuchsboden - Mittelsand

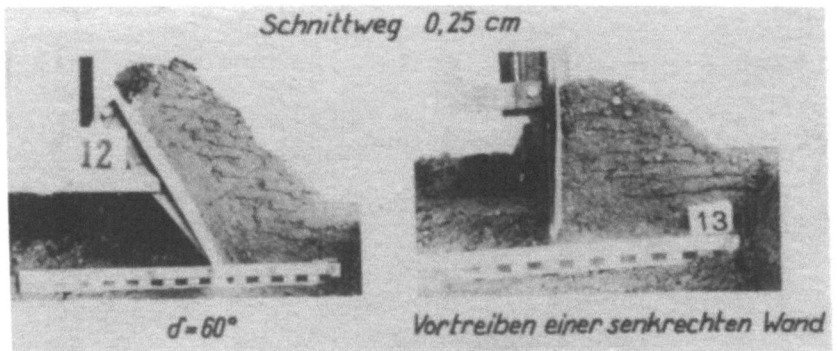

A b b i l d u n g 35
Ebenes Schneidmesser
Modellversuche Maßstab 1 : 3
Messerbreite 333 mm, Messerlänge 150 mm; Boden : Mittelsand

Bodenschichten nicht mehr wie im Ausgangszustand parallel zur Oberfläche laufen, sondern gegen diese geneigt sind. Die Neigung zwischen Erdspan und Stahlbrust wird nun so groß, daß die zur Überwindung notwendige Reaktionskraft, die sich sozusagen in den Boden als Auflager abstützt, den zulässigen Erdwiderstand E_p erreicht und nun in einer Gleitfuge, die von der Schneide ausgeht, einen Keil nach oben hinausdrückt, so daß jetzt wieder Gleichgewicht vorhanden ist. Gleichzeitig verformt sich aber unter dem Einfluß der zur Überwindung der Reibung notwendigen Kraft der abgetrennte Span solange, bis die aufgewandte Kraft genügt, um die Reibung zwischen Span und Spanfläche zu überwinden und den auf der Spanfläche liegenden Span hinaufzuschieben.

Aus Abbildung 34 (Seite 61) und 35 ist ersichtlich, daß

1. Der Scherwinkel im Durchschnitt bei 35 - 36° liegt und davon nur unerheblich abweicht.

2. Die Spanstauchung zu Beginn der Bewegung mit zunehmendem Schnittwinkel von 1,5 bis 1,9 ansteigt, am Ende der Bewegung, wenn sich ein Beharrungszustand eingestellt hat, jedoch von 1,8 bis 2,43,

3. die Anzahl der zur gleichen Zeit sichtbaren Scherflächen bei kleinen Winkeln etwa 7, bei größeren etwa 8 - 9 beträgt, also nur unwesentlich voneinander abweicht.

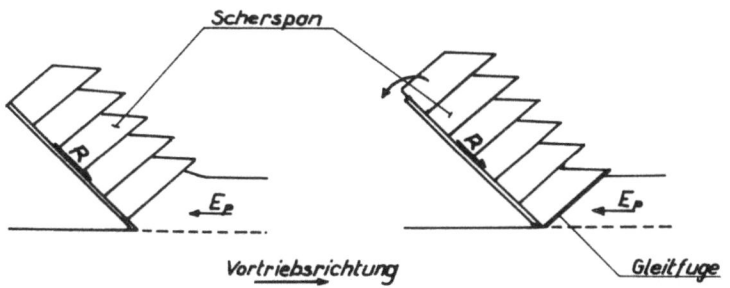

Abbildung 36
Bildung des Scherspans im Sandboden

7.2 Ebenes Schneidmesser mit konstanter Hubhöhe

Wie schon unter 2,31 erwähnt, mußten hier Schneidwerkzeuge mit verschiedener Messerlänge verwendet werden, um die Hubhöhe bei verändertem Schnittwinkel konstant zu halten. Die Ergebnisse der Versuche sind in Abbildung 37a - 37f dargestellt.

7.21 Die Veränderung des Schnittwinkels

Betrachtet man zunächst in Abbildung 37a die Rückkraftkomponenten, so stellt man fest, daß $P_{41} + P_{42}$ für a = 100 mm als ungefähr konstant zu betrachten sind. Sie weichen nur geringfügig von einem Mittelwert ab, der für v = 2 km/h bzw. 1 km/h bei 1400 kg/m^2 bzw. 1350 kg/m^2 liegt. Völlig anders hingegen ist der Verlauf für a = 50 mm. Hier wirkt sich die mit zunehmendem Schnittwinkel auftretende Verkürzung der Messerlänge erheblich aus. Zieht der Betrachter zum Vergleich die Abbildung 36a heran, die den Verlauf der Spanstauchung anzeigt, so erklärt sich dieses Ansteigen in der Nähe von 20° sofort. Die bei δ = 20° um 100 ($\frac{\sin 30°}{\sin 20°}$ = 1) = 46 % größere Messerlänge wirkt sich in der auftretenden Spanstauchung aus. Es wird die aus den Vorversuchen (s. 6.1 und 6.2) bekannte Spanstauchung λ = 5,6 erreicht. Dieses λ = 5,6 bewirkt sofort ein erhebliches Anwachsen der Reibungskraft um etwa das Doppelte, da sich auch die Spanstauchung von 2,8 auf 5,6 verdoppelt. Das gleiche trifft für das Gewicht der auf dem Schneidmesser ruhenden Bodenmasse zu, so daß sich notwendigerweise auch die vorderen Rückkraftkomponenten etwa verdoppeln müssen.

Die hinten liegende Rückkraftkomponente P_{43} (Abb. 37a) nimmt an diesem bei δ = 20° auftretendem Zuwachs nicht teil. Wie sich aus den zahlreichen

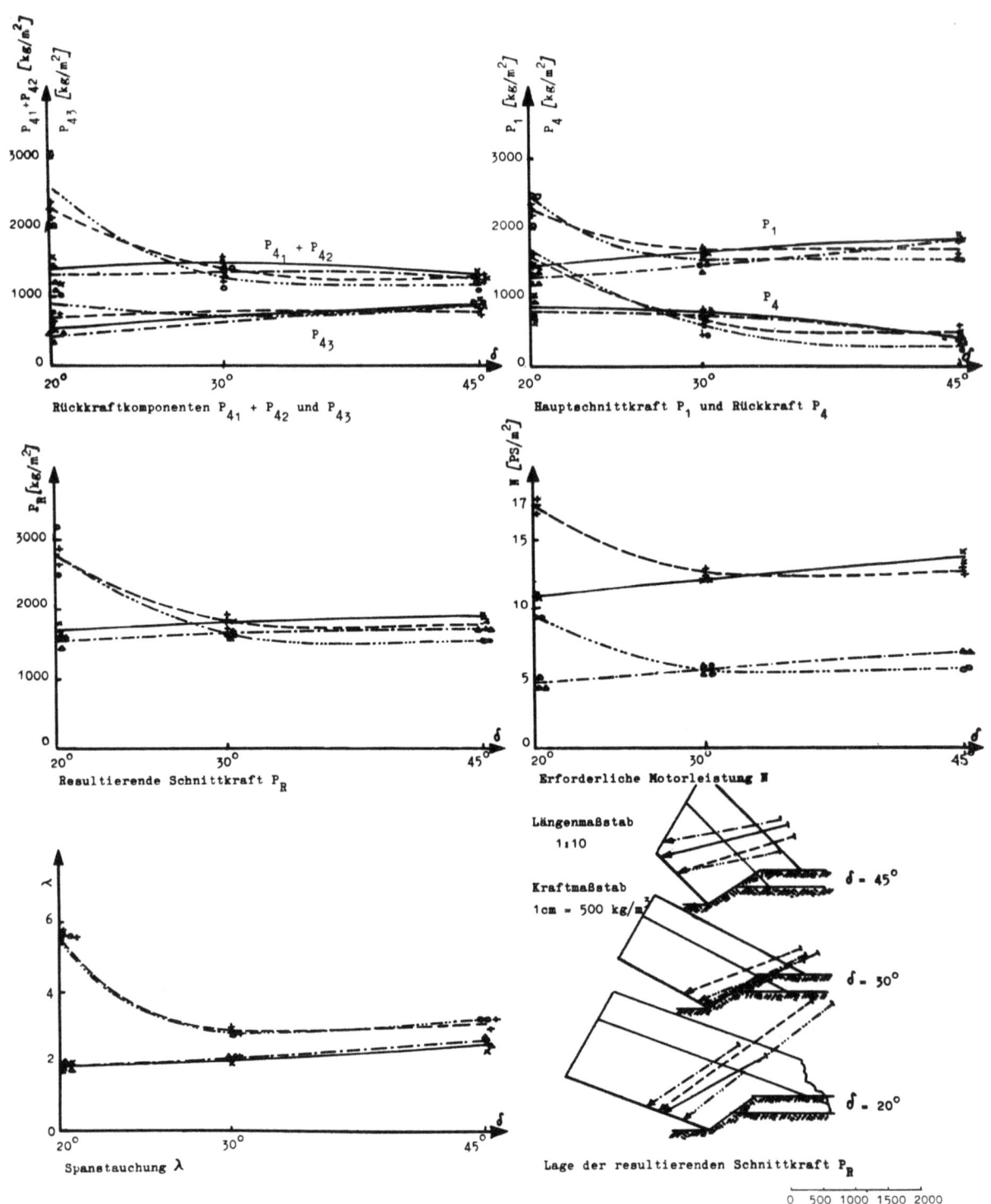

Abbildung 37a - f

Ebenes Schneidmesser, Hubhöhe h = const.

Messerbreite 1000 mm,

Messerlänge 450, 308, 218 mm

Versuchsboden : Mittelsand

Wassergehalt w = 3 - 5 %

Trockenraumgewicht γ_t = 1,57 - 1,72

Porenvolumen n = 35 - 37 %

×———× v = 2 km/h; a = 100 mm
△·—·—·△ v = 1 km/h; a = 100 mm
+ — — + v = 2 km/h; a = 50 mm
o·····o v = 1 km/h; a = 50 mm

Überschneidungen der Kurven ergibt, liegen diese so eng beieinander für die verschiedenen Variablen, daß man im großen ganzen nur von einem leichten Abfallen nach $\delta = 20°$ sprechen kann. Auf Abbildung 37b ist als Summe von $P_{41} + P_{42} + P_{43}$ die Rückkraft P_4 dargestellt. Diese durch Überlagerung entstandene Größe spiegelt selbstverständlich den in den einzelnen Komponenten vorhandenen Verlauf wider und zeigt, daß für $a = 100$ mm die Rückkraft, die in diesem Falle in negativer Richtung der z-Achse verläuft, von $20 - 45°$ um die Hälfte abnimmt.

Das erklärt sich ganz einfach aus der Tatsache, daß das Gewicht des Erdkeils und damit auch die zur Überwindung der Reibung und der Schwerkraft notwendige Kraft abnimmt.

Aus der gleichen Abbildung ist zu erkennen, daß die Hauptschnittkraft P_1 (Abb. 37b) einen ähnlichen Verlauf nimmt. Bei großer Spanstauchung ($\delta = 20°$) wächst für $a = 50$ mm die von $45°$ bis $30°$ waagerecht verlaufende Kraft um etwa 40 % an. Dagegen nimmt für $a = 100$ mm P_1 bei beinahe geradlinigem Verlauf von $\delta = 20°$ bis $\delta = 45°$ zu. Die beiden Kurven für die verschiedenen Spandicken haben also eine gegenläufige Tendenz.

Die gleiche Tendenz zeigt (wie die Spanstauchung λ) auch die resultierende Schnittkraft P_R (Abb. 37c), d.h. für $a = 50$ mm von $45°$ bis $30°$ einen fast waagerechten Verlauf und von dort bis $\delta = 20°$ eine Steigerung um etwa 55 %, für $a = 100$ mm dagegen eine leichte Steigerung um 12 % für = $20°$ bis $45°$. Legt man aber die ermittelten Diagramme für die Hauptschnittkraft und die Spanstauchung übereinander, so erkennt man, daß sich diese beiden beinahe decken. Daraus ergibt sich folgende empirisch ermittelte Zusammenstellung von Formeln:

$a = 50$ mm, $v = 2$ km/h : $P_R = 600 + 400 \lambda$ (kg/m^2)
$a = 50$ mm, $v = 1$ km/h : $P_R = 600 + 400 \lambda + (20-\delta) \cdot 12$ [kg/m^2]
$a = 100$ mm, $v = 2$ km/h : $P_R = 1000 + 400 \lambda + (20-\delta) \cdot 4$ [kg/m^2]
$a = 100$ mm, $v = 1$ km/h : $P_R = 900 + 400 \lambda + (20-\delta) \cdot 4$ [kg/m^2]

Da sich λ verhältnismäßig einfach messen läßt, kann man mit großer Genauigkeit schnell die resultierende Schnittkraft berechnen.

Über die Lage von P_R läßt sich aus Abbildung 37f folgendes aussagen. Bei $\delta = 20°$ liegt der Angriffspunkt zwischen 25 und 60 mm, bei $30°$ zwischen 40 und 5 mm, bei $45°$ zwischen 170 und 90 mm, wobei die Reihenfolge der

Angriffspunkte von oben nach unten mit der abnehmenden Größenordnung von P_R verläuft. Die zugehörigen Steigungswinkel von P_R betragen $34°$, $23°$ und $13°$.

Damit läßt sich für dieses ebene Schneidmesser näherungsweise folgendes Berechnungsverfahren angeben:

Man ermittelt nach den o.a. Formeln P_R, nachdem vorher λ festgestellt wurde. Bei $\delta = 20°$ und $30°$ läßt man P_R in halber Spandicke, bei $45°$ in 1,5-facher Spandicke von der Schneidkante aus angreifen. Der Steigungswinkel wird dabei nach der Formel $\vartheta = 34 + 0{,}9 \cdot (20 - \delta)$ berechnet. Damit lassen sich dabei dann die einzelnen Maschinenteile dimensionieren.

Abbildung 37d zeigt bei dem Verlauf der Leistung N in Abhängigkeit von ε die gleiche Tendenz wie P_1, da sich beide nur um den konstanten Faktor $v/270$ unterscheiden.

7.22 Die Veränderung der Geschwindigkeit

Bei allen gemessenen Größen ergab sich, daß die Diagramme für $v = 1$ km/h unter denen für $v = 2$ km/h liegen. Diese Differenzen betragen bei den meisten Kurven etwa 10 %.

Diese Differenz erklärt sich aus der größeren Beschleunigungskraft und aus einem gewissen Stau des Bodens bei höherer Geschwindigkeit. Es ist die gleiche Erscheinung, die auch bei den landwirtschaftlichen Pflügen auftritt. Die dort vielfach angewendete Formel: Bodenwiderstand $w = w_o \sqrt{v_f}$, d.h. zum Beispiel bei Erhöhung von v_f von 1 auf 2 km/h steigt der Bodenwiderstand um 41 % an, trifft hier auf keinen Fall zu. Für P_1 lautet die Formel in unserem Fall $P_1 = 1{,}1\, P_o$. In der Nähe des Schnittwinkels $\delta = 20°$, kommt es dagegen für $a = 50$ mm zu Überschneidungen, die aber nur aus Versuchsungenauigkeiten zu erklären sind. Sie müssen bei der Diskussion allgemein gültiger Hinweise außer Betracht bleiben.

Am stärksten ausgeprägt kommt der Einfluß der Geschwindigkeit natürlich bei der Leistung zum Ausdruck, da sie hier als Multiplikationsfaktor in die Formel für N eingeht. Hier unterscheiden sich die zugehörigen Kurven für gleiche Spanstärke um 110 bis 120 % voneinander. Für die Spanstauchung spielt die Geschwindigkeit kaum eine Rolle. Die Unterschiede sind so minimal, daß sie vernachlässigt werden können. Auch für die Lage der Resultierenden (Abb. 37f) ergeben sich keine absolut verbindlichen Regeln. Die Unterschiede sind so gering, daß die unvermeidlichen Versuchsstreuungen diese überdecken.

7.23 Die Veränderung der Spandicke

Da sämtliche in den Diagrammen aufgetragenen Kräfte auf die Einheit der zerspanten Fläche bezogen sind, können nur geringe Unterschiede in den beiden Spandicken auftreten. Tatsächlich zeigen die beiden Spandicken vernachlässigbar kleine Differenzen, wenn man von dem steilen Anstieg der 50-mm-Kurve infolge der bei 20° auftretenden Spanstauchung absieht.

Im mittleren Bereich des Schnittwinkels von 30° bis 45° liefern die Hauptschnittkraft, die Rückkraftkomponente P_{43}, die resultierende Schnittkraft P_R kaum voneinander abweichende Werte. Bei $P_{41} + P_{42}$, P_4 und λ sind dagegen die Unterschiede größer. Sie betragen bei den Kräften etwa 10 %, bei λ aber 30 bis 40 %.

Für den Bereich von 20° aber tritt bei allen Kräften eine Vergrößerung von 60 bis 80 % auf, wenn die Spandicke von 100 mm auf 50 mm verkleinert wird. Man sieht also, daß sich eine zu lange Schneide äußerst ungünstig auf den Kraftbedarf auswirkt. Besonders gut geht das aus Abbildung 37d, der Motorleistung, hervor, wo im Bereich von 30° bis 45° die Kurven für 50 und 100 mm Spandicke zusammenfallen, von 30° bis 20° aber ganz erheblich voneinander abweichen.

7.24 Folgerungen

1. Obwohl der optimale Schnittwinkel unter 20° liegt, ist ein solcher Winkel nicht zu empfehlen, da das Schneidmesser zu lang wird und seine konstruktive Ausbildung Schwierigkeiten bereitet.

2. Bei einem Verhältnis von Spandicke zu Hubhöhe von 1 : 3 und von Spandicke zu Messerlänge von 1 : 9 für δ = 20° wachsen sämtliche Kräfte um 60 bis 90 % über den Normalwert an. Mit diesen Verhältnissen muß aber durchaus im Schürfwagenbetrieb gerechnet werden.

3. Vorgeschlagen wird ein Schnittwinkel von δ = 30°, da dieser noch immer eine Ersparnis an Hauptschnittkraft von 10 bis 20 % für größere Schnitttiefen ergibt. Dieser Schnittwinkel deckt sich auch mit den Angaben von KÜHN [10], (S. 170), nach denen im Sandboden die beste Kübelfüllung bei

einem Schnittwinkel von etwa 18 - 30° erzielt wurde, wobei allerdings das kritische Verhältnis von Spandicke zu Messerlänge nicht erreicht wurde.

4. Es ist gleichgültig, ob mit größeren oder kleineren Spandicken geschürft ist, da die erforderliche Motorleistung pro zerspante Flächeneinheit davon unabhängig ist, vorausgesetzt das kritische Verhältnis von Spandicke zu Messerlänge wird nicht überschritten. Im vorliegenden Fall war es bei 1 : 9 erreicht oder schon überschritten.

5. Beim Verdoppeln der Schürfgeschwindigkeit steigt der Leistungsbedarf um 117 %, es ist also mit niedriger Geschwindigkeit zu schürfen.

7.3 Die Modellversuche mit Planierschilden

Noch weniger als bei den ebenen Schneidmessern läßt sich beim Planierschild der genaue Schneidprozeß ohne Einfärbung von Bodenschichten sichtbar machen. Nachdem durch Einfärben von Bodenschichten in der Versuchsbahn festgestellt worden war, daß der Schneidprozeß beim Großversuch und beim Modellversuch gleichartig verläuft (Abb. 38), wurden wieder Modellversuche durchgeführt wie unter 7,1, nur daß hierbei statt 2 jetzt 3 Bodenschichten eingefärbt wurden. Die drei im Großversuch vorhandenen Schildformen (2.32) wurden auch hier untersucht mit den drei Neigungswinkeln der Schnittachse $\varepsilon = -15°, 0°$, und $+10°$. Diese drei Winkel seien hier vergleichsweise betrachtet.

Abbildung 38

Planierschild mit eingefärbten Bodenschichten

7.31 Der Neigungswinkel $\varepsilon = -15°$

Wie ein Vergleich der Abbildungen 39, 40, 41 und 42 zeigt, ist der Vorgang bei allen Schildformen in etwa der gleiche. Bei Beginn der Bewegung schiebt sich der abgetrennte Bodenspan am Schild hoch, wobei infolge des geringen Formänderungsvermögens wieder die bekannten Scherebenen auftauchen. Dieser abgetrennte Bodenspan wird durch die nachfolgenden Späne weiter nach oben geschoben, bis er schließlich abgleitet, vor das Schild fällt und damit einen Stützkörper aufbaut, der es dem nächsten Bodenspan erlaubt, eine größere Hubhöhe zu erreichen. Sowie dieser nicht mehr gehalten wird durch den Stützkörper, gleitet auch er ab und vergrößert damit den Stützkörper. Dieser Vorgang wiederholt sich immer wieder, bis der Stützkörper ein konstantes Volumen erreicht hat und der seitlich abfließende Boden gleich dem neu hinzukommenden ist. Von da ab verlaufen die Diagramme der Hauptschnittkraft und der Rückkraft konstant. Dieser Stützkörper, den wir in seiner maximalen Größe im Modellversuch nach 1,90 bis 2,00 m Schürfweg beobachten können, erklärt auch das Aufschichten des Bodens über die obere Schildkante hinaus. Im Modellversuch rutschte der abgetrennte Bodenspan erst ab, wenn sein höchster Punkt 6 cm über dem 15 cm hohem Planierschild lag.

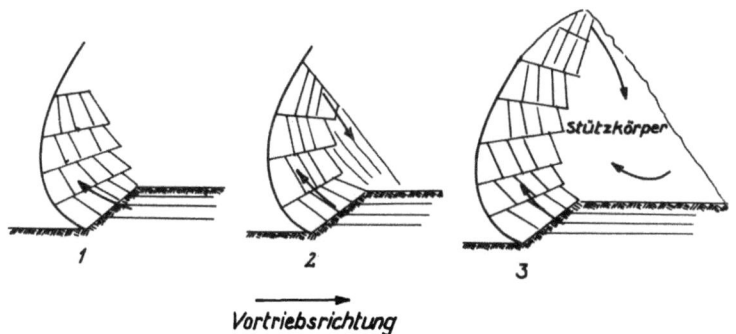

A b b i l d u n g   39
Aufbau des Stützkörpers und Spanablauf von einem
Planierschild im Sandboden

Am Ende der Bewegung haben sich die eingestreuten gefärbten Bodenschichten so gestellt, daß sie auf ein gemeinsames Drehzentrum ausgerichtet erscheinen.

Forschungsberichte des Wirtschafts- und Verkehrsministeriums Nordrhein-Westfalen

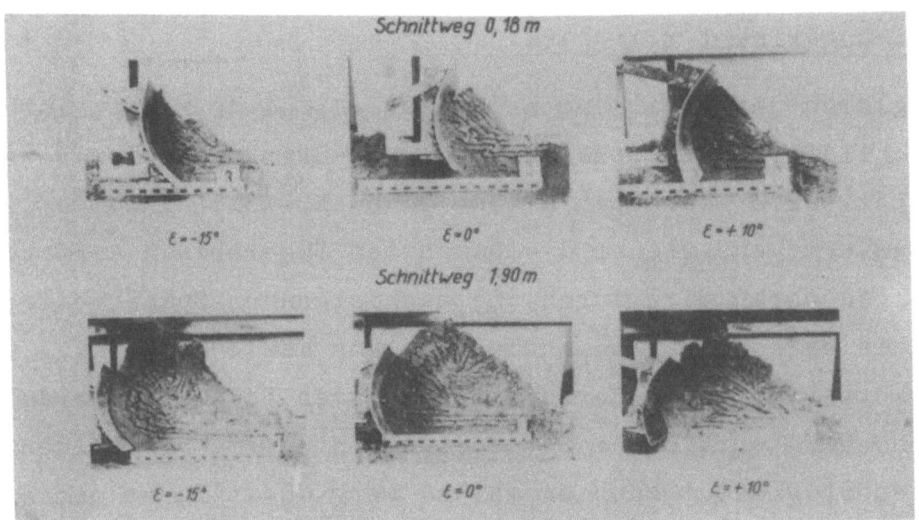

A b b i l d u n g 40

Modellversuche im Maßstab 1 : 3 - Planierschild mit Parabelprofil

Schildbreite 1000 mm; Schildhöhe 450 mm; Spandicke 33 mm;

Versuchsboden : Mittelsand

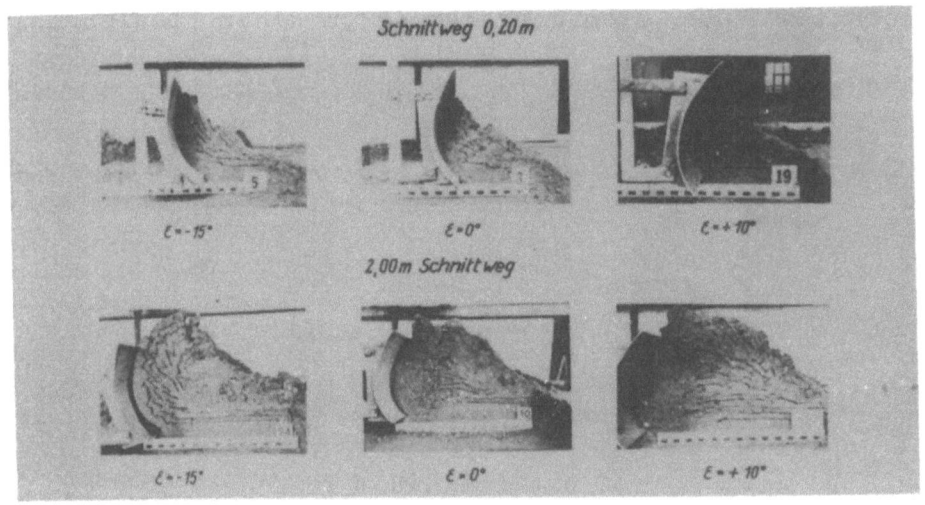

A b b i l d u n g 41

Planierschild mit Evolventenprofil I

Modellversuche im Maßstab 1 : 3

Schildbreite 333 mm; Schildhöhe 450 mm; Spandicke 33 mm;

Versuchsboden : Mittelsand

Weiter wurde hierbei noch durch Einlegen kleiner Papierschnitzel und Einfärben bestimmter Punkte in Bahnmitte mittels verschiedenfarbiger Tusche der Weg des Bodens festgelegt. Dabei zeigte sich, daß der seitliche Boden nur ganz kurze Zeit von dem Planierschild mitgenommen wird, im Durchschnitt etwa 20 cm. Die in Schildmitte befindlichen Schnitzel lagen noch am Ende der Bewegung vor dem Schild, die in den Schild-Viertelspunkten befindlichen, waren nach etwa 90 cm ausgeschieden worden. Das Einfärben mit farbiger Tusche zeigte aber auch, daß sich der Bodenzusammenhang völlig auflöst, da sich die gleichen Farbspuren nach 1,90 m Fahrweg noch in Schildmitte befanden, zugleich aber auch nach 1,50 m seitlich abgelagert waren. Auch aus diesen Beobachtungen läßt sich die Bewegung des Bodens vor dem Schild folgendermaßen beschreiben:

Der abgeschälte Span wandert am Schild hoch, rollt dann nach Erreichen des Kulminationspunktes den Abhang hinunter, wobei die am Rande befindlichen Zonen zur Seite abfließen, und löst sich dabei vollständig auf. Der nachfolgende Boden bedeckt den vorhergehenden und läßt ihn nun langsam wieder nach oben wandern. Alle Teilchen des Spanes, die beim Auflösen nicht zufällig in Schildmitte bleiben, geraten sofort in die seitlich vorhandene Abfließströmung hinein, werden vielleicht noch einmal hochgenommen und scheiden dann aus. Die gesamte Bewegung ist etwa mit einer räumlichen Spirale zu vergleichen, die nach den Seiten sich wie ein Kegel zuspitzt.

Genau den gleichen Vorgang beschreibt KÜHN in [10 (S.)], beim Füllen des Planierschildes. Auch er erkennt, daß der abgeschälte Boden am Schild hochwandert, nach Erreichen des Kulminationspunktes über den Abhang des vor dem Schilde liegenden Bodens abstürzt und wieder mit hochgenommen wird. Allerdings erscheint es dem Verfasser fraglich, ob man dabei ebenfalls von den beim Schürfkübel festgestellten 3 Füllphasen (I=Haufen in Fahrtrichtung, II = Haufen gegen Fahrtrichtung, III = Hochquellen) sprechen kann. Denn während beim Schürfkübel der abgeschälte Boden in ein Gefäß hineingedrückt wird, das Gefäß sich in der Reihenfolge I bis III füllt und danach der Vorgang beendet ist, handelt es sich beim Planierschild ganz eindeutig um einen sich stetig wiederholenden Vorgang, bei dem die Schildfüllung nach Erreichen eines Maximalwertes gleichbleibt, und die sogenannten Füllphasen I bis III zur gleichen Zeit bestehen. Während ein Teil des Bodenspans am Schild hochgeführt wird (I), rollt ein weiterer Teil, der früher abgeschält ist, den Abhang hinunter (II), und schließlich wird der noch früher abgeschälte Bodenspan wieder hochgeführt (III).

Nach den Beobachtungen des Verfassers muß auch der Füllvorgang bei lockerem Boden anders gedeutet werden. Es bilden sich bei einem solchen Boden die Scherebenen nicht mehr von der unteren Schneidkante ausgehend aus, sondern wegen des geringen passiven Erddrucks, der bei lockerem Boden vorhanden ist, sehr viel weiter nach vorn zur Böschungskante hin. Es wird also kein Boden mehr am Schild hochgeführt in Füllphase I, um dann in Füllphase II über den Abhang abzufließen, sondern vor dem Schild schiebt sich vollkommen unorganisch ein Erdhaufen her. Von den Füllphasen I und II kann man höchstens nur im Anfang des Schürfvorganges sprechen.

7.32 Der Neigungswinkel $\varepsilon = 0$

Bei senkrecht stehender Schildachse ist der Vorgang etwa der gleiche. Es sind also auch in den entstehenden Kräften keine allzu großen Änderungen zu erwarten. Allerdings sehen wir deutlich bei der Evolvente II (Abb. 42), daß der hochquellende Span nicht mehr ganz so glatt sich an das Schild anschmiegt.

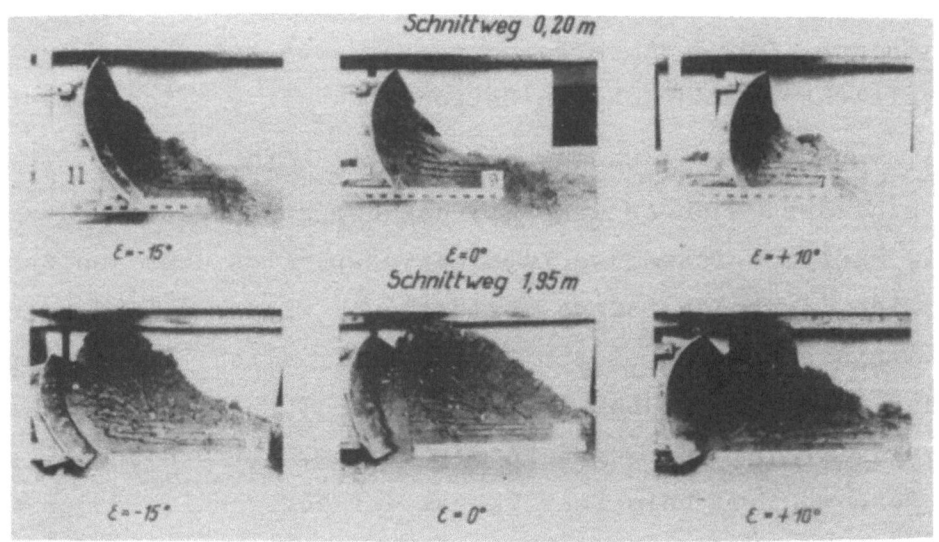

A b b i l d u n g 42
Planierschild mit Evolventenprofil II
Modellversuche im Maßstab 1 : 3
Schildbreite 333 mm; Schildhöhe 450 mm; Spandicke 33 mm;
Versuchsboden : Mittelsand

Durch die sich nach vorne überneigende Krümmung wird eine Art Stauzone zwischen Span und Schild aufgebaut. Die beim Schneidprozeß entstehenden großen Scherspanstücke schieben sich mehr übereinander wie beim Vortreiben einer senkrechten Wand, anstatt der Schildkrümmung zu folgen.

Der abgetrennte und hochgeschobene Span rutscht im Anfang der Bewegung bei senkrechter Schildachse bei allen drei Profilen allerdings etwas früher ab als das bei rückwärts geneigtem Schild der Fall war. Der Aufbau des Stützkörpers und der sich daran anschließende Vorgang der Bodenbewegung läßt aber keine großen Unterschiede gegenüber dem unter 7.31 beschriebenen Prozeß erkennen.

7.33 Der Neigungswinkel $\varepsilon = + 10°$

Hier sehen wir deutlich, daß der sich vor dem Planierschild abspielende Schneidprozeß sehr ungünstig ist. Die Einleitung des Vorganges, Abscheren des Bodens, Hochquellen an der Schildwand, Abgleiten und Aufbau des Stützkörpers, verläuft wie bei den anderen beiden Winkeln unter 7.32 und 7.31. Aber dann beginnt sich das Bild zu ändern und nach 2 m Schnittweg unterscheidet sich das Bild vollständig von den vorhergehenden.

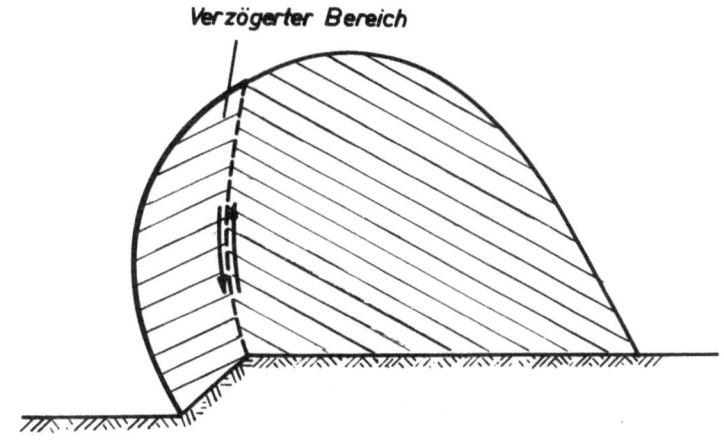

A b b i l d u n g 43
Spanstauchung bei vorwärts geneigtem Schild

Der gelöste Boden schiebt sich, in seiner Scherspanform nicht mehr genau der Schildform angepaßt, nach oben, wobei die eingestreuten Schichten nicht auf ein gemeinsames Drehzentrum hindeuten; wie bei einer senkrechten Wand klettern die einzelnen Scherspanelemente aufeinander. Zwischen Span und Schildwand baut sich wieder eine dicke Schicht auf, die im Bereich einer stark verzögerten Randströmung liegt. Deutlich ist zu erkennen, daß die einzelnen Spanteile festgehalten werden und also starke innere Reibungskräfte wirken müssen. Diese inneren Reibungskräfte, deren Richtung aus

Forschungsberichte des Wirtschafts- und Verkehrsministeriums Nordrhein-Westfalen

der Skizze Abbildung 43, Seite 73, ersichtlich ist, verursachen, daß der Versuchswagen hinten stark belastet werden muß, um ein Abheben zu vermeiden.

7.4 Die Hauptversuche mit Planierschilden

Wie bei den Modellversuchen unter 7.3 wurde bei den Hauptversuchen der Neigungswinkel ε der Schildachse und damit auch der Schnittwinkel der Planierschildschneide verändert. Drei Winkel wurden gewählt: $\varepsilon = -15°$, $\varepsilon = 0°$, $\varepsilon = +10°$, wobei das negative Vorzeichen die Neigung der Schildachse nach hinten, das positive die Neigung nach vorn bezeichnet. Die Spandicken betrugen wie bei den ebenen Schneidmessern 50 und 100 mm, die Geschwindigkeit 1 km/h und 2 km/h. Die Ergebnisse für die einzelnen Planierschildformen sind in den Diagrammen der Abbildungen 44a-f, 45a-f, 46a-f, die Zusammenfassung sämtlicher Formen in Stäbchendiagrammen in Abbildungen 47a-e dargestellt. Bei allen Diagrammen ist darauf zu achten, daß die aufgetragenen Kraftgrößen keine Absolutwerte darstellen, sondern stets auf die Volumeneinheit des vom Planierschild bewegten Bodens bezogen und damit allgemein vergleichbar sind.

7.41 Die Veränderung des Schildneigungswinkels

Eine Übersicht über die Abbildungen 44a-f, 45a-f und 46a-f zeigt dem aufmerksamen Betrachter, daß bei allen drei Profilen bei sämtlichen Kräften - mit Ausnahme der vorn gelegenen Rückkraftkomponenten $P_{41} + P_{42}$ - die Diagramme von $\varepsilon = -15°$ ausgehend nach $\varepsilon = +10°$ zu ansteigen. Daß $P_{41} + P_{42}$ diesen Anstieg nicht mitmachen, ist ganz erklärlich, da sie zum größten Teil den Einfluß des Gewichtes des auf dem Planierschild befindlichen Bodens wiedergeben. Bei nach vorn geneigtem Schild liegt aber kaum noch Boden in der Schildhöhlung. Die prozentualen Zunahmen der Kräfte sind je nach Form und Art der Kraft verschieden.

Im allgemeinen steigen aber die Kräfte bis $0°$ nur gering an, von $0°$ bis $+10°$ dann aber sehr steil. Für die Hauptschnittkraft, die resultierende Schnittkraft und die Motorleistung beträgt die Zunahme von $-15°$ bis $+10°$ etwa 40 bis 50 %. Bei der Rückkraft P_4 u.U. mehrere 100 %, da sie in einigen Fällen bei $-15°$ den Wert Null hat und bei $+10°$ zwischen 750 und 2250 kg/m^3 liegt.

Verhältnismäßig unempfindlich gegenüber dem Neigungswinkel zeigt sich das Evolventenprofil I, das im Bereich von $-15°$ bis $0°$ einen beinahe waagerechten Verlauf aufweist. Bei der Parabel, die den größten Schnittwinkel (60°) hat, ist die Zunahme über den ganzen Bereich ziemlich regelmäßig während die Evolvente II sich mehr der Evolvente I nähert.

Bei der Schildfüllung fällt aber die Evolvente II aus dem gewohnten Bild heraus. Sie steigt von - 15° bis 0° an, erreicht dort ihr Maximum und fällt dann steil nach + 10° zu ab. Die anderen beiden Profile erreichen ihren Größtwert bei - 15°, und nehmen von dort aus langsam ab.

Die Angriffspunkte der Resultierenden P_R befinden sich ungefähr immer im gleichen Bereich von 100 mm Breite, der bei 180 - 200 mm Höhe, von der Schildunterkante aus gerechnet, beginnt und nur in Ausnahmefällen bis 30 mm herunterreicht. Für überschlägige Berechnungen könnte man als Höhenlage des Angriffspunktes die Höhe des Schwerpunktes des transportierten Sandhaufens wählen. Der Steigungswinkel ϑ der Resultierenden beträgt für die Parabel und die Evolvente I i.M. bei $\varepsilon = - 15°$ $\vartheta = 12°$ und steigt dann um je 8° etwa für $\varepsilon = 0$ und + 10° auf $\vartheta = 28°$ an. Die Parabel liegt bei diesem Mittelwert meist 2 - 3° tiefer. Die Evolvente II dagegen nimmt nur geringfügig von 25 bis 30° zu.

Über die Höhenlage innerhalb der einzelnen Angriffsbereiche kann man aussagen, daß die Angriffspunkte mit zunehmender Spandicke und Geschwindigkeit von unten nach oben aufsteigen.

7.42 Die Veränderung der Schnittgeschwindigkeit

Es läßt sich insgesamt feststellen, daß die Geschwindigkeit keinen allzu großen Einfluß auf die Veränderung der Kräfte ausübt. Man kann mit einem Mittelwert von etwa 10 % rechnen für eine Heraufsetzung von v = 1 km/h auf v = 2 km/h. Nur bei der Hauptschnittkraft der Evolvente I ist bei $\varepsilon = - 15°$ eine maximale Abweichung von 25 % registriert worden. Entsprechende Werte gelten auch für die resultierende Schnittkraft P_R, obwohl die Rückkraft größere prozentuale Veränderungen aufweist. Diese wirken sich aber wegen der geringen Absolutbeträge kaum aus. Die erforderliche Motorleistung liegt also i.M. bei Verdoppelung der Geschwindigkeit 120 % über dem zugehörigen Wert gleicher Spandicke. Auf die Schildfüllung hat die Geschwindigkeit keinen Einfluß. Man sieht bei allen drei Profilen, daß bei gleicher Spandicke die Schildfüllungen auch gleich sind. Wie wir später beim

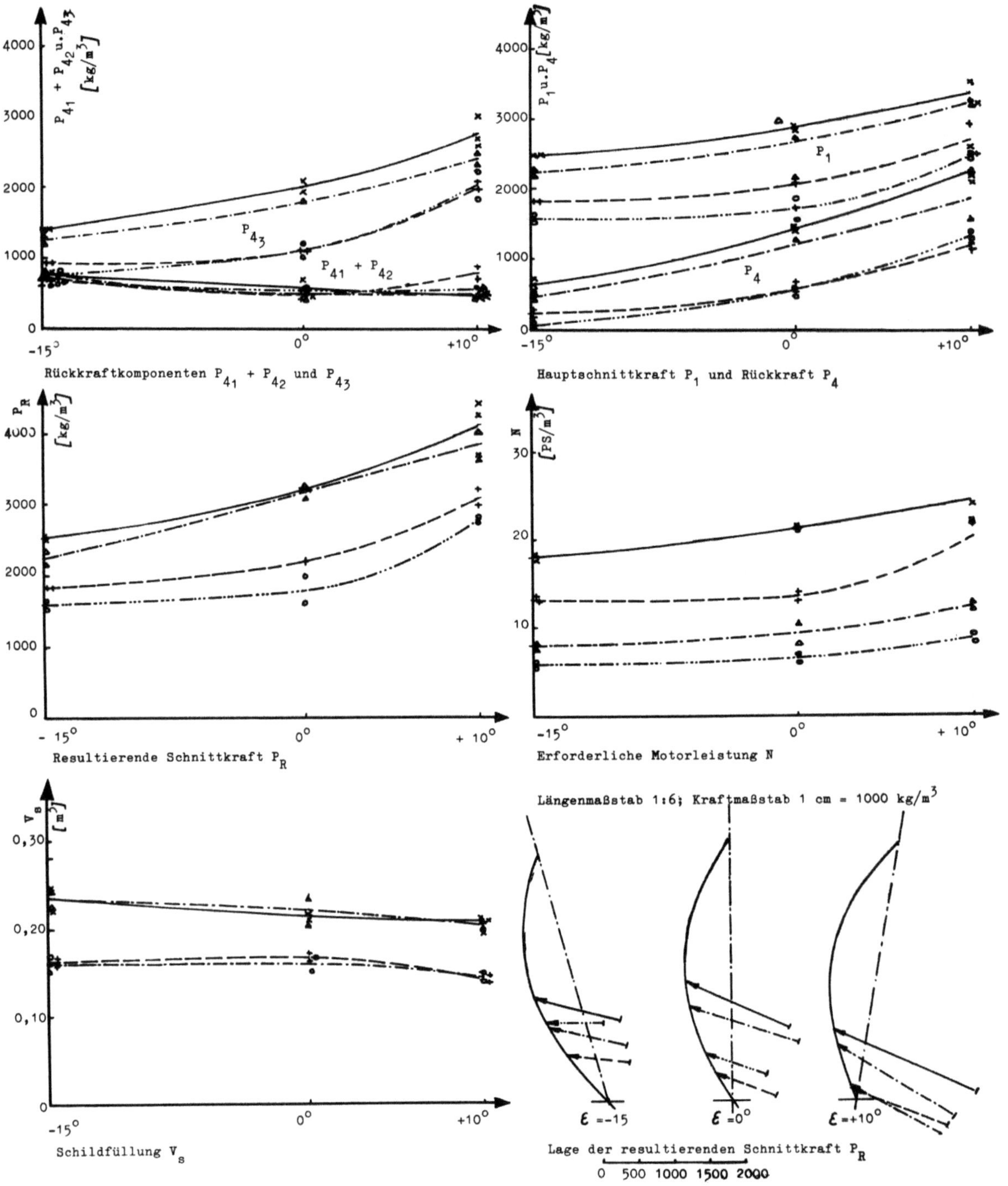

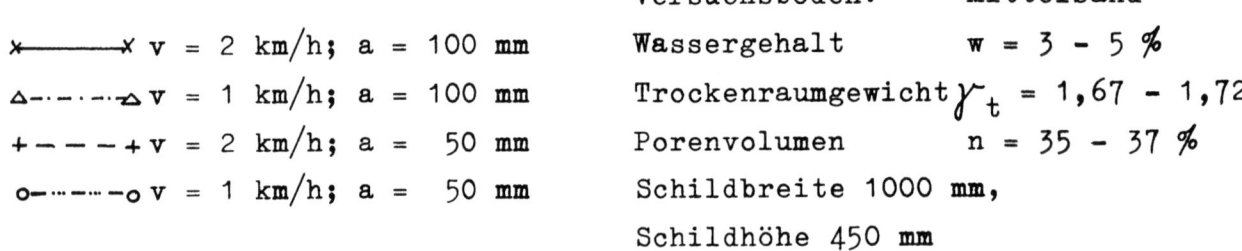

Planierschild mit Parabelprofil

×———× v = 2 km/h; a = 100 mm
△—·—·—△ v = 1 km/h; a = 100 mm
+———+ v = 2 km/h; a = 50 mm
o—··—··—o v = 1 km/h; a = 50 mm

Versuchsboden: Mittelsand
Wassergehalt $w = 3 - 5 \%$
Trockenraumgewicht $\gamma_t = 1,67 - 1,72$
Porenvolumen $n = 35 - 37 \%$
Schildbreite 1000 mm,
Schildhöhe 450 mm

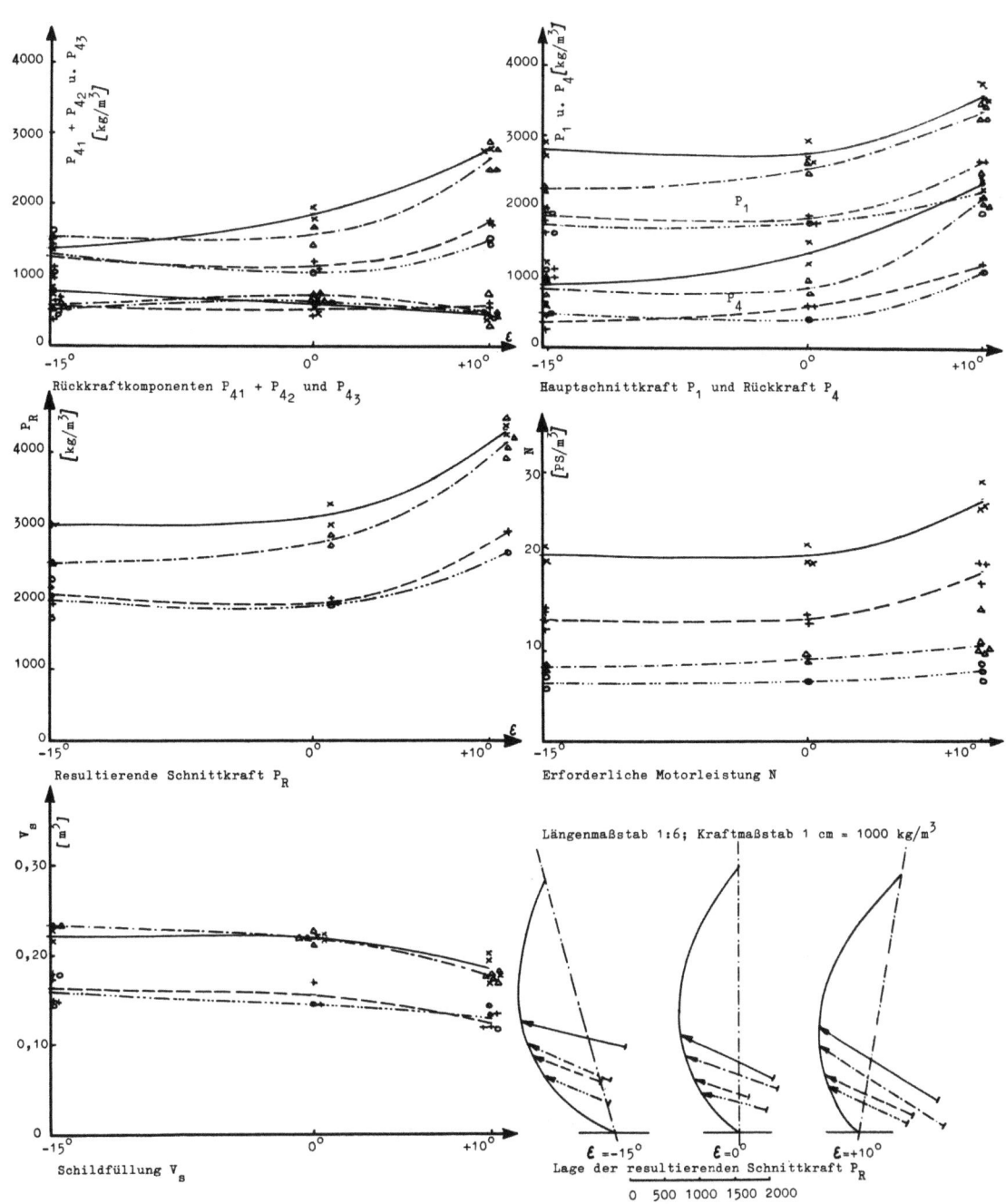

Abbildung 45a-f

Planierschild mit Evolventenprofil I

×———× v = 2 km/h; a = 100 mm
△—·—·—△ v = 1 km/h; a = 100 mm
+———+ v = 2 km/h; a = 50 mm
o—··—··—o v = 1 km/h; a = 50 mm

Versuchsboden: Mittelsand
Wassergehalt   w = 3,5 - 5 %
Trockenraumgewicht γ_t = 1,64 - 1,72
Porenvolumen   n = 35 - 38 %
Schildbreite 100 mm,
Schildhöhe 450 mm

Forschungsberichte des Wirtschafts- und Verkehrsministeriums Nordrhein-Westfalen

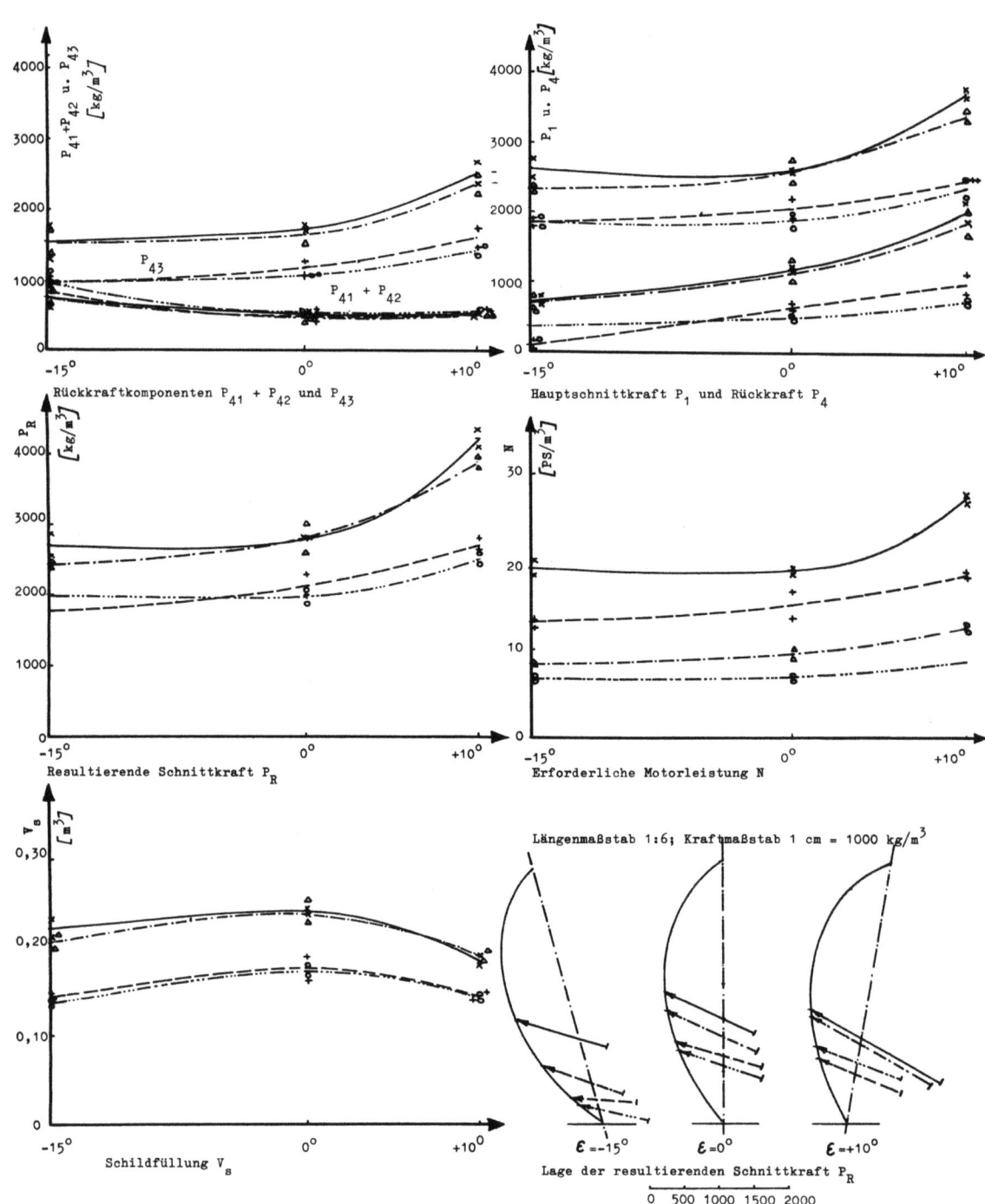

Abbildung 46a-f

Planierschild mit Evolventenprofil II

×———× v = 2 km/h; a = 100 mm
△—··—△ v = 1 km/h; a = 100 mm
+————+ v = 2 km/h; a = 50 mm
○—···—○ v = 1 km/h; a = 50 mm

Versuchsboden: Mittelsand
Wassergehalt w = 3 - 5 %
Trockenraumgewicht γ_t = 1,64 - 1,69
Porenvolumen n = 36 - 38 %
Schildbreite 100 mm,
Schildhöhe 450 mm

Forschungsberichte des Wirtschafts- und Verkehrsministeriums Nordrhein-Westfalen

Schluff erkennen, gilt diese Feststellung nur, so lange der Boden kein zusammenhängendes Gefüge hat und nach dem Abschälen sofort in die kleinsten Bodenteilchen zerfällt.

7.43 Die Veränderung der Spandicke

Einen weitaus größeren Einfluß auf die Kräfte als die Geschwindigkeit hat die Spandicke. Bei allen Profilen und allen Kräften sieht man die Diagramme der gleichen Spandicke immer eng zusammenliegen. Die zwischen a = 50 und a = 100 mm auftretenden Differenzen betragen für P_1 etwa 30 - 40 %, bezogen auf die Diagramme für a = 50 mm. Bei der Evolvente I treten sogar Zunahmen bis 50 % auf. Will man mit einem Mittelwert rechnen, so kann man 40 % annehmen. Dieser gleiche Prozentsatz gilt auch für die Schildfüllung. Die Rückkräfte dagegen verdoppeln sich bei Verdoppelung der Spandicke. Diese Tatsache wird teilweise durch die infolge der größeren Schildfüllung größere Hubhöhe und die Verdoppelung der auf diese Hubhöhe zu bringenden Bodenmassen erklärt. Es läßt sich also klar erkennen, daß es unrichtig ist, ein Planierschild allein danach zu beurteilen, welche Schildfüllung es erzielt, wenn man nicht gleichzeitig die Kräfte mißt, die zum Erzielen dieser Füllung notwendig sind. Bei den hier untersuchten Profilen - und damit sehr wahrscheinlich auch bei allen Profilen - bleiben die auf die Volumeneinheit bezogenen Kräfte bei Vergrößerung der Schildfüllung nicht konstant, sondern nehmen ganz erheblich zu.

7.44 Der Vergleich der Planierschilde

Bei dem rückwärts geneigten Schild, $\varepsilon = -15°$, ist für die Rückkraftkomponente (Abb. 47a) P_{43} das Parabelprofil am günstigsten. Demgegenüber sind die beiden Evolventenprofile sehr viel ungünstiger, denn sie liegen im Extremfall bis zu 70 % darüber. Am schlechtesten schneidet hier bei a = 50 mm das Evolventenprofil I ab. Für a = 100 mm sind die Evolventen I und II einander gleich. Bei 0° ändert sich das Bild sehr stark. Hier macht sich die Abhängigkeit der Parabel vom Neigungswinkel δ stark bemerkbar. Die Differenzen zwischen den drei Formen sind aber wesentlich ausgeglichener, da sie im Maximalfall nur 17 % betragen. Bei a = 50 mm verschwindet der Unterschied vollständig.

Bei + 10°, also nach vorn geneigtem Schild, treten die stärksten Differenzen erst bei a = 50 mm auf, die dann die Parabel um über 30 % über die beiden Vergleichsformen hinausheben.

Vergleichen wir die Winkel miteinander, so sehen wir, daß der Winkel $\varepsilon = -15°$ ohne Zweifel die günstigsten Werte ergibt. Wir erkennen aber auch, daß bei größeren Spandicken ein allzu kleiner Schnittwinkel nicht von Vorteil ist, denn das ohne Zweifel günstigste Profil, die Parabel, hat einen unteren Schnittwinkel von $60°$, der sich durch das Rückwärtsneigen auf $45°$ vermindert. Offensichtlich ist der geringe Schnittwinkel von $30°$ bei der Evolvente I bzw. unter Berücksichtigung von ε $\delta = -15 + 30 = 15°$ nicht besonders günstig im Sand.

Bei den vorn gelegenen Rückkraftkomponenten P_{41} und P_{42} (Abb. 47a) ergibt die Parabel konstante Werte unabhängig von v und a. Die Evolvente I scheint besonders geeignet zu sein, während die Evolvente II sehr ungünstige Werte aufzeigt. Bei $0°$ hat sich der Unterschied der einzelnen Schildformen nahe ausgeglichen und auch bei $+10°$ sind die Werte mit einer einzelnen Ausnahme wenig unterschiedlich voneinander. Es macht sich wieder ganz deutlich bemerkbar, daß bei zurückliegendem Planierschild das Gewicht des auf dem Schild lagernden Bodens sich fühlbar auswirkt.

Von großer Wichtigkeit bei der Beurteilung der einzelnen Schildformen ist horizontal wirkende Hauptschnittkraft P_1 (Abb. 47b). Bei einem Überblick über die Stäbchendiagramme fällt dem Betrachter sofort auf, wie wenig unterschiedlich doch die Schildformen bei gleichem ε sind. Es ergibt sich aber eine stetige Zunahme der Kräfte mit wachsendem Neigungswinkel, die klar zeigt, daß $-15°$ auch hier der günstigste Winkel ist. Ein Herausfallen irgendeiner Schildform als besonders günstig ist nicht zu erkennen. Das gleiche gilt für die anderen beiden Neigungswinkel.

Anders steht es bei der Rückkraft P_4. Denn hier hat ohne Zweifel die Parabel den günstigsten Wert, dann folgt die Evolvente II und schließlich die Evolvente I. Diese Betrachtungen gelten nur für $\varepsilon = -15°$. Bei $0°$ und $+10°$ trifft man aber wieder auf das bekannte Bild, daß nämlich entscheidende Unterschiede nicht vorhanden sind. Da der tg des Steigungswinkels der Resultierenden gleich dem Quotienten aus P_4 und P_1 ist, hat die Resultierende der Parabelform für Sandboden den flachsten Verlauf. Dieser flache Verlauf bedeutet im vorliegenden Fall, wo das Schneidwerkzeug zwischen den Achsen des gezogenen Versuchswagens liegt, daß die Hinterachse wenig entlastet wird. Diese Betrachtungen gelten nur für gezogene Wagen, bei denen die Zugkraft in einer Höhe h vom Erdboden angreift.

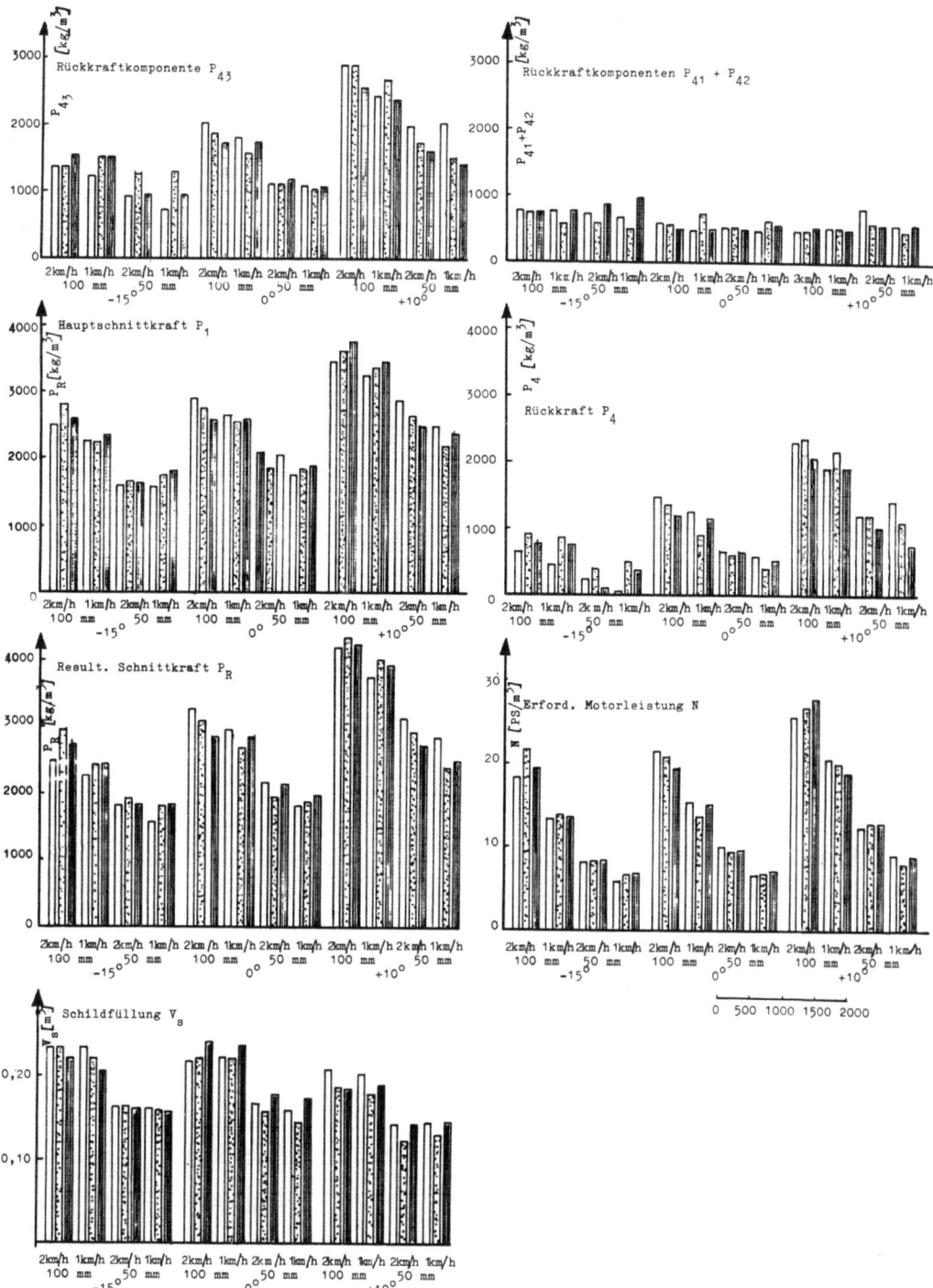

Abbildung 47a-f
Vergleich der Planierschildprofile
Schildbreite 1000 mm, Schildhöhe 450 mm
▫ Planierschild mit Parabelprofil
▨ Planierschild mit Evolventenprofil I
▪ Planierschild mit Evolventenprofil II

Versuchsboden: Mittelsand
Wassergehalt: $w = 3 - 5\%$
Trockenraumgewicht: $\gamma_t = 1,64 - 1,72$
Porenvolumen: $n = 35 - 38\%$

Forschungsberichte des Wirtschafts- und Verkehrsministeriums Nordrhein-Westfalen

Bei dem Neigungswinkel der Schildachse $\varepsilon = -15°$ hat die resultierende Schnittkraft P_R (Abb. 47c) der Parabel den kleinsten Wert. Im Maximalfall liegt sie unter 15 % unter dem höchsten Wert, im Minimalfall sind es nur 2 %, im Durchschnitt kann man mit 10 % rechnen. Bei 0° ergibt dagegen die Evolvente I die besten Werte, und bei + 10° sind alle drei Schilde einander gleichwertig. Das plötzliche Herausfallen der Evolvente I bei a = 100 mm und v = 2 km/h kann aber als Ausnahme, wahrscheinlich durch unvermeidliche Meßungenauigkeiten entstanden, gelten.

Man wird sagen können, daß bei $\varepsilon = -15°$ die beiden Evolventen gleichwertig sind, die Parabel jedoch im Mittel 5 - 10 % niedrigere Werte ergibt.

Bei N tritt uns das gleiche Bild entgegen, das wir schon bei P_1 gesehen haben. Mit Ausnahme der ersten Gruppe für a = 100 mm und v = 2 km/h, wo die Parabel und die Evolvente nach unten bzw. nach oben um 7 % von dem Mittelwert 19,5 PS/m^3 abweichen, sind für = - 15° alle Schildformen gleichwertig.

Die anderen drei Mittelwerte heißen 13,6; 8,3 und 6,4 PS/m^3. Wie wir schon unter 7.51 gesehen hatten, war die Evolvente I im Bereich - 15° bis 0° ziemlich unabhängig vom Neigungswinkel, so daß sie im Bereich von 15° bis 0° als die günstigste Form erscheint.

Bei + 10° endlich sind die Unterschiede der Schildform mehr oder weniger unregelmäßig, das eine Mal ist das eine, das andere Mal das andere Profil günstiger.

Im großen ganzen haben Parabel und Evolvente I bei - 15° gleiche Schildfüllungen, von der ersten Stäbchengruppe vielleicht abgesehen. Die Evolvente II erscheint dagegen ungünstiger. Bei 0° hingegen überragt dieses Profil die beiden anderen um 10 % und erreicht den günstigsten Wert überhaupt, der jedoch nur geringfügig von der Parabel und Evolvente I bei - 15° abweicht. Bei + 10° endlich ist die Evolvente I das ungünstigste Profil, die Parabel aber das günstigste. Die Evolvente II steht dazwischen.

7.45 Die Zusammenfassung der Untersuchungen der Planierschilde im Sand

1. Die kleinsten Kräfte treten bei - 15°, d.h. bei rückwärts geneigtem Schild, auf.

2. Beim vorliegenden Sandboden sind in Bezug auf die Hauptschnittkraft und die erforderliche Motorleistung alle drei Schildformen gleichwertig.

3. In Bezug auf die resultierende Schnittkraft war das Parabelprofil bei - 15° am günstigsten; es hatte um 5 - 10 % geringere Werte.

4. Die größte Schildfüllung wurde für die Parabel und die Evolvente I bei rückwärts geneigtem, für die Evolvente II bei senkrecht stehendem Schild erreicht.

5. Wegen des geringen Schnittwinkels ist die Evolvente gegenüber einer Winkelzunahme von - 15° bis 0° unempfindlich.

6. Es ist vorteilhafter, mit geringer Spandicke, entsprechend kleinerer Schildfüllung je m Schildbreite, als mit großer Spandicke und entsprechend größerer Schildfüllung zu arbeiten. Für Erdräumarbeiten mit Planierraupen ist also das niedrige breite Schwenkschild vorzuziehen. Das ist ersichtlich aus einer Gegenüberstellung von Schildfüllung und Hauptschnittkraft, weil bei einer Zunahme von V_s um 35 % bis 40 % die auf die Volumeneinheit bezogene Hauptschnittkraft um das gleiche Maß, etwa um 35 %, zunimmt.

7. Als Faustformel für die auf die Volumeneinheit je m Schildbreite bezogene Hauptschnittkraft bei Sand kann die Formel gelten:

$$(0° > \delta < - 15°) \qquad\qquad P_1 \ [t/m^3]/m$$
$$P_1 = 11 \text{ bis } 11,5 \ V_s \qquad\qquad V_s \ [m^3]/m$$

Ob diese Formel auch für andere Schildgrößen Gültigkeit hat, müßte nachgeprüft werden.

7.5 Das Planierschild mit Parabelprofil mit Vibrationseinwirkung

Da die Reibung zwischen Planierschild und Boden eine entscheidende Rolle spielt und diese Reibungskraft mit Hilfe von Schwingungen reduziert werden kann, wurde ein Vibrator an einem Planierschild rückwärtig angebracht. Dieser stammte aus einer ABG-Rüttelplatte, Type PV2. Angetrieben wurde er über ein Keilriemenvorgelege von einem Gleichstromnebenschlußmotor mit veränderlicher Drehzahl. Die Veränderung der Drehzahl erfolgte durch Einbau eines Regelwiderstandes in den Ankerkreis. Der Rüttler wies nur eine Unwucht auf, die also sinusförmige Schwingungen erzeugte. Die Frequenz war in dem Bereich von 22 bis 75 Hz regelbar. Mit dem so ausgerüsteten Parabelschild wurden zwei Versuchsreihen gefahren, und zwar eine mit niedriger Frequenz und eine andere mit hoher Frequenz. Die Spandicke blieb unverändert, der Neigungswinkel ϵ betrug - 15° und 0°. Abbildung 49 zeigt einige

Forschungsberichte des Wirtschafts- und Verkehrsministeriums Nordrhein-Westfalen

Abbildung 48
Planierschild mit Vibrator

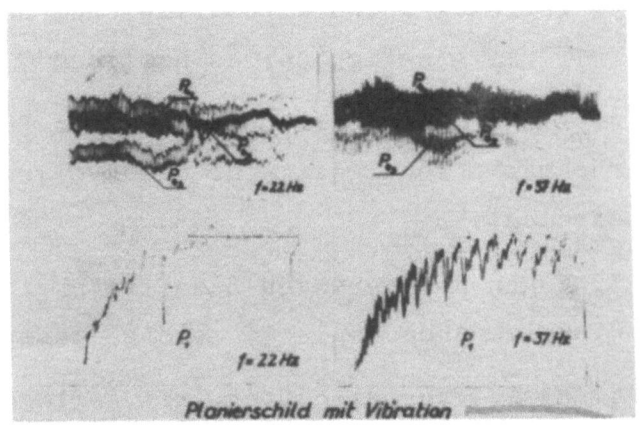

Abbildung 49
Diagramme der Kraftkomponenten

Diagramme für die Rückkraftkomponenten und die Hauptschnittkraft. Die geringe Frequenz von 22 Hz ist bei der Hauptschnittkraft nicht zu sehen, während sich die 37 Hz stärker auswirken.

Schon bei den Rückkraftkomponenten zeigt sich die Überlegenheit des Planierschildes mit Vibration. Für $\varepsilon = -15°$ ist in Abbildung 50 (Seite 85) bei P_{43} mit Vibration gegenüber P_{43} ohne Vibration bei der niedrigen Frequenz eine Abnahme von 10 %, bei der hohen Frequenz sogar von 30 % festzustellen. Für $0°$ lauten die Werte 18 und 27 %. Bei den vorn liegenden Komponenten wirkt sich die Vibration nur geringfügig oder garnicht aus. Bei $-15°$ ergibt sich eine Verminderung um 12 %, bei $0°$ dagegen eine Zunahme von 15 und 30 %. Da diese Kräfte aber sehr klein sind, spielen sie nur eine geringe Rolle.

Die Hauptschnittkraft zeigt am deutlichsten die Vorteile der Vibration. Während sich die geringen Frequenzen auf P_1 nicht auswirken, ergeben die hohen bei $-15°$ eine Verringerung von 17,5 %. Bei $0°$ dagegen ist eine vorvorteilhafte Auswirkung nicht zu sehen. Bei P_A, der Summe aller Rückkraftkomponenten, kommt ebenfalls die Vibration zum Tragen. Hier sind die prozentualen Auswirkungen sehr groß, die Zahlenwerte aber verhältnismäßig klein.

Die resultierende Schnittkraft P_R zeigt dem Betrachter wieder die vorher erwähnten Eigentümlichkeiten, d.h. geringer Einfluß der Anschwingung des Planierschildes in beiden Frequenzen bei $\varepsilon = 0°$, kein Unterschied bei niedriger Frequenz für $\varepsilon = -15°$, jedoch eine Abnahme um 17 % bei $f = 35-37$ Hz.

Die Motorleistung N weist das gleiche Bild wie bei P_1 auf, die Schildfüllung hingegen ergibt die gleichen Werte mit und ohne Vibration.

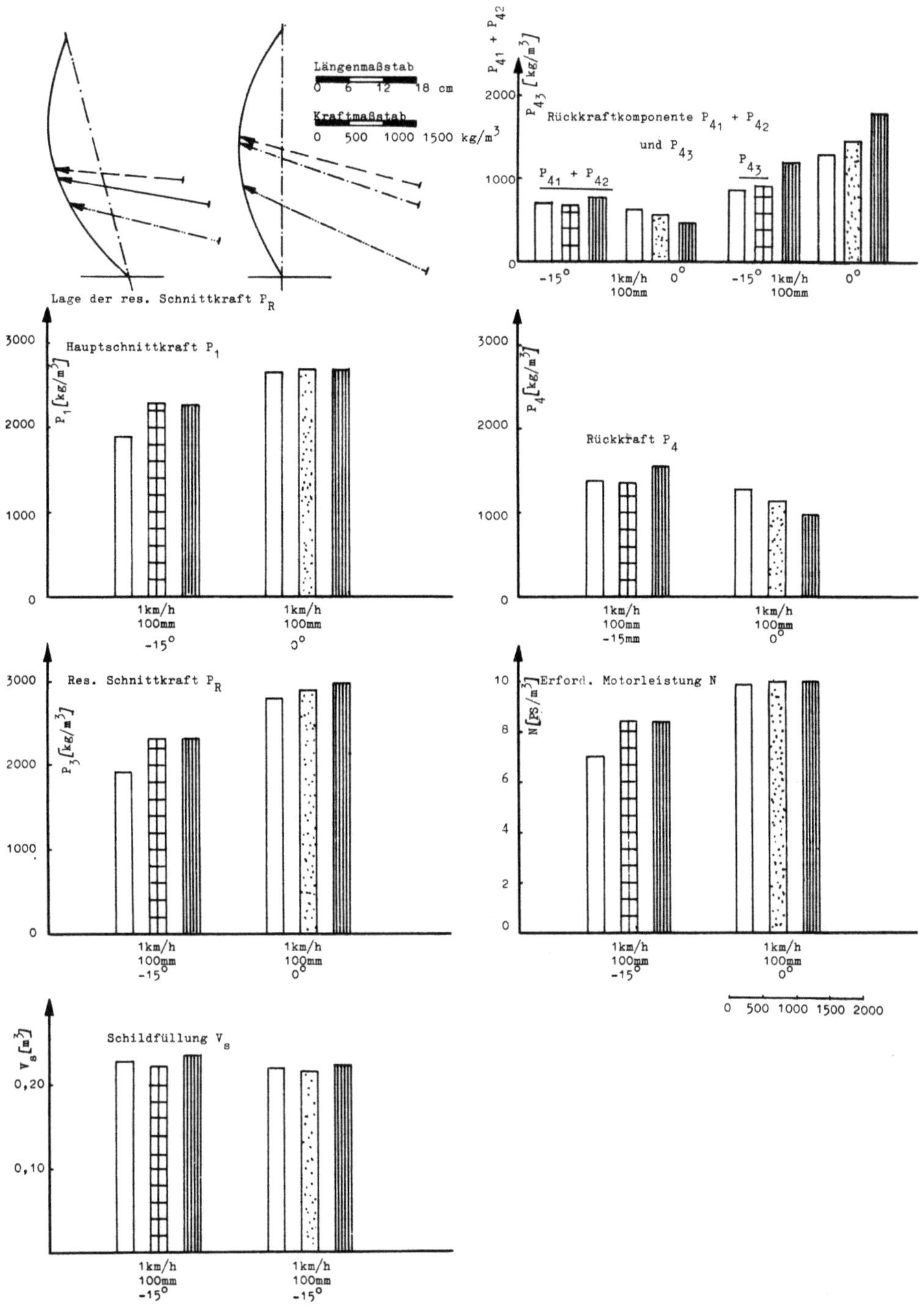

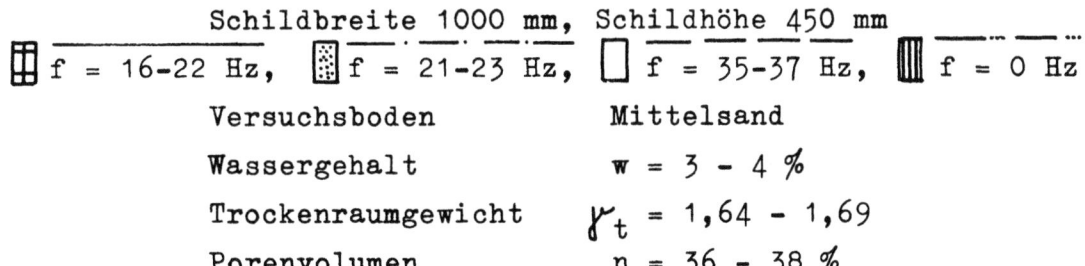

Abbildung 50a-f

Planierschild mit Vibration - Parabelprofil

Schildbreite 1000 mm, Schildhöhe 450 mm

▦ f = 16-22 Hz, ▨ f = 21-23 Hz, ☐ f = 35-37 Hz, ▥ f = 0 Hz

Versuchsboden	Mittelsand
Wassergehalt	$w = 3 - 4 \%$
Trockenraumgewicht	$\gamma_t = 1,64 - 1,69$
Porenvolumen	$n = 36 - 38 \%$

Abbildung 50f stellt dar, wie die Angriffspunkte der Resultierenden erheblich höherrücken. Sie liegen ungefähr jetzt in Schildmitte. Diese Vergrößerung ergibt sich aus dem besonders starken Rückgang von P_{43} (s.Abschnitt 4.2).

Zusammenfassend läßt sich folgendes sagen:

1. Bei Frequenzen von etwa 20 Hz läßt sich kein Einfluß auf P_1 feststellen.

2. Bei Frequenzen von etwa 36 Hz vermindert sich P_1 nur bei $\varepsilon = -15°$.

3. Die Rückkraftkomponenten werden durch Vibration besonders stark beeinflußt.

4. Die Angriffspunkte der Resultierenden rücken zur Schildmitte hin.

8. Die Hauptversuche in schwach bindigem, sandigen Schluff

Unter 4.4 wurde darauf hingewiesen, daß bei den Versuchen in der Bodenrinne auch beim Schluff in den Hauptversuchen nur mit einem bestimmten Feuchtigkeitsgehalt gearbeitet werden kann, der zwischen 15,5 und 17 % liegen soll.

Um aber auch den Einfluß des Wassergehaltes darzustellen, führte der Verfasser in Ergänzungsversuchen in Abschnitt 9 noch einige Untersuchungen mit w = 10 % durch.

Obwohl die Verdichtung des Versuchsbodens wegen der gleichen Art der Vorbereitung immer gleich sein mußte, wurde durch Einstechen mit der Proctor-Nadel und Entnahme von Bodenproben die Verdichtung überprüft, außerdem wurde der Wassergehalt einer stündigen Kontrolle unterzogen. Dabei ergaben sich folgende Mittelwerte:

	Planierschilde	ebene Schneiden
Trockenraumgewicht	$\gamma_t = 1{,}58$	1,59
Porenvolumen	$n = 41$ %	40,5 %
Wassergehalt	$w = 16{,}5$ %	17,2 %

8.1 Modellversuche mit ebenen Schneidmessern

Im Gegensatz zum Sand, wo der Schneidprozeß nur durch Einfärben von Bodenschichten geklärt werden kann, ist beim Schluff mit seinem großen

Formänderungsvermögen dieser Vorgang schon aus der Betrachtung allein ersichtlich. Dennoch werden auch hier in der unter 7.1 beschriebenen Versuchseinrichtung einige Modellversuche angesetzt, um den Vorgang im Bild veranschaulichen zu können.

Die besondere Schwierigkeit bei Schluff liegt in der Herstellung eines brauchbaren Bodengefüges. Da der Boden nach seiner Bearbeitung mit der Bodenfräse in Krümelstruktur anfällt, bildete dieses Material den Ausgangspunkt für die Modellversuche. Es wurde wie unter 7.1. eingebracht, abgezogen und anschließend mit der Feinkohle bestäubt. Nach Abdecken mit einer Oberschicht konnte der Schluff mit Walzen und Stampfen verdichtet werden. Hier zeigte sich aber schon die erste Schwierigkeit, da die Feinkohle einen Zusammenhang der Schichten verhinderte und damit zu einem anderen Verfahren zwang. Dieses bestand im Aufstreichen von in Wasser gelöstem Eisenoxyd. Hier war aber die Krümelstruktur ungeeignet, da die Farbe zwischen den Bodenteilchen versickerte. Auch ein Verdichten mit Stampfer konnte bei dem Feuchtigkeitsgehalt von 16,5 % nicht die Krümelstruktur beseitigen, die sich natürlich auf das im Maßstab 1 : 3 ausgebildete Schneidwerkzeug ungünstig auswirkte. Schließlich wurde der Feuchtigkeitsgehalt so weit heraufgesetzt, daß der Boden schon eine beinahe plastische Konsistenz aufwies.

In Abbildungen 51 a und 51b sind zwei Aufnahmen nebeneinander dargestellt, von der die eine noch die Krümelstruktur zeigt, die andere ein etwas besseres Bodengefüge, das mit einer Feuchtigkeit von 20 % hergestellt wurde. Bei beiden aber zeigt sich das Vorauseilen eines Trennrisses, da das Formänderungsvermögen des Versuchsbodens nicht besonders groß ist. Die Bruchfuge liegt dabei sogar unter der Schneidkante des Schneidwerkzeuges, so daß ein dickerer Span abgeschält wird, als es die Tiefenstellung des Werkzeuges ermöglichen könnte.

In Abbildungen 52 sind dann die Versuche mit etwa 24 - 26 % Wassergehalt wiederholt. Hier zeigt sich nun dieses Vorauseilen der Bruchfuge nicht mehr. Bei $\delta = 20°$ läuft wie in Abbildung 50 der Bodenspan nach erfolgtem Abtrennen glatt über das Schneidwerkzeug ohne irgendwelche Scherebenen auszubilden. Es handelt sich also um den in Abbildung 11 dargestellten Messerschnitt (s.S. 23). Bei $\delta = 45°$ wird zwar der Span auf der Spanfläche des Schneidwerkzeuges gestaucht, aber sein Zusammenhang wird dabei nicht zerstört. Der ganze Vorgang ist mit dem Abschälen eines Apfels oder einer

Abbildung 51a
Versuchsboden mit
Krümelstruktur

Abbildung 51b
Versuchsboden mit teilweiser
Krümelstruktur

Kartoffel zu vergleichen, wo auch der Span kontinuierlich abläuft. In Abbildung 53 ist der gesamte Vorgang noch einmal schematisch dargestellt.

Abbildung 52
Modellversuche mit ebenen Schneidmessern im Schluff

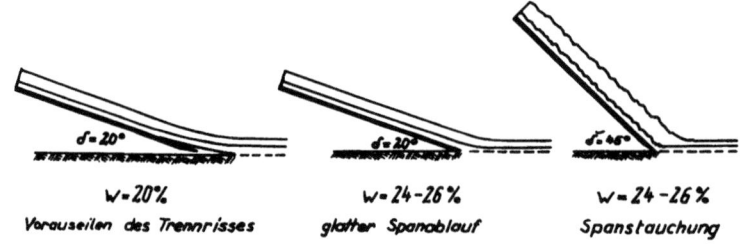

Abbildung 53
Schnittvorgang im Schluff in Abhängigkeit vom
Wassergehalt und vom Schnittwinkel

8.2 Das ebene Schneidmesser

Nach den Modellversuchen konnte mit den Hauptversuchen begonnen werden, bei denen wie beim Sand die Schnittwinkel $\delta = 20°$, $30°$ und $45°$ bei konstanter Hubhöhe, die Geschwindigkeiten $v = 1$ km/h und 2 km/h sowie die Spandicken 50 und 100 verwendet werden.

8.21 Die Veränderung des Schnittwinkels

Betrachten wir zunächst einmal wieder in Abbildung 54a: Die beiden vorn liegenden Rückkraftkomponenten $P_{41} + P_{42}$ zeigen für 50 und 100 mm Spandicke einen verschiedenen Verlauf. Das Diagramm für $a = 50$ mm fällt von $20°$ bis $30°$ um 20 % ab und steigt anschließend bis $45°$ wieder zu einem Wert an, der ungefähr in gleicher Höhe vom Ausgangspunkt liegt. Bei $a = 100$ mm dagegen können wir eine leicht fallende Tendenz erkennen, die sich gleichmäßig über den gesamten Meßbereich erstreckt. Die Komponente P_{43} macht diesen Unterschied nicht mit. Sie steigt über den gesamten Bereich an und erreicht einen Endwert, der etwa 60 - 90 % über dem Ausgangswert liegt. Beim Sand war dieses Ansteigen für die kleine Spandicke bei $20°$ auch aufgetreten, jedoch in weitaus stärkerem Maße. Für $45°$ aber kam es im Sand bei $P_{41} + P_{42}$ zu einem leichten Abfall, bei P_{43} zu einem geringen Anstieg der zugehörigen Kurven. Wir können aus dem Vergleich der beiden Bodenarten schließen, daß der Boden mit großem Formänderungsvermögen viel empfindlicher auf Veränderungen des Schnittwinkels reagiert als der Boden mit einem lockeren Zusammenhang. Bei $20°$ wirkt sich wegen der großen Länge des Schneidmessers vergrößerte Reibung ungünstig aus, bei großem Schnittwinkel die große Formänderung des abgetrennten Bodenspans.

Die Hauptschnittkraft P_1 (Abb. 54b) zeigt im Bereich von $20°$ bis $30°$ kaum eine Veränderung. Von dort aus erfolgt aber ein ganz radikaler Anstieg um 30 bis 55 %. Der Schnittwinkel wirkt sich also ganz entscheidend aus. Die Rückkraft P_4 wechselt zwischen 30 und $45°$ ihr Vorzeichen. Im flachen Bereich des Schnittwinkels ist die resultierende Schnittkraft P_R noch nach unten gerichtet unter dem Einfluß des Spangewichtes. Im steilen Bereich dagegen muß sie nach oben gerichtet sein, um den Einfluß des ungünstigen Schnittwinkels ausgleichen zu können. Je mehr sich nämlich δ der Senkrechten nähert, desto weniger glatt fließt der Span über das Schild ab, und desto mehr wird der aufsteigende Span gegen das Schneidwerkzeug gepreßt, so daß sich der Rahmen schließlich hinten anhebt.

Wegen der gegenüber P_1 nur geringfügig ins Gewicht fallenden Rückkraft P_4 hat die aus beiden durch geometrische Addition zusammengesetzte resultierende Schnittkraft P_R (Abb. 54c) den gleichen Verlauf und etwa die gleiche Größe wie P_1.

Die erforderliche Motorleistung (Abb. 54d) bringt durch das Auseinanderziehen der einzelnen Diagramme noch einmal ganz klar zum Ausdruck, daß der Bereich von 20° bis 30° hier der einzig in Frage kommende ist.

Die Spanstauchung (Abb. 54e) schließlich hat unabhängig von der Spandicke überall den gleichen Wert $\lambda = 1{,}4$. Je mehr sich der Boden dem ungestörten Zustand nähert, desto geringer wird schließlich die Spanstauchung sein und es ist durchaus denkbar, daß sie sich dem Wert 1 nähert.

In Abbildung 54f, die die Lage von P_R darstellt, ist ersichtlich, daß im großen ganzen gesehen der Angriffsbereich der Resultierenden sich bei 20° von h/2 bis h/6, also über ein Drittel der gesamten Hubhöhe erstreckt. Nur bei 45° ist für a = 100 mm und v = 2 km/h P_R sehr hoch gedrückt und greift nicht mehr am Schneidmesser, sondern am darauf liegenden Bodenspan an.

8.22 Die Veränderung der Geschwindigkeit

Wie bei den gleichartigen Versuchen im Sand unter 7.2 wirkt sich der Einfluß der Geschwindigkeit nur leicht aus. Bei $P_{41} + P_{42}$ kann man von einem Zusammenfallen für v = 2 km/h sprechen, bei v = 1 km/h ist aber besonders bei 20 und 45° ein starkes Auseinanderfallen zu verzeichnen, das bis zu 15 % geht.

Für P_{43} liegen die Diagramme so eng beieinander, daß Überschneidungen in ihrem Verlauf auftreten. Auf keinen Fall machen die maximalen Unterschiede aber mehr als 10 % aus, d.h. sie sind auf den gesamten Verlauf geseher zu vernachlässigen.

Bei der Hauptschnittkraft treten die Abweichungen besonders bei 20° und 45° hervor. Sie liegen in der Größenordnung von 20 %. Bei 30° aber, wo die auseinanderstrebenden Äste zusammenfallen, ist der Unterschied vernachlässigbar klein, da er 10 % unterschreitet.

Bei P_4 laufen die Kräfte als Geraden in einem ebenfalls geringen Abstand nebeneinander her, der zwischen 200 und 500 kg schwankt. Da der Einfluß dieser Rückkräfte gering ist, ergibt sich für P_R etwa das gleiche Ergebnis wie bei P_1. Auch die Spanstauchung ist als unabhängig von der

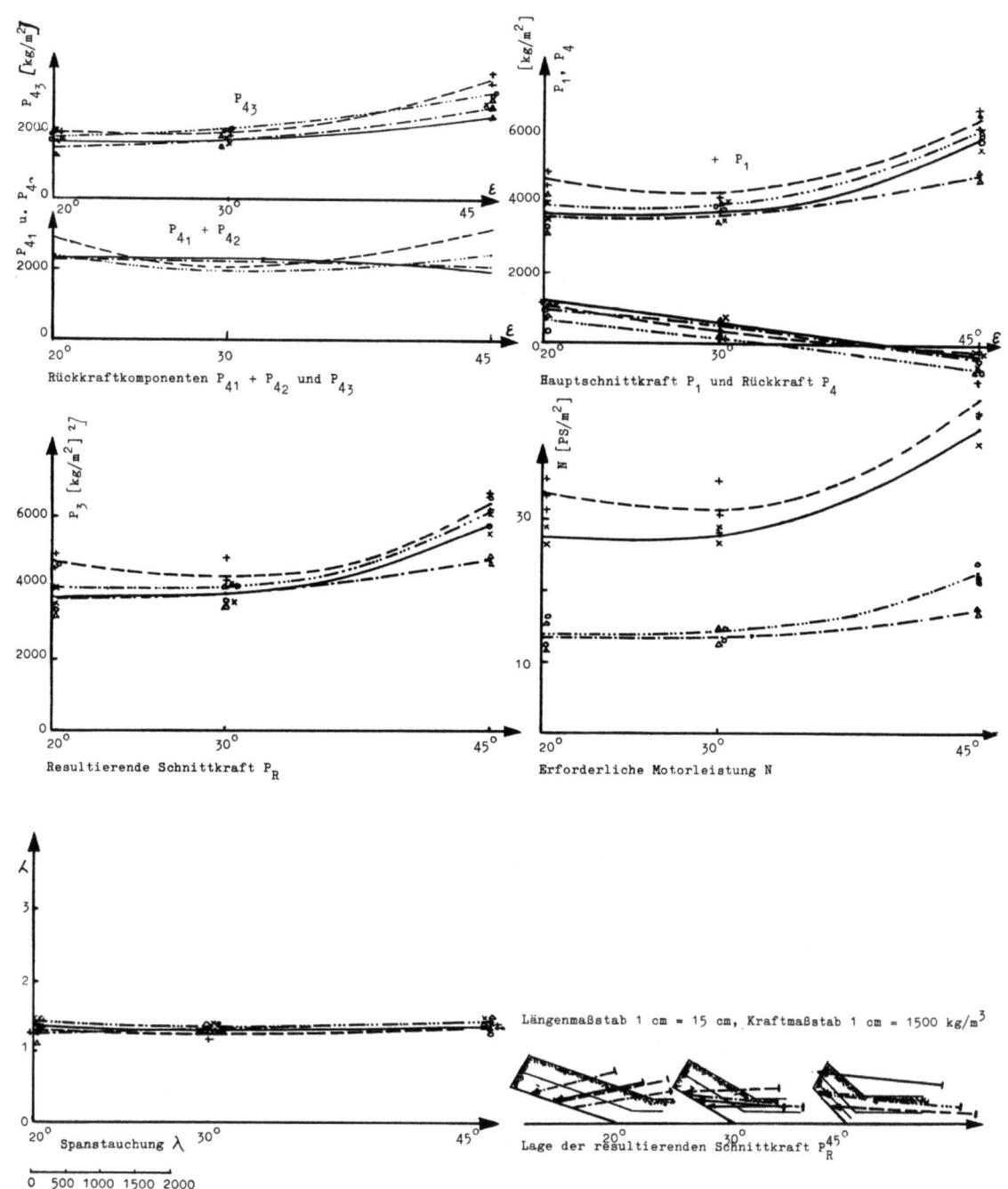

A b b i l d u n g 54a-f

Ebenes Schneidmesser, h = const.

Messerbreite 1000 mm,

Messerlänge 450 mm, 308 mm, 218 mm

×———× v = 2 km/h; a = 100 mm
△—·—△ v = 1 km/h; a = 100 mm
+———+ v = 2 km/h; a = 50 mm
o———o v = 1 km/h; a = 50 mm

Versuchsboden: schwach bindiger, sandiger Schluff

Wassergehalt w = 17 − 18 %

Trockenraumgewicht γ_t = 1,52 − 1,63

Porenvolumen n = 39 − 43 %

Geschwindigkeit anzusehen. Nur bei der Leistung N, wo die Geschwindigkeit unmittelbar als Multiplikationsfaktor eingeht, ergeben sich die großen Unterschiede, die eine Steigerung von 110 - 120 % verursachen, bei 45° bis sogar 140 %.

Wie schon unter 8.1 erwähnt, kann man keine Regel für den Angriffspunkt von P_R in Abhängigkeit von der Geschwindigkeit aufstellen. Fest liegt aber, daß die Werte mit hoher Geschwindigkeit und großer Spandicke über denjenigen mit kleiner Geschwindigkeit und kleiner Spandicke liegen.

8.23 Die Veränderung der Spandicke

Den stärksten Einfluß auf die Kräfte hat die Spanstärke bei den Rückkraftkomponenten $P_{41} + P_{42}$ (Abb. 54a), da hier dem Diagramm für 50 mm mit dem Kräfteminimum bei 30° das Diagramm für 100 mm entgegenläuft. Bei sämtlichen anderen Größen bleibt die Tendenz der Kurven gleich. Bei P_{43} liegen für a = 100 mm die Werte i.M. 20 - 30 % unter denen für a = 50 mm, für die Hauptschnittkraft beträgt die Differenz nur 5 bis 20 %. Die Abbildung 54d bringt noch einmal beide Gruppen für 1 und 2 km/h Geschwindigkeit gut heraus und zeigt, daß sich für die kleine Geschwindigkeit die Veränderung der Spandicke im günstigsten Bereich von 20 bis 30° kaum bemerkbar macht, wohl aber für die große, wo mit 15 % durchaus zu rechnen ist. Die gleichen Werte treffen auch für N und P_R zu.

8.24 Folgerungen

1. In viel stärkerem Maß als beim Sand ist beim Schluff der günstigste Schnittwinkel erkennbar. Er liegt im Bereich zwischen 20 und 30°. Um die Schneide möglichst kurz zu halten, wird empfohlen δ = 30° zu wählen.

Auch diese Erkenntnisse decken sich nicht vollständig mit denen von KÜHN [10 (S. 170)], wobei allerdings KÜHN nicht Schnittkräfte und Schnittwinkel, sondern Schnittwinkel und Kübelfüllung in Verbindung setzt. Nach KÜHN ergibt sich eine optimale Kübelfüllung für δ zwischen 30° und 45°, so daß die Wahl von δ = 30° durchaus vertretbar ist.

2. Die Verdoppelung der Schnittgeschwindigkeit bewirkt i.M. eine Erhöhung der Kräfte um 10 %.

3. Eine Halbierung der Spandicke im Gegensatz zum Sand ergibt eine Zunahme der Kräfte i.M. von etwa 15 %.

Forschungsberichte des Wirtschafts- und Verkehrsministeriums Nordrhein-Westfalen

4. Eine Vergrößerung des Schnittwinkels von 30° auf 45° bedingt eine um 30 bis 55 % höhere Motorleistung.

8.3 Modellversuche mit Planierschilden

Wie bei den ebenen Messerschneiden wurden auch bei den Planierschilden zur Erläuterung der Hauptversuche Modellversuche durchgeführt. Da der Feuchtigkeitsgehalt wieder sehr hoch lag, bei etwa 24 %, bildete sich vor dem Schild eine Spanrolle aus, die mit wachsendem Schnittweg zunahm, ohne sich aufzulösen. Der Schneidprozeß bei den Hauptversuchen, bei denen der abgetrennte Span sich nach einiger Zeit auflöst und dadurch eine konstante Schildfüllung ermöglicht, konnte hier nicht nachgeahmt werden. Die Krümelstruktur des gefrästen Bodens ist im Vergleich zu den kleinen Planierschilden viel zu grob, um eine Übertragbarkeit der Ergebnisse zu erlauben.

In der Abbildung 55 sind nun einige Versuchsergebnisse für die drei Planierschildprofile nach ungefähr 15 bis 20 cm und nach 50 bis 60 cm Schürfweg dargestellt. Man sieht, wie der Span abgetrennt wird, sich am Schild hochschiebt, gewendet wird und schließlich nach unten gelangt. Da der Span sich nicht auflöst, wird die Bodenrolle immer größer, bis der Motor zu seiner maximalen Leistung belastet wird.

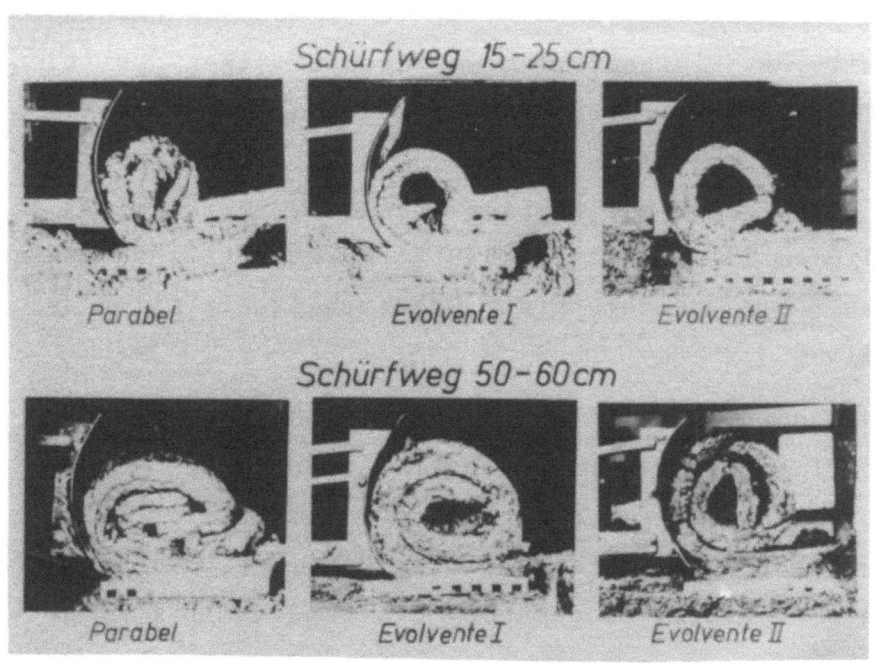

A b b i l d u n g   55
Modellversuche mit Planierschilden im Schluff

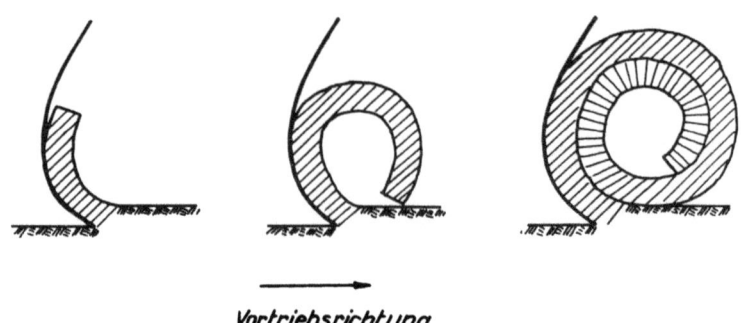

Abbildung 56

Bildung der Bodenrolle vor dem Planierschild im Schluff

Tatsächlich ist aber der Rollvorgang des Bodens vorhanden, der ohne Zweifel einen weitaus niedrigeren Leistungsbedarf hat als ein reines Schieben des Bodens. Ferner kann der Betrachter erkennen, daß bei den Profilen mit großem Schnittwinkel (Evolvente II und Parabel) ein Riß vorauseilt, der tiefer als die Schneidkante liegt. In Abbildung 56 ist der gesamte Vorgang noch einmal schematisch aufgezeichnet.

8.4. Die Hauptversuche mit Planierschilden

Bei den Versuchen mit den Planierschilden im schwach bindigen sandigen Schluff wurde der Neigungswinkel ε der Schildachse nur zwischen -15 und $0°$ variiert mit dem Zwischenwert $\delta = -8°$. Auf einen positiven Neigungswinkel wurde verzichtet, da bei diesem Boden allgemein bekannt ist, daß sämtliche Kräfte äußerst hoch werden, wenn der Schnittwinkel sich $90°$ nähert. Ferner mußte die Spandicke auf 30 und 40 mm reduziert werden, da größere Spandicken in einem zu ungünstigen Verhältnis zu den Schildabmessungen standen. Die Veränderung der Geschwindigkeit mit 1 und 2 km/h wurde beibehalten.

In den Abbildungen 57a-f, 58a-f und 59a-f sind die Ergebnisse der einzelnen Planierschildformen als Diagramme in Abhängigkeit vom Schildneigungswinkel festgehalten. Dagegen ermöglicht die Darstellung in den Stäbchendiagrammen der Abbildungen 61a-e (Seite 101) einen Überblick über sämtliche untersuchten Profile, so daß sich die günstigste Form sofort ablesen läßt.

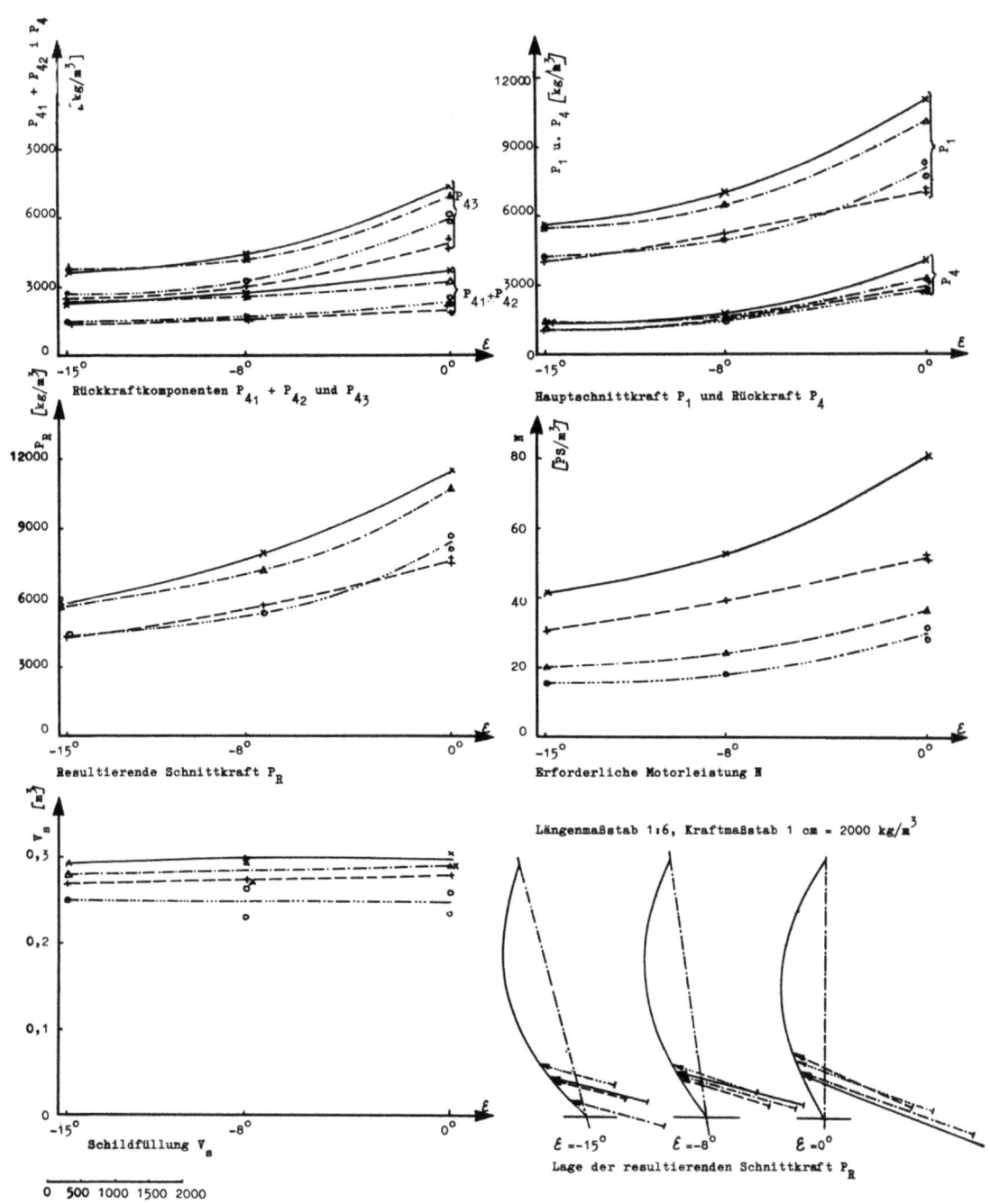

A b b i l d u n g   57a-f

Planierschild mit Parabelprofil

×———× $v = 2$ km/h; $a = 40$ mm
△—·—△ $v = 1$ km/h; $a = 40$ mm
+— — —+ $v = 2$ km/h; $a = 30$ mm
○——○ $v = 1$ km/h; $a = 30$ mm

Schildbreite 1000 mm, Schildhöhe 450 mm
Versuchsboden: schwach bindiger, sandiger Schluff
mittlerer Wassergehalt $w = 16,6\%$
mittleres Trockenraumgewicht $\gamma_t = 1,60$
mittleres Porenvolumen $n = 41\%$
Nadelwiderstand $27,9$ kg/cm^2

Seite 95

8.41 Die Veränderung des Schildneigungswinkels

Beim Sand hatten wir gesehen, daß im Bereich von $\varepsilon = 15°$ bis $\varepsilon = 0°$ nur eine geringe Zunahme der Kräfte auftritt. Beim Schluff reagieren die Kräfte aber äußerst empfindlich auf die geringsten Veränderungen der Schildneigung. Besonders bei dem Parabelprofil und dem Evolventenprofil I erhalten wir teilweise eine Zunahme bis zu 100 % für die Hauptschnittkraft, die resultierende Schnittkraft und die Motorleistung. Nur die Evolvente I zeigt sich wieder verhältnismäßig unempfindlich gegenüber einer Veränderung des Neigungswinkels. Während beim Sand die vorn liegenden Rückkraftkomponenten $P_{41} + P_{42}$ infolge der Verringerung des auf das Schild wirkenden Sandgewichtes eine gegenläufige Tendenz zeigten, nehmen sie beim Schluff an dem Anstieg mit zunehmendem Reibungswinkel teil. Der Einfluß des Schnittwiderstandes des Schluffbodens macht sich also stark bemerkbar.

Für die Schildfüllung zeigt sich das ungewohnte Bild, daß diese unabhängig vom Neigungswinkel ist. Durch das bessere Bodengefüge löst sich auch bei ungünstiger Schildstellung der Span nicht eher auf als bei günstiger, so daß die Füllung bei gleichen Ausgangsbedingungen stets die gleiche sein muß.

Die Angriffspunkte der Resultierenden P_R liegen eng in einem kleinen Bereich im unteren Fünftel des Planierschildes zusammen. Dieser Bereich beginnt i.a. bei h/5 und endet etwa 30 bis 50 mm über der unteren Schildkante. Im Gegensatz zum Sand verlagert sich der Bereich mehr nach unten, da sich hier auch die größten Kräfte konzentrieren. Es ist also zu erwarten, daß mit noch fester werdendem Boden die Angriffspunkte sich beinahe der unteren Schneidkante nähern. Entsprechend dem größeren Einfluß des Bodenwiderstandes haben die Resultierenden einen kleineren Steigungswinkel, der für - 15° bei etwa 15° beginnt und bis zu 20° ansteigt für $\varepsilon = 0°$ Da die Angriffspunkte so eng zusammenliegen, wirken sich Spandicke und Geschwindigkeit nicht so stark aus. Insgesamt läßt sich aber feststellen, daß mit wachsender Spandicke und Geschwindigkeit der Angriffspunkt der Resultierenden sich nach oben bewegt.

8.42 Die Veränderung der Schnittgeschwindigkeit

Wie bei den Planierschilden im Sand tritt bei dem Parabel- und Evolventenprofil kein allzu großer Einfluß der Geschwindigkeit hervor. Auch hier kann man mit einer mittleren Vergrößerung von 10 % rechnen. Nur bei der

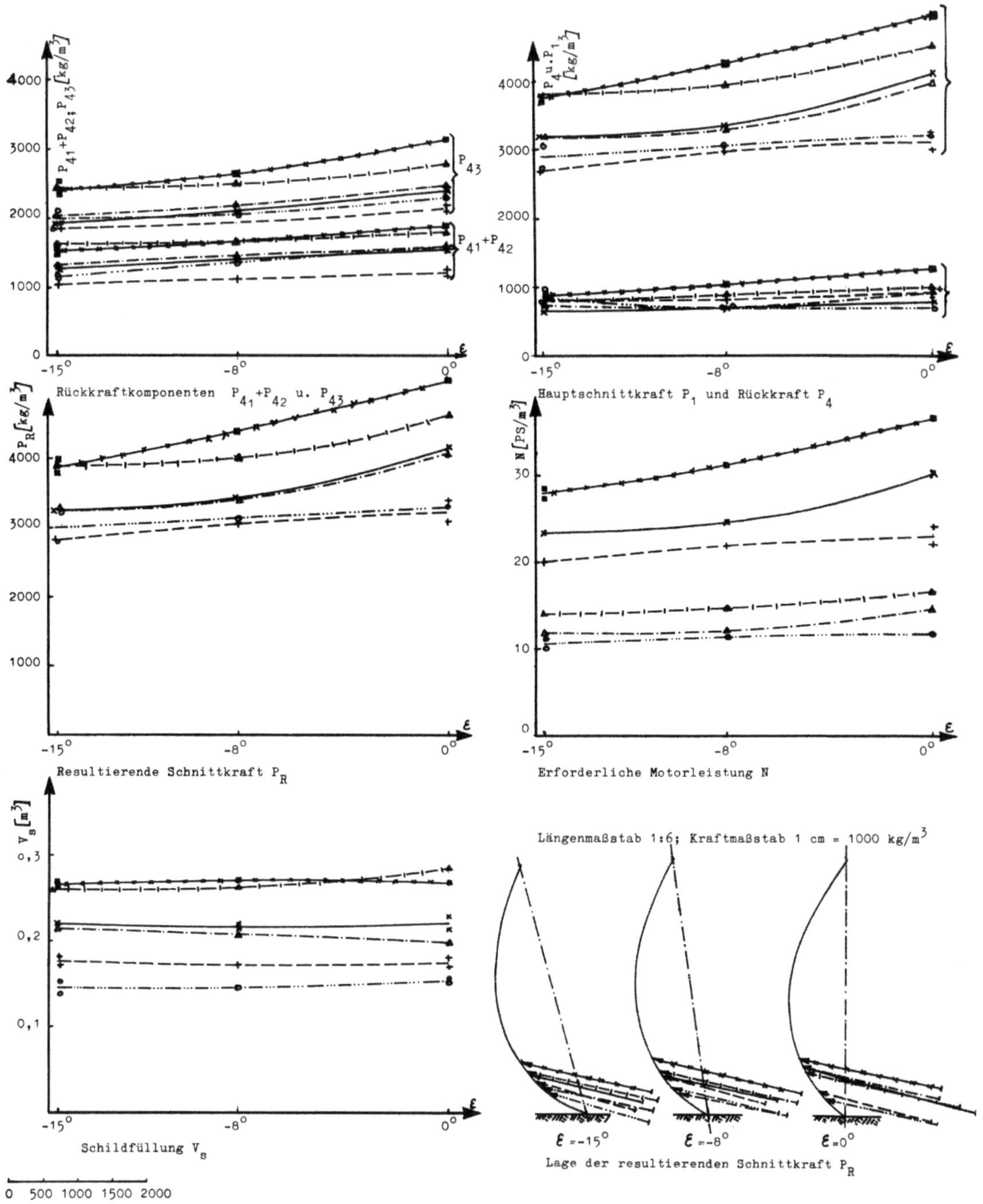

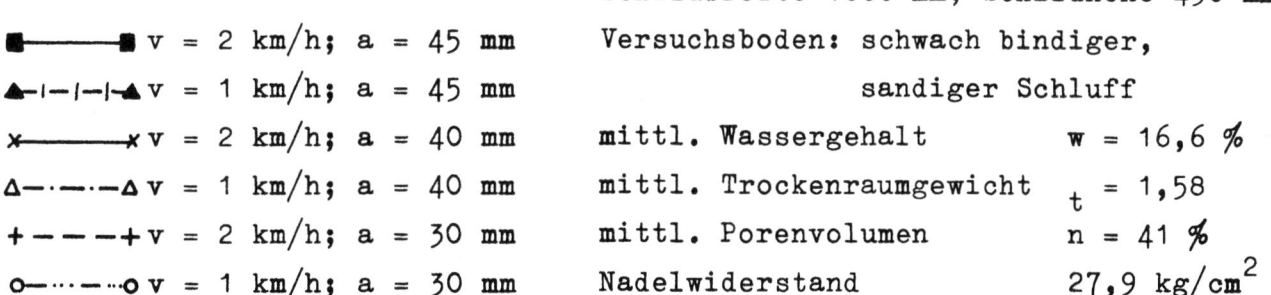

Abbildung 58a-f

Planierschild mit Evolventenprofil I

Schildbreite 1000 mm; Schildhöhe 450 mm

Versuchsboden: schwach bindiger, sandiger Schluff

■——■ v = 2 km/h; a = 45 mm	
▲-∣-∣-▲ v = 1 km/h; a = 45 mm	
×——× v = 2 km/h; a = 40 mm	mittl. Wassergehalt w = 16,6 %
△-·-·-△ v = 1 km/h; a = 40 mm	mittl. Trockenraumgewicht t = 1,58
+----+ v = 2 km/h; a = 30 mm	mittl. Porenvolumen n = 41 %
○-···-○ v = 1 km/h; a = 30 mm	Nadelwiderstand 27,9 kg/cm²

Seite 97

Evolvente II, bei der die nach oben zunehmende Krümmung den glatten Ablauf des Spans beeinträchtigt, wirkt sich die Verdoppelung der Geschwindigkeit für a = 45 mm in einer Zunahme von 20 % aus.

Die Schildfüllung ist im Gegensatz zum Sand ebenfalls von der Geschwindigkeit abhängig. Bekanntlich wird jedem einzelnen Teilchen des Spans beim Verlassen des Schildes eine Geschwindigkeit in tangentialer Richtung erteilt, die die Bodenteilchen bei großer Geschwindigkeit höher aufsteigen und in einem weiteren Abstand vom Schild auf den Boden fallen läßt als bei kleiner Geschwindigkeit, so daß sich im ersten Falle auch eine etwas größere Schildfüllung ergeben muß. Die gleichen Beobachtungen machte auch v. PONCET [16] beim Pflügen, wo die Schollen bei hoher Geschwindigkeit hoch über die Oberkante des Pfluggleitbleches hinausgingen. Aus diesen Überlegungen und Beobachtungen läßt sich folgern, daß der Auslaufwinkel des Planierschildes (s.S. 30 - 32) nicht 0° oder gar negativ sein darf. Dadurch nämlich würde der das Schild verlassende Bodenspan nicht die erforderliche in Vortriebsrichtung gerichtete Geschwindigkeit erhalten, sondern senkrecht nach oben steigen oder gar nach hinten fallen und damit sowohl die erwünschte Rollbewegung als auch eine richtige Schildfüllung verhindern.

Daß beim Sand die Schildfüllung unabhängig von der Geschwindigkeit stets gleich war, läßt sich nur aus dem lockeren Zusammenhang des Bodengefüges erklären. Da der Boden seitlich oder in sich nicht zusammengehalten wird, fließt er schnell weg.

In Abbildung 60 (S. 100) ist im Gegensatz dazu für Schluff gezeigt, wie der Boden nach Verlassen des Planierschildes ganz in der durch das Profil gegebenen Form beharrt und trotz der deutlich sichtbaren Krümelstruktur einen zusammenhängenden Span bildet. Abbildung 60 gibt einen Teil eines solchen Spans wieder.

8.43 Die Veränderung der Spandicke

Gegenüber der Geschwindigkeit, die bei den zugehörigen Diagrammen eine Differenz von 10 % herbeiführte, bewirkt die Vergrößerung der Spandicke von 30 auf 40 mm eine Zunahme von P_1, P_4, P_R, N und V_s um 10 bis 40 % Nur bei den Rückkraftkomponenten ist der Einfluß erheblich größer (bis 100 % Zunahme). Der starke Einfluß von a auf die Kräfte erklärt sich aus der Vergrößerung des Bodenwiderstandes, den weitaus größeren Hub- und

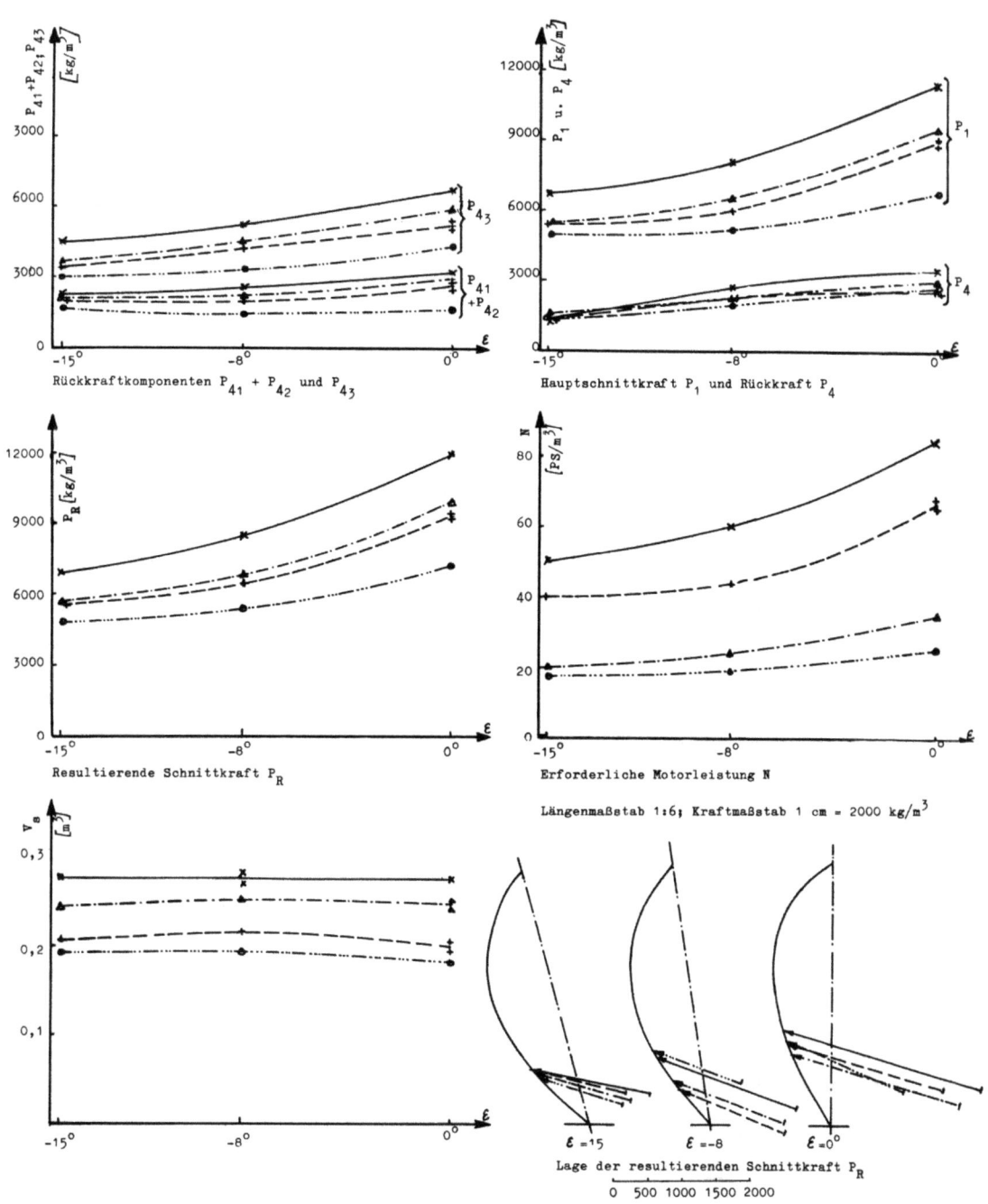

Abbildung 59a-f

Planierschild mit Evolventenprofil II

×———× v = 2 km/h; a = 40 mm
△—·—·—△ v = 1 km/h; a = 40 mm
+ — — — + v = 2 km/h; a = 30 mm
o········o v = 1 km/h; a = 30 mm

Schildbreite 1000 mm, Schildhöhe 450 mm
Versuchsboden: schwach bindiger, sandiger Schluff
mittlerer Wassergehalt $w = 16,6\%$
mittleres Trockenraumgewicht $t = 1,58$
mittleres Porenvolumen $n = 41,0\%$
Nadelwiderstand $27,8 \text{ kg/cm}^2$

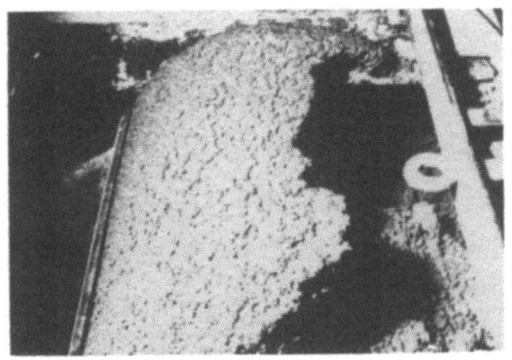

Abbildung 60a
Bodenspan beim Verlassen des
Planierschildes

Abbildung 60b
Querschnitt durch einen
Bodenspan

Reibungskräften sowie aus den zur Verformung des abgetrennten Bodenspans notwendigen Verformungskräften, die bekanntlich mit der zweiten Potenz der Spandicke zunehmen. Auch hier gilt wieder das unter 7.43 gesagte, daß es unrichtig ist, bei einem Planierschild nur auf die große Schildfüllung zu achten und danach seine Brauchbarkeit zu beurteilen. Bei dem hier untersuchten Boden nehmen die auf die Volumeneinheit bezogenen Kräfte proportional dem Volumen zu, d.h. die tatsächlich vorhandenen Kräfte mit dem Quadrat der Schildfüllung, wobei die Schildfüllung stets für 1 m Breite berechnet ist.

8.44 Der Vergleich der Planierschilde

Schon ein Gesamtüberblick über die Abbildung 61a (Seite 101) zeigt, daß das Evolventenprofil I weitaus am günstigsten ist, denn seine Werte liegen um teilweise mehr als 50 % unter den vergleichbaren der beiden anderen Profile. Insbesondere ist daraus zu ersehen, wie verhältnismäßig unempfindlich gegenüber der Veränderung der drei Variablen ε, a und v diese Form ist. Es tritt eine kaum merkliche Steigerung von P_{43} auf, während P_{43} für die anderen beiden Profile in sehr starkem Maße zunimmt. Von den beiden ungünstigen Profilen erweist sich die Parabel bis auf den Bereich von $0°$ überlegen. Auch die Diagramme der vorderen Rückkraftkomponenten $P_{42} + P_{42}$ ergeben ein ähnliches Bild wie bei P_{43}, bei dem der niedrige Wert für die Evolvente I von den beiden hohen Werten für die anderen beiden Profile flankiert wird. Auch hier ist die Veränderung von P_{41} und P_{42} mit zunehmendem ε sehr gering.

Forschungsberichte des Wirtschafts- und Verkehrsministeriums Nordrhein-Westfalen

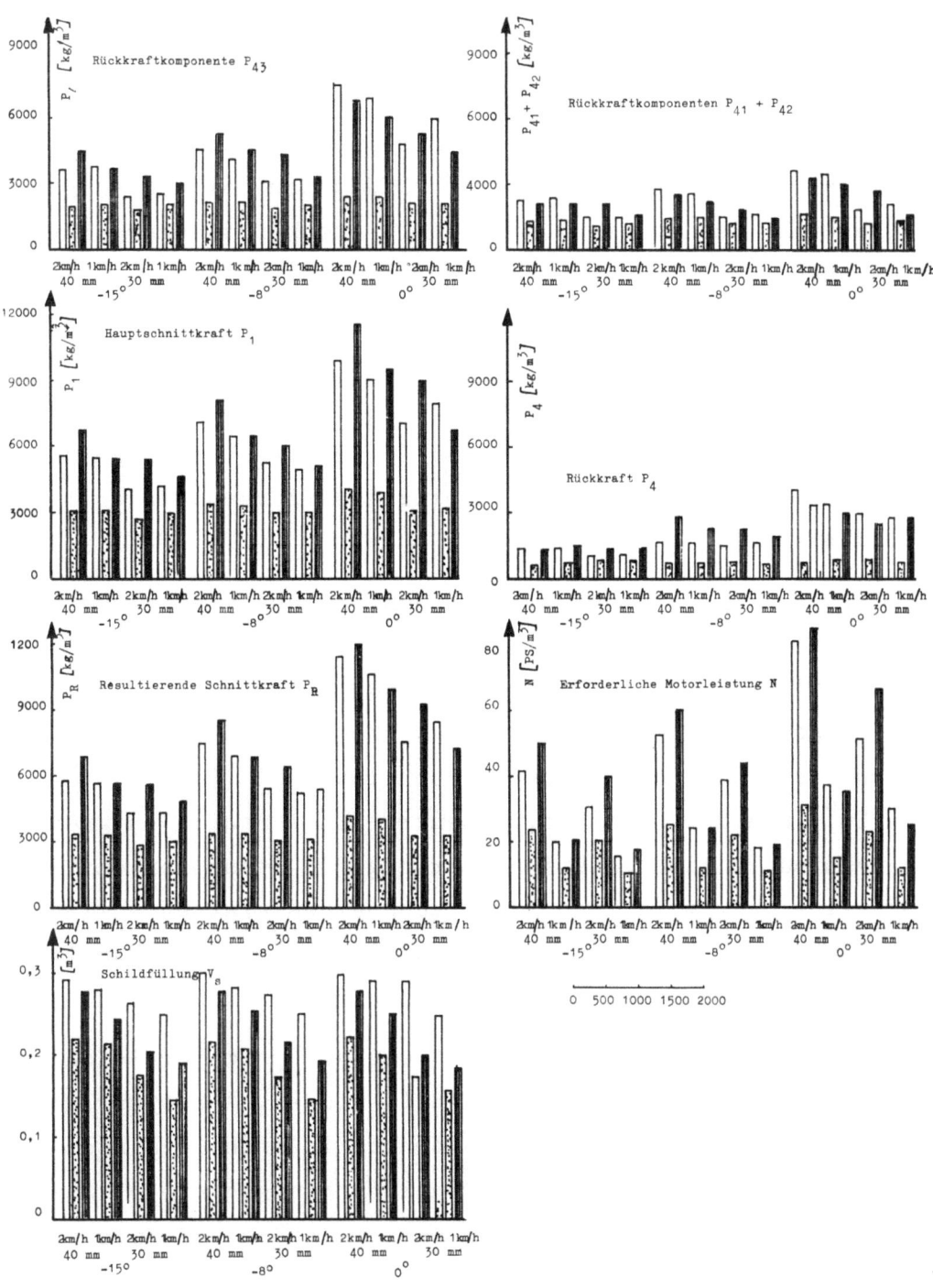

Abbildung 61a-f
Vergleich der Planierschildprofile

Schildbreite 1000 mm, Schildhöhe 450 mm Versuchsboden: schwach bindiger,
  ☐ Planierschild mit Parabelprofil   sandiger Schluff
  ▨ Planierschild mit Evolventenprofil I   mittlerer Wassergehalt $w = 16,4 - 16,6 \%$
  ▥ Planierschild mit Evolventenprofil II mittleres Trockenraumgewicht $\gamma_t = 1,58$
                                           mittleres Porenvolumen $n = 41 \%$
                                           Nadelwiderstand $27,9 \text{ kg/m}^2$

Forschungsberichte des Wirtschafts- und Verkehrsministeriums Nordrhein-Westfalen

Die Hauptschnittkraft, die als horizontal wirkende Zugkraft für die Beurteilung des Schildes zusammen mit der Leistung maßgebend ist, hat in Abbildung 61b (S. 101) für die Evolvente I den geringsten Wert. Bei a = 30 mm liegt sie 30 %, bei 40 mm sogar 40 % unter dem nächst günstigeren Wert der Parabel. Das Evolventenprofil II erscheint demgegenüber als ausgesprochen ungeeignet. Nur an ganz wenigen Punkten erreicht das Parabelprofil gleiche oder höhere Werte als die Evolvente II. Bei = $-8°$ ist der Unterschied zwischen den beiden ungünstigsten Profilen nicht mehr ganz so groß, aber die Evolvente I liegt noch immer 40 bis 50 % unter den ungünstigeren Werten. Je mehr sich das Bild der Senkrechten nähert, desto mehr wächst der Unterschied zwischen den einzelnen Formen bis er bei $\varepsilon = 0°$ 55 bis 60 % beträgt.

Die Rückkraft P_4 liegt unabhängig von dem Neigungswinkel für die Evolvente I immer zwischen 600 und 950 kg/m^3. Für die beiden anderen Profile nimmt sie in viel stärkerem Maße zu, so daß die Resultierende einen größeren Steigungswinkel gegenüber der Waagerechten haben wird. Das ist aber auch zu erwarten, denn die größeren Schnittwinkel (Parabel $\delta = 60°$, Evolvente $\delta = 50°$) und die beim Evolventenprofil II nach oben größer werdende Krümmung verhindern einen glatten Übergang des Spans auf das Planierschild an der Schneide und im letzten Falle auch einen glatten Auslauf. Um diese Hindernisse aber zu überwinden, ist sowohl eine größere Hauptschnittkraft als auch eine größere Vertikalkomponente erforderlich.

Auch die Abbildung 61c, die die Resultierende P_R im Vergleich der drei Schildformen zeigt, gibt das gleiche Bild wieder. Einem nur geringfügig veränderten Kraftverlauf beim Evolventenprofil steht ein steil anwachsender Verlauf bei den beiden anderen Schildformen gegenüber. Stets ist der kleinste Wert der beiden ungünstigen Profile größer als der größte Wert des Evolventenprofil I.

Die Abbildung 61d läßt uns zum ersten Mal im Versuch vor Augen treten, welche Motorleistungen nur zum Schürfen von Schluffboden notwendig sind; zu diesen Motorleistungen treten dann noch diejenigen, die zum Vorwärtsbewegen des Grundgerätes allein benötigt werden. Immerhin gehen die Spitzenwerte bis über 80 PS/m^3. Gleichzeitig machen uns die Stäbchendiagramme aber auch klar, wie groß die Unterschiede in der erforderlichen Leistung für die verschiedenen Schildprofile sind. Selbst für v = 2 km/h erreicht die Evolvente I nur den gleichen Wert wie für die anderen Profile für

Forschungsberichte des Wirtschafts- und Verkehrsministeriums Nordrhein-Westfalen

v = 1 km/h. Bei gleichen Schürfgeschwindigkeiten und damit gleichen Schürfzeiten würde z.B. das Evolventenprofil I für $\epsilon = -15°$, v = 1 km/h und a = 30 mm mit 10 PS/m³ geschürften Bodens nur 27 % des Leistungsbedarfs der Evolvente II oder Parabel mit 37,5 PS/m³ bei $\epsilon = 0°$, v = 1 km/h und a = 40 mm haben.

Wenn aber der günstigeren Schildform allgemein ein geringerer Kraftbedarf zuzuschreiben ist, so erklärt diese aber dennoch nicht vollständig befriedigend die gewaltigen Unterschiede in den Schildformen, die für die Evolvente I nur halb so große Werte ergeben wie für die beiden Vergleichsformen. Dieses Rätsel wird nun durch die Schildfüllung gelöst, denn hier zeigt es sich, daß die Schildfüllung für die Evolvente I sehr viel kleiner ist als für die anderen beiden Profile. Man kann dabei mit Unterschieden i.M. zwischen 25 und 40 % rechnen. Wie erklärt sich nun diese kleine Schildfüllung, obwohl doch sämtliche Versuchsbedingungen die gleichen geblieben sind?

Wie schon im Anfang erwähnt, gelingt es nicht, durch Walzen die Krümelstruktur des Bodens vollständig zu beseitigen, so daß bei dem erzielten mittleren Trockenraumgewicht γ_c = 1,68 der Boden nicht genau die in der Natur vorhandenen Verhältnisse wiedergibt.

Bei den Planierschilden mit großem Schnittwinkel (Parabel δ = 60°, Evolvente II = 50°) wölben die Schilder den Boden vor sich auf. Der vom Planierschild auf den Boden abgegebene Druck verformt den Boden so, wie es etwa eine vertikale Wand tun würde, die man gegen einen Stoff mit großem Formänderungsvermögen vortreibt. Ehe es zu einem Bruch kommt, tritt vorher eine große Verformung auf, die den Boden hochquellen läßt. Gegenüber diesem hochgequollenen Boden bleibt die Tiefenlage der Schneidkante des Planierschildes konstant, d.h. die Spandicke ist in Wirklichkeit sehr viel größer. Entsprechend der größeren Spandicke entsteht auch eine größere Schildfüllung. Um die Erscheinung auch im Versuch nachzuprüfen, wurde bei einem Parabelprofil nach Beendigung des Versuchs der transportierte Boden weggeräumt und dann der stehengebliebene Boden nachgemessen. Dabei ergaben sich Aufwölbungen von 10 bis 15 mm, teilweise sogar 20 mm, d.h. bei einer ursprünglichen Spandicke von 40 mm eine 25 bis 50-prozentige Zunahme. Nimmt man dann noch die unter dem Einfluß der Reibung entstehende Stauchung des abgetrennten Spans hinzu, so kann man verstehen, daß es, wie in Abbildung 6ob, zu einer Spandicke nach dem Versuch von 70 mm kommt.

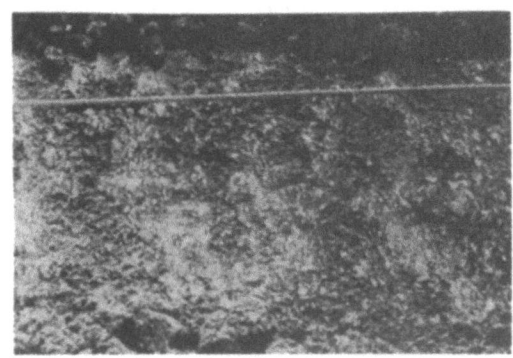
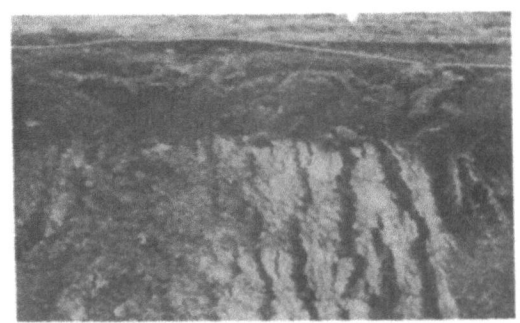

Abbildung 62a
Bahnoberfläche nach Abschälen des Bodenspans ($\delta = 22°$)

Abbildung 62b
Bahnoberfläche nach Abschälen des Bodenspans ($\delta = 60°$)

Die Abbildungen 62a und 62b zeigen nun sehr gut, wie die Bahn nach dem Versuch aussieht, wenn einmal mit einem Schnittwinkel $\delta = 22°$ und im anderen Falle mit $\delta = 60°$ gearbeitet wird. Im ersten Fall ist die Bahn beinahe vollständig glatt, der Boden nur wenig aufgerissen, im zweiten Fall aber wird unter dem Einfluß des großen Schnittwinkels der Boden vor dem Schild so zusammengepreßt, daß der noch nicht zerspante Boden vor der Schneidkante von dem zerspanten hinter der Schneidkante durch einen Vertikalriß abgetrennt wird. Das Bodengefüge wird dabei vollständig aufgelockert.

8.45 Zusammenfassung der Versuche mit Planierschilden in schwach bindigem sandigen Schluff

1. Die kleinsten Kräfte treten bei dem Neigungswinkel der Schildachse $\varepsilon = -15°$ auf.

2. Im Gegensatz zum Sandboden hat das Evolventenprofil I sich hier als besonders geeignet erwiesen. Seine Werte lagen um 50 % unter denen der anderen beiden Planierschilde.

3. Um ein Minimum an erforderlicher Hauptschnittkraft zu erreichen, muß der Übergang des abgetrennten Spans vom Boden auf das Schild allmählich erfolgen, d.h. der Schnittwinkel muß möglichst klein gehalten werden.

4. Die größte Schildfüllung wurde beim Parabelprofil erreicht. Sie lag um 10 bis 30 % über der Evolvente II und 30 bis 70 % über der Evolvente I.

5. Wegen des geringen Schnittwinkels ist die Evolvente gegenüber Änderungen des Neigungswinkels verhältnismäßig unempfindlich.

6. Das Schild darf nach der Oberkante nicht zu sehr gekrümmt sein, da hierdurch der freie Ablauf des Bodens gestört wird.

7. Es ist vorteilhafter mit einem breiten niedrigen Schild zu arbeiten, das je m Schildbreite nur eine geringe Schildfüllung aufweist, als mit einem schmalen hohen Planierschild mit großer Füllung. Dadurch braucht der abgetrennte Span nicht so hoch gehoben werden, wodurch sich die Hubarbeit verringert. Außerdem liegt der Boden auch nicht vollständig am Schild an, sondern löst sich in seinem oberen Bereich von ihm ab, so daß die Reibung dort entfällt (Abb. 63). Das breite niedrige Schwenkschild ist also für Schürfen von Schluff oder Sandboden vorzuziehen.

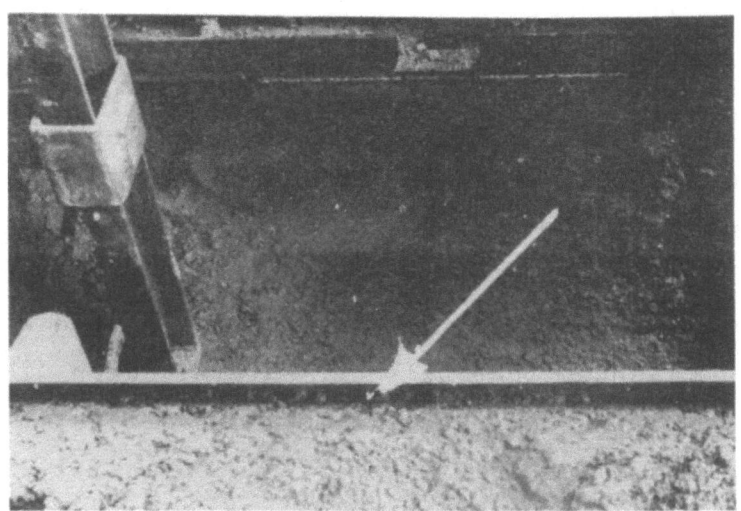

Abbildung 63
Evolventenprofil I a = 30 mm
(Der Bodenspan liegt oben am Schild nicht mehr an)

8. Durch das Untersuchungsergebnis, daß die Evolvente I die optimale Schildform ist, wird die von der Firma Allis-Chalmers und von KÜHN [10, 11], vertretene Meinung bestätigt, daß ein Schild mit C-Profil die auf die Einheit der Schildfüllung bezogene geringste erforderliche Motorleistung benötigt, und daß ein Planierschildprofil so gestaltet sein muß, daß ein kontinuierlicher Verlauf der Schildkrümmung vorhanden ist.

Allerdings kann sich der Verfasser auf Grund seiner Untersuchungen nicht der von KÜHN vertretenen Meinung anschließen, daß sich der Boden wie eine zähe Flüssigkeit verhält, da dem Boden die dazu notwendigen physikalischen Voraussetzungen, nämlich die freie gegenseitige Verschieblichkeit der Bausteine (Moleküle, Atome) fehlen. Die auch bei den vorliegenden Versuchen stets beobachtete Tatsache des Absetzens von Boden in Riffelungen oder plötzlichen Vertiefungen der Schildoberfläche ist dadurch zu erklären, daß der sich am Schild hochschiebende Bodenspan eine gewisse Festigkeit besitzt und nicht ohne weiteres plötzlichen Krümmungsveränderungen folgt. Der dadurch zwischen Schild- und Spanoberfläche plötzlich entstehende Hohlraum setzt sich ganz natürlich mit feinen abgeriebenen Bodenteilchen zu, bis ein verbessertes Schildprofil vorhanden ist.

Von einer Verwirbelung oder einem Abreißen einer Strömung in solchen "toten Räumen" und einem sich daraus ergebenden hohen Füllwiderstand kann man nicht sprechen, da sich der Bodenspan nach wie vor ohne Auflösen am Schild hochschiebt. Allerdings bewirkt die vorhandene Bodenablagerung eine Vergrößerung der Reibung und eine Verzögerung der Randzone des Bodenspans, so daß sich eine einmal gestörte Stelle leicht vergrößert.

9. Wenn ab und zu behauptet wird, daß es sich beim Zerspanen von bindigem Boden mit Hilfe eines Planierschildes oder eines Schneidmessers mit den sich daran anschließenden Bodenbewegungen um einen rheologischen Vorgang handelt, so ist dazu zu bemerken, daß die Rheologie eine Wissenschaft ist, die sich mit Fließvorgängen innerhalb der Materie durch die gegenseitige Verschiebung der Bausteine (Moleküle, Atome) gewährleistet sein muß. Das ist beim Boden offensichtlich nicht der Fall. Wohl spielt aber die Plastizität des Bodens bei der Verformbarkeit des Spans eine Rolle, da z.B. Schluff mit hohem Wassergehalt sehr viel leichter verformbar ist, als der gleiche Boden mit niedrigem Wassergehalt. Nur insofern ist es vielleicht angebracht, bei der Betrachtung der Verschieblichkeit der feinsten Bodenteilchen im abgeschälten Span gegeneinander, von einer rheologischen Seite des Problems zu sprechen [2], [15], [29].

Der hier beobachtete Fließvorgang des Bodens vor dem Schneidwerkzeug nach der Zerspanung ist eine Bewegung der Materie, die allein durch die Form des Schneidwerkzeuges bestimmt ist und nicht durch irgendwelche Wechselwirkungen zwischen den Bausteinen des zu verformenden Materials. Der Vorgang stellt also ein Problem der Mechanik dar. Ein analoger Vorgang ist z.B. das Zutalbringen von gefällten Baumstämmen in einer Felsrinne, wie man es im Hochgebirge beobachten kann. Auch hier ist der glatte Ablauf

Forschungsberichte des Wirtschafts- und Verkehrsministeriums Nordrhein-Westfalen

des "Fließvorganges" ohne Zweifel von der Form der Felsrinne abhängig. Von einem rheologischen Vorgang läßt sich aber ebensowenig wie im vorliegenden Fall der Bodenbewegung sprechen.

9. Ergänzungsversuche

Im Anschluß an die unter 7. und 8. aufgeführten Hauptversuche führte der Verfasser mit dem Planierschild mit Evolventenprofil I eine abschließende Versuchsserie durch, in der eine andere Schildauskleidung und ein höherer Wassergehalt verwendet wurden. Die Geschwindigkeiten betrugen hierbei v = 1 km/h und v = 2 km/h, der Neigungswinkel der Schildachse 0 und - 15°. Als Schildauskleidung wurde ein Aluminiumblech auf das Planierschild genietet (Abb. 64), die Schneidkante jedoch in Stahl ausgeführt. Diese Aluminiumauskleidung wurde gewählt, da frühere Versuche von LOEBELL ergeben hatten, daß bei bindigen Bodenarten die Auskleidung von Muldenkippen mit Aluminium eine Herabsetzung der Reibung zwischen Boden und Wagenwandung zur Folge hatte, wodurch sich die Wagen leichter entleeren ließen. Um eine Vergleichsmöglichkeit zu haben, sind in Abbildung 66a-f zwei Wassergehalte gegenübergestellt, und zwar die normale Feuchtigkeit mit w = 16,0, - 16,3 und eine 2,5 % höhere Feuchtigkeit w = 18,7 - 18,9 %.

A b b i l d u n g 64
Planierschild mit Aluminiumauskleidung

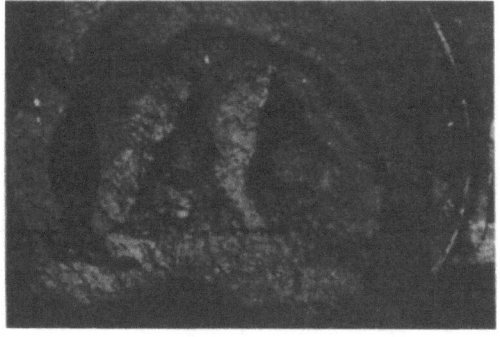

A b b i l d u n g 65
Bodenrolle

Wie schon unter 8.3 bei den Modellversuchen mit Planierschilden erwähnt, neigt der Boden bei leicht erhöhtem Wassergehalt wegen seiner geringen Plastizitätszahl (Pl = 6,5) dazu, schnell plastisch zu werden, so daß die Krümelstruktur verloren geht und der abgeschälte Bodenspan nicht zerfällt, sondern eine Bodenrolle vor dem Schild (Abb. 65) entsteht. Diese Bodenrolle nimmt ständig an Größe zu und entsprechend steigen auch die Kräfte an. Einen Beharrungszustand, wie er für eine genaue Auswertung der Diagramme vorhanden sein muß, erhält man nicht. Es wurde also den Messungen die letzte Kraftspitze zugrunde gelegt, so daß die Werte mit gewissen Fehlern behaftet sein werden. Um aber ein gewisses Vergleichsmaß zu besitzen, ist auf jeder Zeichnung der Schürfweg angegeben, so daß sich die Werte vergleichen lassen, die den gleichen Schürfweg besitzen.

9.1 Planierschild mit Aluminiumauskleidung

9.11 Die Rückkraftkomponenten

Beim normalen Wassergehalt und beim normalen Schürfweg liegen die Kräfte außerordentlich viel höher als beim Stahl. Es ist bei P_{43} ein Zuwachs von 90 % bei v = 1 km/h und a = 40 mm, von 50 % bei v = 1 km/h und a = 30 mm und von 110 % bei v = 2 km/h und a = 30 mm festzustellen. Für P_{41} und P_{42} liegen diese Werte entsprechend bei 40, 25 und 90 %.

Sehr viel höher werden aber die Rückkraftkomponenten für w = 18,9 %. Ihnen sind die entsprechenden Stahlwerte gegenübergestellt, allerdings bei verschiedenen Schürfwegen. Aus der Abbildung 66e ergibt sich, daß die Schildfüllung etwa die gleiche ist, so daß auch die Kräfte vergleichbar sein müssen. Die Kräfte für die Aluminiumauskleidung nehmen hier ebenfalls zu, und zwar um etwa 90 % bis 180 %. Sie liegen ganz beträchtlich über den Stahlwerten für den gleichen Wassergehalt (w = 18,7 %), obwohl beim Stahl der Schürfweg länger und entsprechend die Schildfüllung erheblich größer ist. Aus diesen beiden Versuchsreihen für w = 16,0 und 18,9 % läßt sich einwandfrei erkennen, daß bei Aluminium die Reibung zwischen Boden und Schild so groß wird, daß die Vertikalkräfte, die diese Reibung überwinden müssen, um 50 bis 100 % zunehmen. Diese prozentualen Zunahmen wirken sich umso mehr aus, je größer die Spandicke und je höher die Geschwindigkeit ist.

9.12 Die Hauptschnittkraft P_1 und die Rückkraft P_4

Auch bei den Hauptschnittkräften (Abb. 66b) ergibt sich ein ähnliches Bild, wie es von den Rückkraftkomponenten her dem Betrachter geläufig war.

Die Kraftsteigerungen gegenüber den vergleichbaren Stahlwerten betragen beim Wassergehalt w = 16,0 %, in der Zeichnung von links nach rechts

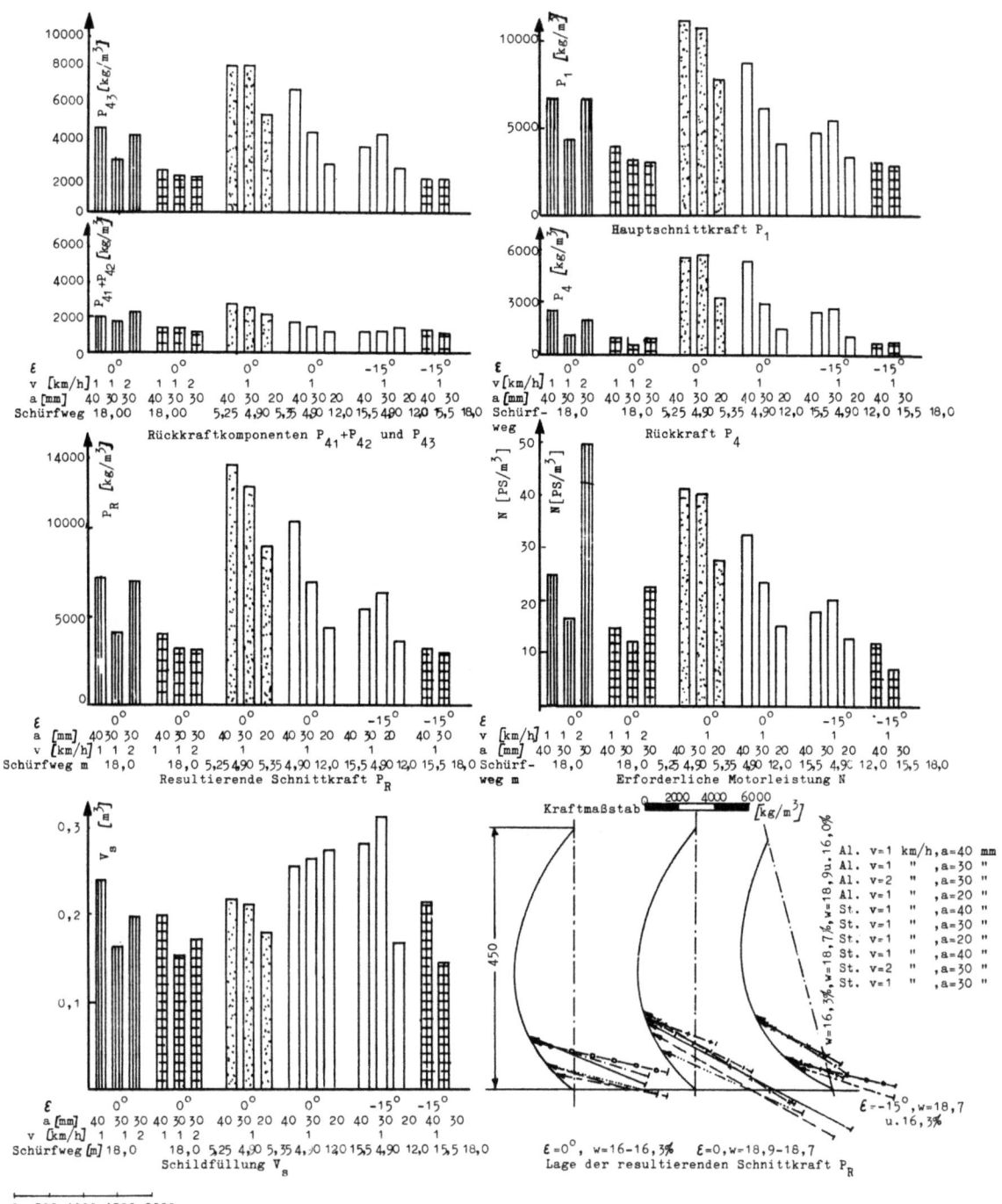

Abbildung 66a-f

Planierschild mit Evolventenprofil I mit Aluminium- und Stahloberfläche bei normalem und erhöhtem Wassergehalt

■ Aluminium, w=18,9 %
▨   "   , w=16,0 %
☐ Stahl   , w=18,7 %
⊞   "   , w=16,3 %

Schildbreite 1000 mm, Schildhöhe 450 mm,   Versuchsboden: schw.bind.sand. Schluff
mittl. Wassergehalt w_1=16,0 u. 16,3 % w_2=18,7 und 18,9 %
mittl. Trockenraumgew. γ_{t1}= 1,59 γ_{t2}= 1,62; Nadelwiderstand N_{w1} = 27,9 kg/cm^2
mittl. Porenvolumen n_1=40,5 n_2=39,5%; Nadelwiderstand N_{w2} = 22,2 kg/cm^2

gehend, 70 %, 35 % und 110 %, also in der Größenordnung, wie wir es schon bei P_{43} erlebt hatten.

Eine Steigerung des Wassergehaltes um 2,9 % auf 18,9 % ergab für a = 40 mm eine Vergrößerung von P_1 um 60 %, für a = 30 mm um 150 %. In diesem großen Zuwachs drückt sich teilweise aus, daß für a = 30 mm die Schildfüllung größer geworden war, da der Boden nun nicht mehr abfloß, sondern in der großen Rolle vor dem Schild kontinuierlich zunahm.

Die Bildung einer Bodenrolle resultiert bekanntlich aus der Verbesserung des Bodengefüges, mit dem sich dadurch ergebenden Trennwiderstand und dem vergrößerten Widerstand gegen Verformung. Außerdem wies der abgetrennte Span eine vollkommen glatte Oberfläche auf, während sich sonst die Krümmelstruktur in zahlreichen kleinen Hohlräumen auswirkte. Der Boden lag also am Schild überall an und hatte eine vergrößerte Reibungsfläche. Wir können aber erkennen, wie günstig sich auch hier ein Schürfen in dünnen Schichten auswirkt, da sich bei etwa gleichen Schürfwegen für w = 18,9 % bei einer Verkleinerung der Spandicke von 40 auf 30 und 20 mm P_1 um 30 und 35 % vermindert. Man kann also selbst bei Boden mit hohem Schürfwiderstand noch immer eine niedrige Hauptschnittkraft erhalten, wenn man einen entsprechend dünnen Span abschält und die kleinere Schildfüllung durch ein breiteres Schild ausgleicht.

Bei den Versuchen waren alle Späne mit der am Schild anliegenden Seite mit einem dünnen schwarzen Aluminiumüberzug versehen, den der Boden während des Gleitweges abgerieben hatte. Selbst dort, wo der Boden nur am Schild entlangglitt, besteht ein großer Verschleiß. Es ist also für die Leitfläche des Planierschildes eine große Oberflächenhärte zu fordern.

Vergleicht man nun aber den notwendigen Kraftaufwand mit den für Stahl bei gleichem Wassergehalt (w = 18,7 %) erhaltenen Werten, so erkennt der Betrachter ein ähnliches Bild wie bei w = 16,3 %. Der Stahl ergibt bei erheblich größeren Schildfüllungen bis zu 50 % niedrigere Hauptschnittkräfte. Es ist also sehr wichtig, die für die Planierschilde verwendeten Werkstoffe einer genauen Untersuchung auf den Reibungskoeffizienten gegenüber den verschiedenen Bodenarten zu unterziehen.

An dieser Stelle sei auf die Elektroosmose hingewiesen, bei der durch Anlegen der Kathode an einen leitfähigen Körper an diesem Wasser ausgeschieden wird, das als Schmierfilm wirken kann. Diese Erscheinung macht man sich z.B. bei der Drainage von Baugründen oder beim Einrammen von Spundbohlen im Boden zunutze. Untersuchungen von WEBER [28] an landwirtschaftlichen Pflügen, ergaben, daß bei 110 V bei einer Geschwindigkeit von 17 cm/s der Reibungskoeffizient zwischen Stahl und Boden von 0,82 auf 0,50 herabgesetzt wurde. In Abbildung 67a und 67b sind einige seiner Ergebnisse festgehalten. WEBER stellt fest, daß die beim Pflügen erzielte Zugkraftverminderung wesentlich größer war als die Mehrleistung, die für die Stromerzeugung aufgebracht werden mußte.

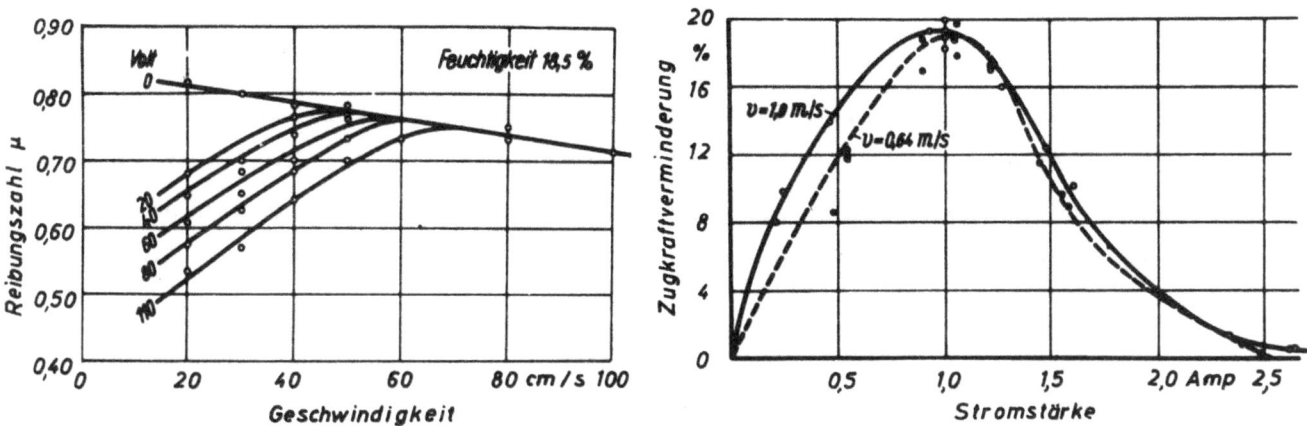

A b b i l d u n g 67a
Verminderung der Reibung zwischen Stahl und Boden durch Elektroosmose (nach WEBER)

A b b i l d u n g 67b
Zugkraftverminderung beim Pflügen durch Anlegen einer Spannung zwischen Schar u. Sech (Nach WEBER)

Bei der Rückkraft P_4 fällt auf, daß bei dem höheren Feuchtigkeitsgehalt die Rückkraft etwa die Hälfte der Hauptschnittkraft beträgt, und zwar sowohl für Stahl als auch für Aluminium. Diese Erhöhung der Vertikalkraft sagt aus, daß die nach unten gerichteten Kräfte, die dem Hochdringen des Spanes am Schild einen Widerstand entgegensetzen - also in diesem Falle die Reibung zwischen Boden und Schild - sich in einem stärkeren Maße vergrößert haben als bei normalem Feuchtigkeitsgehalt, wo sie nur $P_1/3$ bis $P_1/4$ betragen.

9.13 Die resultierende Schnittkraft

Die in Abbildung 66c dargestellte Resultierende P_R zeigt die gleichen Merkmale wie P_1 und P_4, aus denen sie durch geometrische Addition entstanden ist. Bei w = 18,7 - 18,9 % sehen wir, daß bei Aluminium P_R

besonders groß wird, da P_4 über den normalen Anteil von P_1 erheblich hinausgeht. Hier liegen diese Werte um 100 - 200 % über den vergleichbaren bei normalem Wassergehalt.

9.14 Die erforderliche Motorleistung

Mit Ausnahme der Werte für v = 2 km/h haben alle anderen das gleiche Verhältnis wie bei P_1. Immerhin erkennt man, daß man bei Stahl für das rückwärts geneigte Planierschild auch bei recht schwierigem Boden mit Leistungen von 15 - 20 PS/m^3 bewegten Boden auskommen kann.

Ein ungünstiger Schildwerkstoff hingegen erfordert Leistungen von 30 bis 40 PS. Auch das Herausfallen des 2 km/h-Wertes führt vor Augen, daß die eigentliche Grabarbeit bei niedriger Geschwindigkeit durchgeführt werden soll, damit beim anschließenden Transport, der entsprechend weniger Arbeit erfordert, durch die höhere Geschwindigkeit der Motor gleichbleibend ausgenutzt wird.

9.15 Die Schildfüllung

Die Abbildung 66c (S. 109) bringt zunächst als Überraschung, daß bei normalem Wassergehalt die Schildfüllung bei Aluminiumbelag größer wird als bei Stahl. Diese Erscheinung wird sofort durch Abbildung 68a und 68b erklärt. Wir sehen in Abbildung 68b, daß hier die Dicke des abgetrennten Spans kaum verändert ist. Sie beträgt etwa 60, 50 und 30 mm, obwohl dieser Boden am normalen Schneidprozeß teilnahm, bis er fotografiert wurde, d.h. Abtrennen, Hochsteigen am Schild und Mitnahme in der Bodenrolle. Demgegenüber ergeben die Bodenspäne, die am Aluminumblech hochwanderten, ganz erhebliche Verformungen. Statt der vorher vorhandenen Spandicke 40, 30 und 20 mm sind jetzt 100, 80 und 50 mm vorhanden. Diese Stauchung ergibt sich aus der äußerst hohen Reibung zwischen Schild und Boden, unter deren Einfluß der Span auf das Zweieinhalbfache seines ursprünglich vorhandenen Querschnittes gebracht wird.

Ein ähnlicher Vorgang spielt sich nun auch bei w = 16,0 % ab. Der abgetrennte Bodenspan wird ebenfalls unter dem Einfluß der Reibung zusammengedrückt und verformt. Er erhält so eine sehr feste Struktur. Infolgedessen zerkrümelt er nicht sofort, sondern bleibt länger als normal erhalten und bildet große Bodenschollen. Diese großen Schollen fließen nicht so schnell seitlich ab, wie das bei der Stahloberfläche der Fall ist. Daß

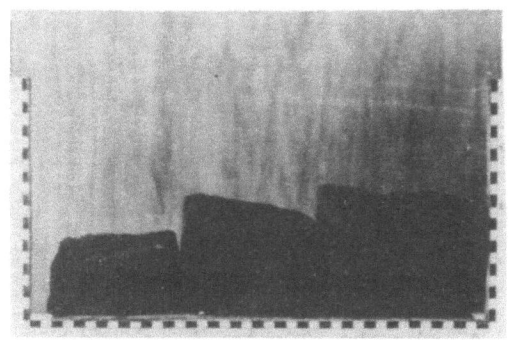 

Abbildung 68a
Planierschild mit Aluminiumblechbelag, Bodenspäne für a = 40 mm, 30 mm, 20 mm bei w = 18,9 % v = 1 km/h

Abbildung 68b
Planierschild mit Stahloberfläche. Bodenspäne für a = 40 mm, 30 mm, 20 mm bei w = 18,7 % v = 1 km/h

bei Aluminium bei großer Feuchtigkeit keine größere Schildfüllung vorhanden ist, liegt an dem kurzen Schürfweg. Die für höhere Feuchtigkeit bei Stahl vorhandene etwas größere Schildfüllung läßt sich wegen des gleichen Schürfweges nur aus Meßungenauigkeiten erklären. Da in beiden Fällen kein Boden zur Seite abfließt, müßte nach gleichem Schürfweg auch die Schildfüllung gleich sein. Bei 30 und 20 mm aber sind die Schürfwege unterschiedlich, so daß hier V_s verschiedene Werte annimmt.

9.16 Die Lage der resultierenden Schnittkraft

P_R zeichnet sich hier für Aluminium in keiner Weise besonders aus gegenüber Stahl. Es greift an der gleichen Stelle wie P_R für Stahl an. Damit wird das schon früher gefundene Gesetz bestätigt, daß nur bei Sandboden, bei dem die Kräfte sehr viel kleiner sind, die Resultierenden etwa im Schwerpunkt des transportierten Sandhaufens am Schild angreifen. Bei den schweren Bodenarten werden sie immer in Nähe des Punktes angreifen, an dem die Kräfte sich konzentrieren, nämlich im unteren Viertel des Schildes. Dort vereinigen sich der Trennwiderstand und auch die Resultierende aller Reibungskräfte, da die Reibung im Schildunterteil am größten ist wegen des hier vorhandenen maximalen Bodendruckes auf das Schild. Über den Verlauf der Kräfte läßt sich sagen, daß i.a. die Kräfte mit größerer Spandicke und Geschwindigkeit höher angreifen als die mit kleiner Spandicke und kleiner Geschwindigkeit. Der Schildbelag wirkt sich auf den Angriffspunkt nicht aus.

Forschungsberichte des Wirtschafts- und Verkehrsministeriums Nordrhein-Westfalen

9.17 Folgerungen

1. Ein Belag aus Aluminiumblech ist wegen der höheren Reibung infolge der Adhäsion zwischen Aluminium und Boden als Belag abzulehnen.

2. Es findet gegenüber einer Stahloberfläche bei normaler Feuchtigkeit eine Zunahme der Hauptschnittkraft um 35 bis 110 %, bei höherer Feuchtigkeit um 60 bis 150 % statt.

3. Da die Reibungskräfte sehr groß werden, nehmen die Rückkräfte stärker als normal zu.

4. Bei normalem Boden vergrößert sich die Schildfüllung, da der Boden zusammengepreßt wird und einen besseren Zusammenhang bekommt. Die Spanstauchung steigt bis auf 250 % an.

5. Die höhere Feuchtigkeit wirkt sich beim Aluminium im Entstehen einer Bodenrolle aus.

9.2 Planierschild mit Evolventenprofil I - Erhöhung des Wassergehaltes

9.21 Allgemeines

In den gleichen Abbildungen 66a bis f (Seite 109) ist auch der Einfluß des Wassergehaltes auf ein normales Planierschild festgehalten. Da viele der Ergebnisse des Abschnittes 9.1 auf diesen Vorgang ebenfalls zutreffen, sei dieser hier nur in kurzen Zügen beschrieben.

Es zeigt sich zunächst einmal wieder die in den Abbildungen 56 und 65 dargestellte Bodenrolle, die die Schnittkräfte immer größer werden läßt; eine exakte Vergleichsmöglichkeit ist damit nicht vorhanden, da der zur Auswertung notwendige konstante Bereich fehlt. Betrachtet man aber die Spitzenwerte, so kann man sagen:

Gegenüber dem normalen Wassergehalt nehmen die Rückkräfte ganz erheblich zu, und zwar bei P_{43} und 120 bis 180 % für $\varepsilon = 0°$ und 40 bzw. 30 mm Spandicke. Bei $-15°$ ist die Zunahme mit 90 bzw. 120 % nicht ganz so groß. Die vorne gelegenen Rückkraftkomponenten werden weniger verändert.

Die Hauptschnittkraft P_1 (Abb. 66b) wächst bei $0°$ mit 120 bzw. 90 % ebenfalls recht erheblich an, wobei allerdings darauf hingewiesen werden muß, daß V_s sich auch vergrößert. Die Zunahme der Schildfüllung beträgt 19 und 70 %. Immerhin kann man damit rechnen, daß ein nur um etwa 2,5 % vergrößerter Feuchtigkeitsgehalt die Hauptschnittkraft verdoppelt. Bei 30 mm

Spandicke nimmt P_1 um 90 %, V_s dagegen um 70 % zu. Hier wäre also durch den Einfluß des Feuchtigkeitsgehaltes schätzungsweise eine Zunahme der Hauptschnittkraft um die Hälfte zu verzeichnen. Daß P_R als geometrische Addition von P_1 und P_4 ungefähr den gleichen Verlauf hat, ist wohl selbstverständlich.

Die Leistung N bringt dem Betrachter wieder ganz eindringlich ins Bewußtsein, daß für $0°$ bei etwa gleicher Schildfüllung für die drei untersuchten Spandicken (40, 30, 20 mm) die Schnittkräfte um über die Hälfte abnehmen bei Reduzierung von a = 30 mm auf a = 20 mm. Dafür muß eine Verdreifachung des Schürfweges und der Schürfzeit in Kauf genommen werden.

9.22 Die Veränderung des Neigungswinkels

Schließlich sei noch der Einfluß des Neigungswinkels auf die Größe der Kräfte betrachtet, und zwar bei $\varepsilon = 0°$ und $\varepsilon = -15°$. Bei den Rückkraftkomponenten wirkt sich bei $P_{41} + P_{42}$ überhaupt nicht aus, wohl aber bei P_{43}. Die großen Spandicken von 40 mm reagieren sehr empfindlich darauf, während man für 30 mm und 20 mm von einem Gleichbleiben sprechen kann.

Bei der Hauptschnittkraft sieht das Bild ähnlich aus, denn auch hier ist es wieder P_1 für a = 40 mm, wo die Verstellung der Schildneigung um $15°$ nach hinten P_1 um 45 % vermindert. Für die anderen Spandicken macht diese Abnahme nur 20 % aus.

Auffallend ist jedoch, daß die Schildfüllung V_s sich für das nach hinten geneigte Schild bei a = 20 mm gegenüber $\varepsilon = 0°$ um immerhin 40 % verkleinert

Zu der Lage der Angriffspunkte der Resultierenden läßt sich nur die Regel angeben, daß bei $\varepsilon = -15°$ für größeren Feuchtigkeitsgehalt die Angriffspunkte etwas höher liegen, und zwar bei 120 mm gegenüber den sonst vorhandenen 50 mm. Die gleiche Höhe der Angriffspunkte zeigt das senkrecht stehende Schild für w = 18,7 %, während hier für w = 16,3 % die Höhen zwischen 40 und 90 mm liegen.

9.23 Folgerungen

1. Bei Erhöhung des Wassergehaltes um 2,5 bis 3 % ergeben sich außerordentlich große Veränderungen in den Kräften. Diese Zunahmen resultieren teilweise aus der höheren Bodenfestigkeit, da der Boden plastischer und damit verdichtungswilliger wird, teilweise auch auch daraus, daß die Biege- und

Forschungsberichte des Wirtschafts- und Verkehrsministeriums Nordrhein-Westfalen

Bruchfestigkeit eines trockenen Erdbalkens, wie Versuche von KÜHNE-KOENIG [13] zeigten, wesentlich geringer ist, als die eines feuchten. Der feuchte, steife Bodenspan übt auf das Planierschild einen hohen Druck aus, während der trockene leichter zerfällt.

2. Gegenüber dem trockenen Boden macht sich der Anstieg der Hauptschnittkraft P_1 in Abhängigkeit von der Spandicke sehr viel stärker bemerkbar.

3. Der Neigungswinkel der Schildachse übt bei höherem Feuchtigkeitsgehalt einen sehr viel größeren Einfluß auf die Kräfte aus, als bei normaler Feuchtigkeit.

4. Vergleicht man den ungünstigsten Wert ($a = 40$ mm, $\varepsilon = 0°$, $v = 1$ km/h) mit dem günstigsten ($a = 20$ mm, $\varepsilon = -15°$, $v = 1$ km/h), so nimmt die Hauptschnittkraft und damit die erforderliche Leistung um 60 % ab. Daraus ergibt sich die Forderung, bei stärker zusammenhängendem Boden - wie es in der Natur meist der Fall ist - die in den vorhergehenden Abschnitten 7 und 8 empfohlenen Schildformen, Spandicken und Neigungswinkel besonders gut zu beachten.

10. Entwicklung von Formeln für die Hauptschnittkraft

Der Verfasser hat es sich in der vorliegenden Forschungsarbeit zur Aufgabe gemacht, nicht nur die in der Versuchsbahn erhaltenen Ergebnisse genau zu diskutieren und daraus die notwendigen Folgerungen abzuleiten, sondern darüber hinaus für die beiden untersuchten Bodenarten Formeln zu entwickeln, die es ermöglichen, auf Grund einfacher Beziehungen über einen leicht meßbaren Parameter die Hauptschnittkraft annähernd zu ermitteln.

10.1 Das ebene Schneidmesser im Sand

Aus den Modellversuchen und aus den Hauptversuchen kann man erkennen, daß beim Vortrieb des ebenen Schneidmessers, von der Schneidkante ausgehend, eine Scherebene sich durch den Sand ausbildet und dort den Zusammenhang zerstört. Es gleitet ein Bodenkeil nach oben, der teilweise auf dem Schneidmesser ruht und teilweise sich in der Scherebene auf den noch in Ruhe befindlichen Boden abstützt. Das Problem stellt also das Vortreiben einer geneigten Wand gegen einen Bodenkörper dar, wie es aus der Bodenmechanik bekannt ist.

Forschungsberichte des Wirtschafts- und Verkehrsministeriums Nordrhein-Westfalen

Auf die schräge Wand wirkt unter dem Wandreibungswinkel δ der gegen die Senkrechte geneigte Erddruck E_p (Abb. 69). Die Abstützkraft Q auf der Seite der Scherfuge ist unter dem inneren Reibungswinkel ϱ gegen die Senkrechte gerichtet. Die in der Scherfuge wirkende Haftfestigkeit C kann bei Sand gleich Null gesetzt werden und braucht deshalb nicht in das Krafteck einbezogen werden. Da das Gewicht G des Bodenkeils bekannt ist und außerdem die Richtung von E_p und Q, kann die Hauptschnittkraft P_1 berechnet werden. Die Rückkraft P_4 ergibt sich aus der Differenz zwischen dem Spangewicht G und der nach oben gerichteten Komponente P'_4 des Erdwiderstandes E_p. Allerdings ist dabei die Annahme getroffen, daß die Beschleunigungskraft und die seitlich am Schneidrand vorhandenen Gleitkörper als unbedeutend gegenüber P_1 vernachlässigt werden können. Es wird also mit einer sehr langsamen Geschwindigkeit und einem Ausschnitt aus einer unendlich

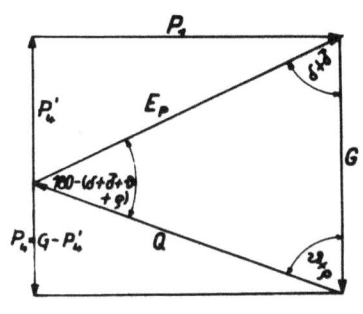 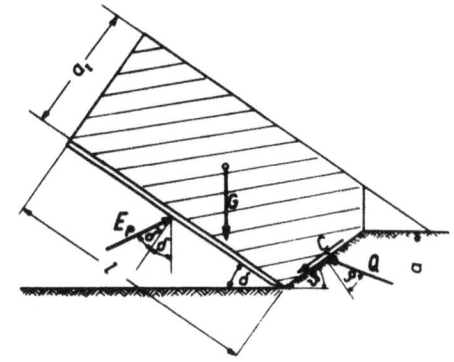

A b b i l d u n g 69
Ebenes Schneidmesser
Hauptschnittkraft P_1

$$E_p = G \frac{\sin (\vartheta + \varrho)}{\sin (\delta + \overline{\delta} + \vartheta + \varrho)}; \quad P_1 = E_p \cdot \cos [90 - \delta - \overline{\delta}] = E_p \cdot \sin (\delta + \overline{\delta})$$

$$P'_4 = G \frac{\cos (\delta + \overline{\delta}) \cdot \sin (\vartheta + \varrho)}{\sin (\vartheta + \varrho + \delta + \overline{\delta})} \qquad P_1 = G \frac{\sin (\delta + \overline{\delta}) \cdot \sin (\vartheta + \varrho)}{\sin (\vartheta + \varrho + \delta + \overline{\delta})}$$

langen Schneide gerechnet; der Einfluß der Beschleunigungskraft wird weiter unten nachgewiesen. Es ist

$$E_p = G \frac{\sin (\vartheta + \varrho)}{\sin (\delta + \overline{\delta} + \vartheta + \varrho)}$$

Ferner ergibt sich $P_1 = E_p \cos [90 - (\delta + \bar{\delta})] = E_p \sin (\delta + \bar{\delta})$

Damit ist

$$P_1 = G \frac{\sin (\vartheta + \varrho) \sin (\bar{\vartheta} + \bar{\varrho})}{\sin (\delta + \bar{\delta} + \vartheta + \varrho)} \quad \text{und}$$

$$P_4' = G \frac{\cos (\delta + \bar{\delta}) \cdot \sin (\bar{\vartheta} + \bar{\varrho})}{\sin (\delta + \bar{\delta} + \bar{\vartheta} + \bar{\varrho})}; \quad P_4 = G - P_4'$$

Aus den vorliegenden Versuchen wurde G ermittelt und P_1 errechnet (Abb.69). Für den Winkel wurde in Abbildung 70a $\varrho_s = 41°$ eingesetzt, also der Scherwinkel, und auf der Abbildung 70b der Gleitwinkel $\varrho = 35°$. Vergleicht man die gemessenen und errechneten Werte miteinander, so erhält man folgende Abweichungen der errechneten von der gemessenen Kraft:

$\varrho = 35°$

v	a	$\delta = 20°$	$\delta = 30°$	$\delta = 45°$
1	50	0 %	− 5 %	+ 8 %
2	50	+ 2 %	− 15 %	− 6 %
1	100	− 27 %	− 24 %	− 18,5 %
2	100	− 28 %	− 32,5 %	− 19 %

$\varrho = 41°$

1	50	+ 30 %	+ 15 %	+ 35 %
2	50	+ 35 %	+ 7,0 %	+ 18 %
1	100	− 11,5%	− 8,0 %	0 %
2	100	− 10,5%	− 18,4 %	− 4 %

Durch den Vortrieb des ebenen Schneidmessers wird dem Boden eine Vertikalbeschleunigung erteilt. Diese läßt sich über den Impulssatz wie folgt berechnen:

$$\bar{B}_2 - \bar{B}_1 = \int_{t_1}^{t_2} \bar{P} \cdot dt \; ; \; \bar{B} = m \cdot \bar{v} \; ; \; \bar{P} = m \bar{b} = \text{Beschleunigungskraft,}$$

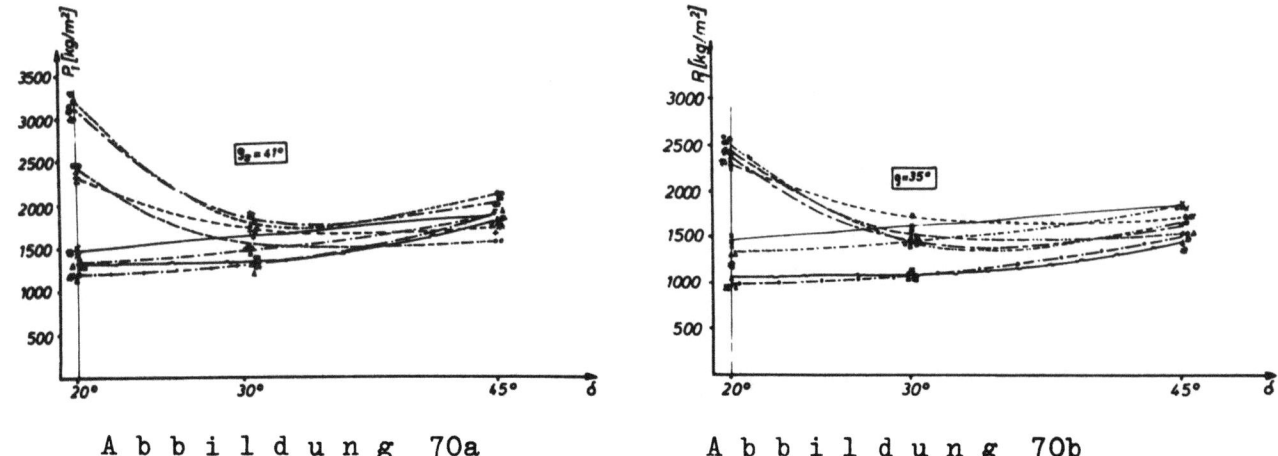

Abbildung 70a   Abbildung 70b

Vergleich der errechneten und gemessenen Hauptschnittkraft

gemessen   berechnet

×————×   ⊠∼∼⊠   v = 2 km/h   a = 100 mm
△—·—·△   ▲·▲·▲   v = 1 km/h   a = 100 mm
+————+   ⊞————⊞   v = 2 km/h   a = 50 mm
○····○   ●····●   v = 1 km/h   a = 50 mm

$$m \bar{v}_2 - m \cdot \bar{v}_1 = P(t_2 - t_1); \quad \bar{v}_2 - \bar{v}_1 = \Delta \bar{v} \quad \text{(Differenz der Hubgeschwindigkeit)}$$

$$P = m \frac{\Delta \bar{v}}{\Delta t}; \quad m = \frac{G}{g};$$

hierin ist $\Delta \bar{v}$ die Differenz der Hubgeschwindigkeit und Δt die Hubzeit. Für das Verhältnis zwischen der Horizontalgeschwindigkeit $\bar{v}$ und der Hubgeschwindigkeit $\bar{v}$ gilt

$$\Delta \bar{v} = v \cdot \text{tg} \, \delta$$

$$\Delta t = \frac{h}{\Delta \bar{v}} = \frac{h}{\bar{v} \cdot \text{tg} \, \delta};$$

$$h = l \cdot \sin \delta$$

Eingesetzt ergibt sich:

$$\bar{P} = \frac{G}{g} \cdot \frac{v \cdot \text{tg} \, \delta \cdot v \cdot \text{tg} \, \delta}{h} = \frac{G}{g} \cdot \frac{v^2 \, \text{tg}^2 \, \delta}{l \cdot \sin \delta}$$

Das Gewicht des Bodens auf dem Schneidmesser ist

$$G = b \cdot a \cdot l \cdot \cos \delta \cdot \gamma \, ;$$

da wir unsere Kräfte stets auf die Flächeneinheit beziehen, ist $b \cdot a = 1$. Damit wird

$$\bar{P} = \frac{\gamma \cdot v^2}{g} \, \mathrm{tg}\, \delta \, ;$$

für $\gamma = 1750$ kg/m^3, $v = \frac{1}{3,6}$ und $\frac{2}{3,6}$ m/s, $g = 9,81$ m/s^2

ergibt sich $\bar{P}_{v=1\,\mathrm{km/h}} = 13,8 \cdot \mathrm{tg}\,\delta$ bzw. $P_{v=2\,\mathrm{km/h}} = 4\, P_{v=1\,\mathrm{km/h}}$

	$v = 1$ km/h	$v = 2$ km/h
20°	5,0 kg/m^2	20 kg/m^2
30°	8,0 kg/m^2	32 kg/m^2
45°	13,8 kg/m^2	55 kg/m^2

(Tabelle: $\bar{P}$)

Der Einfluß von $\bar{P}$ ist also bei niedriger Geschwindigkeit vernachlässigbar. Nicht zu vernachlässigen ist der Einfluß der Verformung des Bodens, der inneren Reibung und der seitlichen Scherflächen. Diese erfassen wir am besten durch einen prozentualen Zuschlag, der für $\varrho = 35°$ bei $a = 100$ mm um etwa 35 % und bei $a = 50$ mm und $v = 2$ km/h 10 % betragen muß. Damit lauten dann die Formeln

$$P_1 = K \cdot G \, \frac{\sin(\delta + \bar{\delta}) \sin(\vartheta + \varrho)}{\sin(\delta + \bar{\delta} + \vartheta + \varrho)}$$

$$K = 1,0 - 1,35$$

Auf eine andere einfache Beziehung, die P_1 und λ zueinander in Beziehung setzt, ist unter 7.21 hingewiesen.

10.2 Die Planierschilde im Sand

Bei den Planierschilden läßt sich der natürliche Vorgang nicht durch eine Formel beschreiben, so daß man die Bodenkonstanten nicht einführen kann, sondern auf einen anderen Parameter übergehen muß.

Aus den Versuchen unter 7.4 ergibt sich, daß ein Zusammenhang zwischen der Hauptschnittkraft und der Schildfüllung bestehen muß.

Es wird also folgende allgemeine Formel verwendet:

$$P_1 = K_1 \cdot V_s, \quad K_1 = f(\varepsilon, a, v, \text{Profilform})$$

Nimmt man nun an, daß sich a und v in der Schildfüllung ausdrücken, so ist $K_1 = f(\varepsilon, \text{Profilform})$. Für diese beiden Veränderlichen erhalten wir unter obiger Annahme für a und v:

	$\varepsilon = -15°$	$\varepsilon = 0°$	$\varepsilon = +10°$
Parabel	10,2 ± 0,65	12,2 ± 1,08	18,1 ± 1,69
Evolvente I	11,0 ± 1.24	12,0 ± 0,54	19,0 ± 0,84
Evolvente II	12,3 ± 0,93	11,0 ± 0,39	17,9 ± 1,62

Der Fehler gibt den bei jedem Einzelwert möglichen Fehler an

$$m = \sqrt{\frac{[v^2]}{n-1}}$$

Im tatsächlich in Frage kommenden Bereich zwischen $-15°$ und $0°$ schwankt K_1 also zwischen 10,2 und 12,3. Um eine allgemeine, leicht zu überblickende Formel zu erhalten, wird als Mittelwert gewählt

$$K_1 = 11,5 \pm 1,09$$

Damit ist die unter 7.45 aufgeführte Faustformel bestätigt. Außer der oben angeführten Berechnung der Hauptschnittkraft mit Hilfe einer auf empirischem Wege gefundenen Formel läßt sich die Hauptschnittkraft noch durch Bestimmung des Erdwiderstandes ermitteln. Wegen der unregelmäßigen Form des vor dem Planierschild liegenden Sandhaufens muß diese Bestimmung auf zeichnerischem Weg durchgeführt werden (Abb. 71a-c). Hierzu sei ein Beispiel angegeben, das in den Abbildungen 71a-c dargestellt ist. Für das Parabelschild wurde bei 100 mm Spandicke und 0° Schildneigungswinkel bei einem Versuch mit v = 1 km/h eine Schildfüllung von 0,209 m³ und eine Hauptschnittkraft P_1 = 2820 kg/m³ gefunden. Hierzu wurde der Erdwiderstand bestimmt, indem das gekrümmte Planierschild durch eine gerade Wand ersetzt

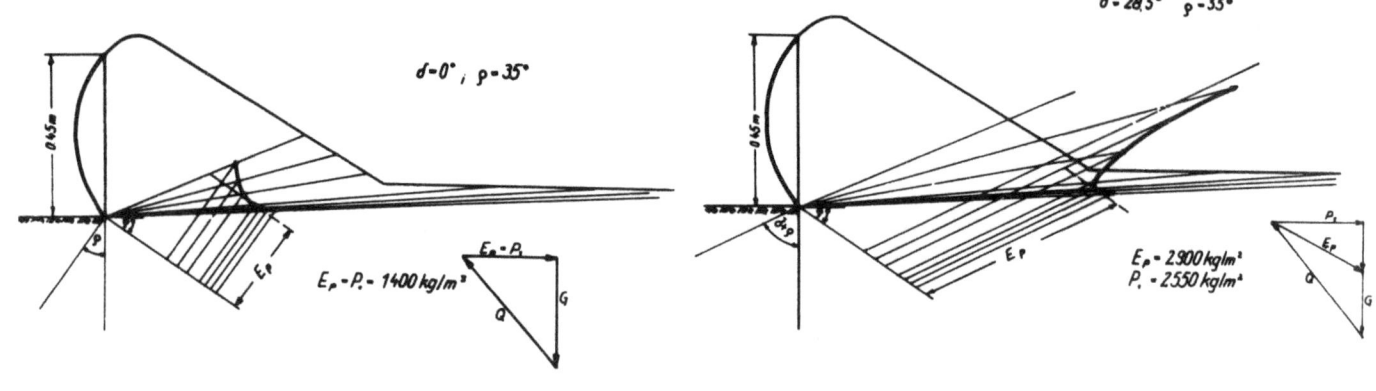

Abbildung 71a
$\rho = 35°$; $\bar{\delta} = 0$

Abbildung 71b
$\rho = 35°$; $\bar{\delta} = 28,5°$

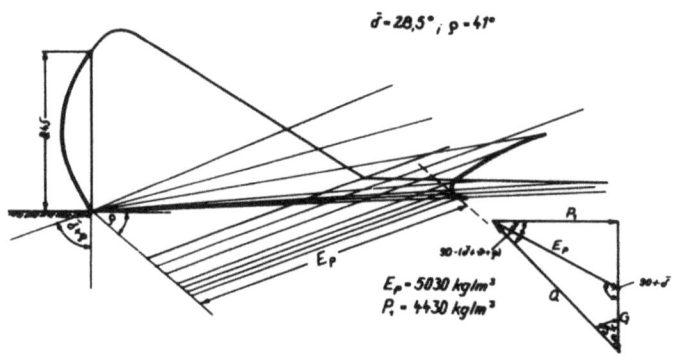

Abbildung 71c
$\rho = 41°$; $\bar{\delta} = 28,5°$

Zeichnerische Ermittlung der Hauptschnittkraft

wurde, die durch die obere und untere Schildspitze verläuft. Der zwischen dieser gedachten Wand und dem Planierschild vorhandene Boden wurde dabei vernachlässigt. Je nach Annahme des Reibungswinkels zwischen dem Sandboden und der gedachten Wand sowie dem Reibungs- oder Scherwinkel des Bodens ergaben sich folgende Werte für den Erdwiderstand und die Hauptschnittkraft:

$\bar{\delta}$	ρ	E_p	$P = E_p \cos\bar{\delta}$
[°]	[°]	[kg/m³]	[kg/m³]
0	35	1400	1400
28,5	35	2900	2550
28,5	41	5030	4430

Berücksichtigt man nun den Reibungswinkel zwischen Wand und Boden, setzt aber $\varrho = 41°$ (Scherwinkel τ_s des Sandbodens), so ergibt sich mit $P_1 = 4430$ kg/m³ ein um 57 % zu großer Wert. Erst durch Einsetzen des Gleitwinkels $\varrho = 35°$ erhalten wir mit $P_1 = 2550$ kg/m³ einen brauchbaren Näherungswert, der um 9,5 % unter dem wirklichen Versuchswert liegt.

10.3 Das ebene Schneidmesser im Schluff

Beim ebenen Schneidmesser sah der Schneidvorgang folgendermaßen aus: Vor der Schneidkante eilte ein Bruchriß voraus, so daß der Zusammenhang nicht durch Abscheren, sondern durch Abreißen zerstört wird. Dieser Vorgang ist etwa mit einem Abreißen einer aufgeklebten Briefmarke zu vergleichen. Auch hier wird nicht etwa der Zusammenhang zwischen Briefumschlag und Briefmarke durch Abscheren, sondern durch Überwindung der Zugfestigkeit zerstört. Der Span wird dabei hochgebogen, verformt und etwas gestaucht.

Die Kraft P_1, die zur Überwindung der Reibung und des Hubes des auf dem Schneidmesser ruhenden Bodenspans sowie zur Zerstörung des Zusammenhanges des Bodens vor der Schneidkante benötigt wird, läßt sich in die beiden Anteile P_1' (Hub und Reibung) und S (Schneidwiderstand) zerlegen.

P_1' läßt sich am besten so berechnen, daß man das Heraufdrücken des auf dem Schneidmesser liegenden Bodens mit dem Gewicht G betrachtet.

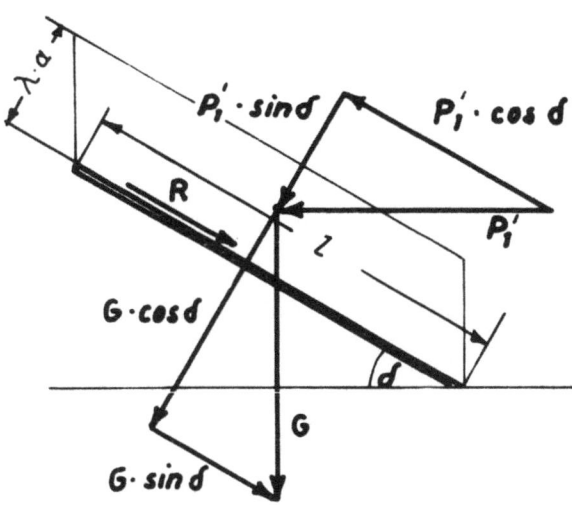

A b b i l d u n g   72

Berechnung des zur Überwindung des Hubes und der Reibung
notwendigen Anteils der Hauptschnittkraft

b = Messerbreite

$$P_1' \cdot \cos \delta = R + G \cdot \sin \delta; \quad R = \mu (P_1' \cdot \sin \delta + G \cdot \cos \delta);$$
$$\mu = \text{tg}\, \bar{\delta}$$

$$P_1' \cdot \cos \delta = \text{tg}\, \bar{\delta} \cdot (P_1' \cdot \sin \delta + G \cdot \cos \delta) + G \cdot \sin \delta$$

$$P_1' = G \frac{\text{tg}\, \delta + \text{tg}\, \bar{\delta}}{1 - \text{tg}\, \delta \cdot \text{tg}\, \bar{\delta}} = G \cdot \text{tg}(\delta + \bar{\delta}); \quad \begin{array}{l} \delta = \text{Schnittwinkel} \\ \bar{\delta} = \text{Reibungswinkel} \end{array}$$

$G = \lambda \cdot a \cdot l \cdot b \cdot \gamma$; auf die Flächeneinheit $F = a \cdot b$

bezogen: $\quad G = \lambda \cdot l \cdot \gamma;$

Es ist: $\lambda = 1{,}3$, $\mu = \text{tg}\, \bar{\delta} = 0{,}55$, $\bar{\delta} = 29°$, $\gamma = 1850$ kg/m³

$$P_1 = 1{,}3 \cdot 1 \cdot \gamma \cdot \text{tg}(\delta + 29)$$

$\delta = 20°$; $l = 0{,}45$ m ; $P_1 = 1250$ kg
$\delta = 30°$; $l = 0{,}308$ m ; $P_1 = 1220$ kg
$\delta = 45°$; $l = 0{,}218$ m ; $P_1 = 1830$ kg

Wie aus Abbildung 73 ersichtlich, ist $P_1 = P_1' + S$. Berechnet man nun P_1', so ergibt sich auf Grund der Versuche, daß $S = P_1 - P_1' = 2/3\, P_1$ ist. Wir erhalten also folgende Formel für P_1:

$$P_1 = G\, \text{tg}(\delta + \bar{\delta}) - 2/3\, P_1, \quad P_1 = 3\, G\, \text{tg}(\bar{\delta} + \delta).$$

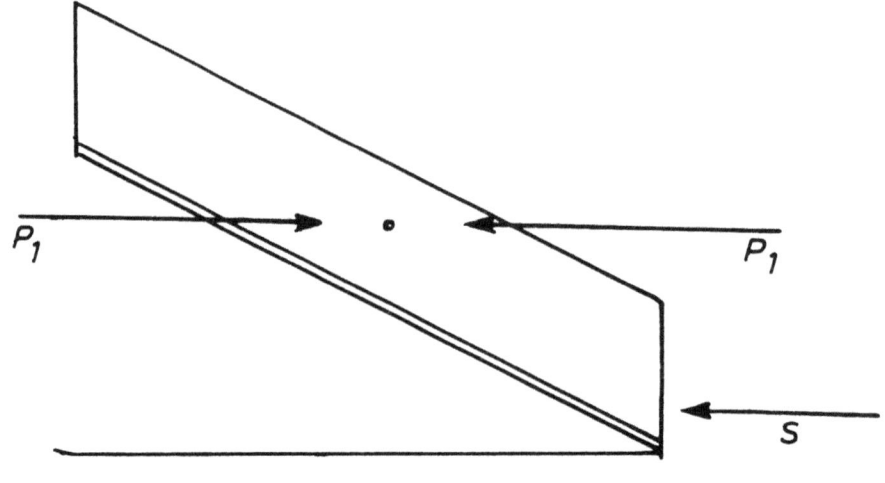

Abbildung 73

Am ebenen Schneidmesser angreifende horizontale Kräfte

Wie nun aus Abbildung 54b ersichtlich ist, fällt bei 20° der Wert für
v = 2 km/h und a = 50 mm, bei 45° der Wert für v = 1 km/h und a = 100 mm
aus dem regelmäßigen Verlauf und berücksichtigt die Spandicken und Geschwindigkeiten durch einen Koeffizienten K_2, so erhält man:

$$P_1 = K_2 \cdot 3 \, G \, tg \, (\delta + \bar{\delta})$$

v	a	K_2
2	50	1,15
1	50	1,08
2	100	1,04
1	100	1,00

10.4 Die Planierschilde im Schluff

Die unter 8.4 durchgeführten Versuche ergaben, daß die Hauptschnittkraft von der Schildfüllung der Schildform und der Neigung der Schildachse abhängig ist.

Will man diese drei Größen in Zusammenhang bringen, so muß bei konstanter Schildfüllung die Formel lauten:

$$P_1 = K_3 \cdot 15 \, V_s + K_4 \cdot (15 - \delta)^n$$

Hierin ist nicht berücksichtigt der Einfluß der Geschwindigkeit und der Spandicke in der Annahme, daß diese sich in V_s auswirken, K_3 und K_4 erfassen die Profilform, n die Abhängigkeit von der Veränderung des Neigungswinkels. V_s und δ lassen sich bei jedem Planierschild schnell messen, wobei V_s mit Hilfe der unter 4.1 entwickelten Formel berechnet wird.

Aus den Versuchen ergaben sich folgende Formkonstanten:

Parabelprofil $\quad K_3$ = 1,02 bis 1,30 i.M. 1,20

$\quad\quad\quad\quad\quad\quad\quad K_4$ = 20,2 bis 40,3 i.M. 30,00

Evolventenprofil I : $\quad K_3$ = 0,96 bis 1,32 i.M. 1,06

$\quad\quad\quad\quad\quad\quad\quad K_4$ = 3,0 bis 8,15 i.M. 5,50

Evolventenprofil II : $\quad K_3$ = 1,50 bis 1,77 i.M. 1,65

$\quad\quad\quad\quad\quad\quad\quad K_4$ = 16,2 bis 41,2 i.M. 30,00

n wurde gleichmäßig zu 7/4 angesetzt, um eine möglichst handliche Formel zu erhalten. Die durch die Vereinfachung für k und c und n auftretenden Fehler betrugen

	$-15°$	$-8°$	$0°$
Parabelprofil	$\pm 11,2\ \%$	$\pm 12\ \%$	$\pm 10,4\ \%$
Evolventenprofil I	$\pm 14,2\ \%$	$\pm 13,5\ \%$	$\pm 8,3\ \%$
Evolventenprofil II	$\pm 7,7\ \%$	$\pm 7,8\ \%$	$\pm 6,4\ \%$

Damit lauten die Formeln für das

Parabelprofil $\qquad P_1 = 1,2 \cdot 15\, V_s + 30 \cdot (15 - \varepsilon)^{\frac{7}{4}}$

Evolventenprofil I $\qquad P_1 = 1,06 \cdot 15\, V_s + 5,5 \cdot (15 - \varepsilon)^{\frac{7}{4}}$

Evolventenprofil II $\qquad P_1 = 1,65 \cdot 15\, V_s + 30 \cdot (15 - \varepsilon)^{\frac{7}{4}}$

Aus diesen Formeln läßt sich ablesen, was die ausführliche Diskussion der Versuche ergab; daß das Evolventenprofil I den niedrigsten Anfangswert besitzt und die Abhängigkeit vom Neigungswinkel nur gering ist. Das Evolventenprofil II dagegen ist äußerst ungünstig, weil der Anfangswert für $\delta = -15°$ sehr hoch liegt und die Zunahme in Abhängigkeit vom Neigungswinkel die gleiche wie bei der Parabel ist. Die Parabel nimmt einen dazwischenliegenden Verlauf an.

11. Praktische Hinweise für die Gestaltung der Flachbagger

Da in den dem Verfasser bekannten Veröffentlichungen nur wenig Klarheit besteht, wie sich der Kraftbegriff auf das Erdbaugerät während des in normalem Boden verlaufenden Schürfvorganges abspielt, soll dieser letzte Abschnitt die dafür notwendigen Grundlagen geben und gleichzeitig einige Vorgänge beim Arbeiten der Erdbaugeräte klären, deren Grund bis jetzt unbekannt war.

Im Rahmen dieser Betrachtungen wird entsprechend den Untersuchungen in der Versuchsbahn nur der Einfluß des Schneidwerkzeuges auf das Erdbaugerät behandelt.

Bei den allgemein üblichen Annahmen wird nach Bosch [3] der Fahrwiderstand w = Rollwiderstand w_R + Luftwiderstand w_L + Steigungswiderstand w_S

gesetzt. Da bei den Erdbaugeräten die Geschwindigkeit beim Schürfvorgang sehr niedrig ist, wird der Luftwiderstand vernachlässigt. Bei horizontalem Geländeverlauf ergibt sich dann

$$W = W_R = f \cdot G \quad \text{kg}$$

W_R greift dabei an der Berührungsfläche zwischen Rad bzw. Raupenfahrwerk und Boden an. Die Antriebskraft ist

$$P = \eta \frac{M \cdot i}{r}$$

M = Motordrehmoment
i = Gesamtübersetzung
r = Treibradhalbmesser
η = Wirkungsgrad der Kraftübertragung

In den Formeln für die einzelnen Erdbaugeräte wirken also auf das Fahrzeug:

1. Die Antriebskraft

Sie sei hier mit H bezeichnet. H greift am Treibrad an.

2. Das Gewicht G

das sich aus dem Eigengewicht G_E und der Nutzlast G_N zusammensetzt.

3. Der Rollwiderstand W_R

der an allen Rädern angreift

4. Die resultierende Schnittkraft P_R am Schneidwerkzeug

die in die Hauptschnittkraft P_1 und die Rückkraft P_4 zerlegt wird.

5. Die Auflagerkräfte A und B an den Achsen

Diese Kräfte müssen sich untereinander im Gleichgewicht befinden. Es gilt:

$\Sigma x = 0 \quad H - P_1 - W_R = 0$
$\Sigma z = 0 \quad A + B - G + P_4 = 0 \quad (P_4$ in Richtung der z-Achse wirkend$)$.

11.1 Die Schürfwagen

Auf Grund der in der vorliegenden Forschungsarbeit gewonnenen Erkenntnisse erhebt sich die Frage, ob nicht die gegenwärtige Bauweise der Schürfwagen verbessert werden könnte. Bei den auf dem Markt befindlichen Konstruktionen drückt sich bekanntlich der abgetrennte Span in den Kübel hinein und schiebt die dort liegende Füllung zusammen oder klettert auf sie hinauf, wenn die zum Zusammenschieben benötigten Reibungskräfte zu groß werden. Dabei stützt sich der abgetrennte Span gewissermaßen auf den unzerspanten Boden ab.

Überschreiten bei einem Boden mit rolliger Struktur, wie es der hier verwendete Mittelsand ist, die im Kübel zu überwindenden Widerstände eine bestimmte kritische Größe, und werden die in Richtung des Erdwiderstandes wirkenden Komponenten dieser Füllwiderstände größer als E_p, so schiebt sich der Boden nicht mehr in den Kübel hinein, sondern häuft sich vor ihm auf. Diese Erscheinung wird oft fälschlich als Stauwelle bezeichnet und mit scheinbar ähnlichen hydrodynamischen Erscheinungen verglichen. Den gleichen Vorgang erhält man aber, wenn eine senkrechte Wand im Sandboden vorgetrieben wird (Abb. 35, Seite 62).

Der Fahrer vergrößert durch Absenken der Schneide die Spandicke und damit auch den Erdwiderstand, so daß der Boden wieder in den Kübel hineingedrückt werden kann. Wie aus 31d ersichtlich, nehmen aber Spandicke und erforderliche Motorleistung im gleichen Maße zu. Der Motor wird überlastet, die Geschwindigkeit sinkt ab und der Fahrer hebt den Kübel sofort an, um ein Abwürgen des Motors zu vermeiden. Dabei steigert sich sofort die Geschwindigkeit wieder. Dieses andauernde Absenken und Anheben mit ständig wechselnder Geschwindigkeit nennt man Pumpen. In Abbildung 74 ist auf einem von HERDING [7] aufgenommenen Tachographenaufschrieb dieser Vorgang einwandfrei zu erkennen.

Auch die für Schluff aufgestellten Diagramme für ebene Schneidmesser lassen sich durch praktische Messungen bestätigen. Wie wir in den Abbildungen 54b und 54d (Seite 91) gesehen hatten, betrug bei einer Spandicke von 50 mm und einer Geschwindigkeit von v = 2 km/h die je m^2 zerspante Querschnittsfläche erforderliche Motorleistung 31,5 PS/m^2 oder, auf den tatsächlich vorhandenen Querschnitt F = 0,05 m^2 umgerechnet, N = 1,57 PS. Für a = 100 mm und v = 1 km/h lag die erforderliche Motorleistung N bei 14 PS/m^2 oder, auf die zerspante Fläche F = 0,1 m^2 umgerechnet, 1,40 PS, d.h. um nur 10 % niedriger als im ersten Fall. Die Schürfstrecke ist für a = 50 mm um 100 % länger als bei a = 100 mm, aber da für a = 50 mm die Geschwindigkeit 100 % höher als bei a = 100 mm liegt, sind die Schürfzeiten einander gleich. Wie erwähnt, differieren die Motorleistungen nur um 10 %. Diese Tatsache, daß es von der erforderlichen Motorleistung her

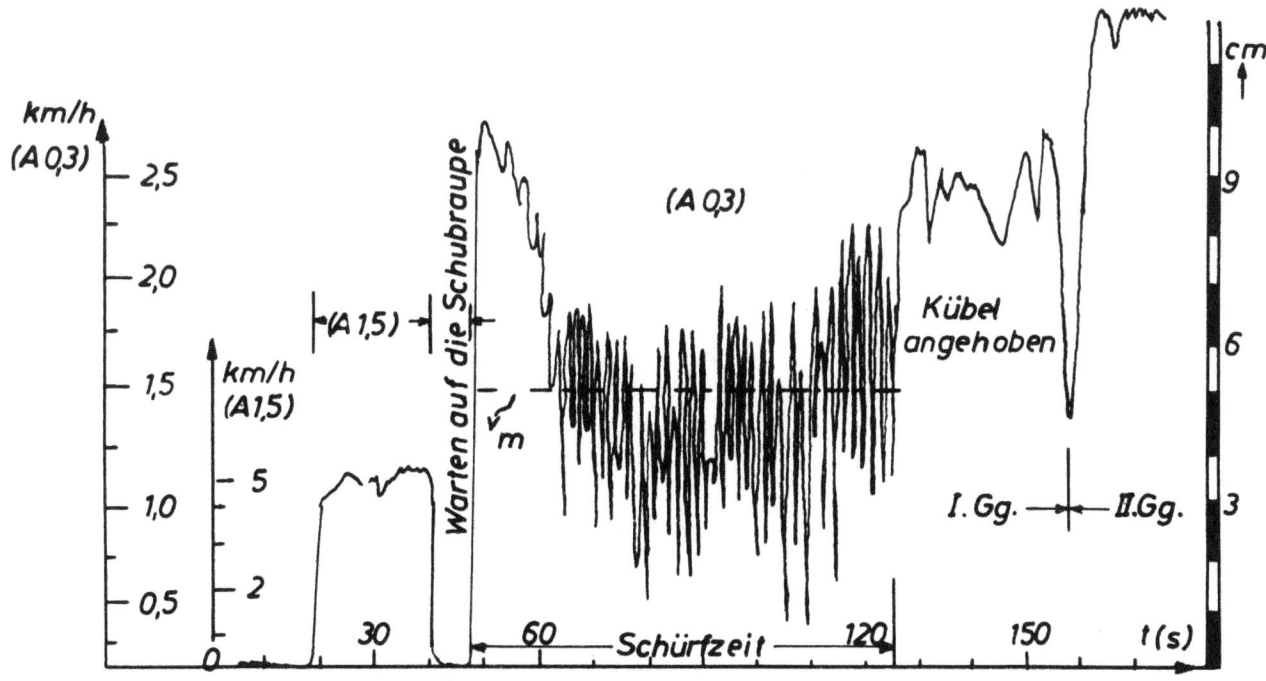

Abbildung 74

Der Ladevorgang beim Schürfen von Sandboden, U = 3 (nach HERDING)

Gerät: Cat DW 21; Schubraupe: Cat D 8

Schürfstrecke: ~32 m

gesehen gleich ist, ob man mit kleiner Spandicke und hoher Geschwindigkeit oder mit großer Spandicke und niedriger Geschwindigkeit arbeitet, zeigt die ebenfalls von HERDING übernommene Abbildung 75 [7]. Bei hoher Geschwindigkeit von 2 km/h und geringer Schürftiefe wurde fast genau die gleiche Schürfzeit erzielt wie für v = 1 km/h und geringe Schürftiefe.

Das beim Schürfen notwendige Pumpen könnte bei gleichzeitiger Herabsetzung der erforderlichen Motorleistung vermieden werden, wenn man wie beim Pflugbagger das Lösen, Laden und Transportieren voneinander trennt und jedem Vorgang das am besten geeignete Gerät zuweist [17].

Lösen — Schneidmesser (Pflugbagger und Schürfwagen)

Laden — Förderband oder Becherwerk mit anschließender Schwerkraftbeförderung (nur bei Pflugbagger)

Transportieren — besondere Erdtransportwagen, die nur für Transportzwecke konstruiert sind (nur beim Pflugbagger)

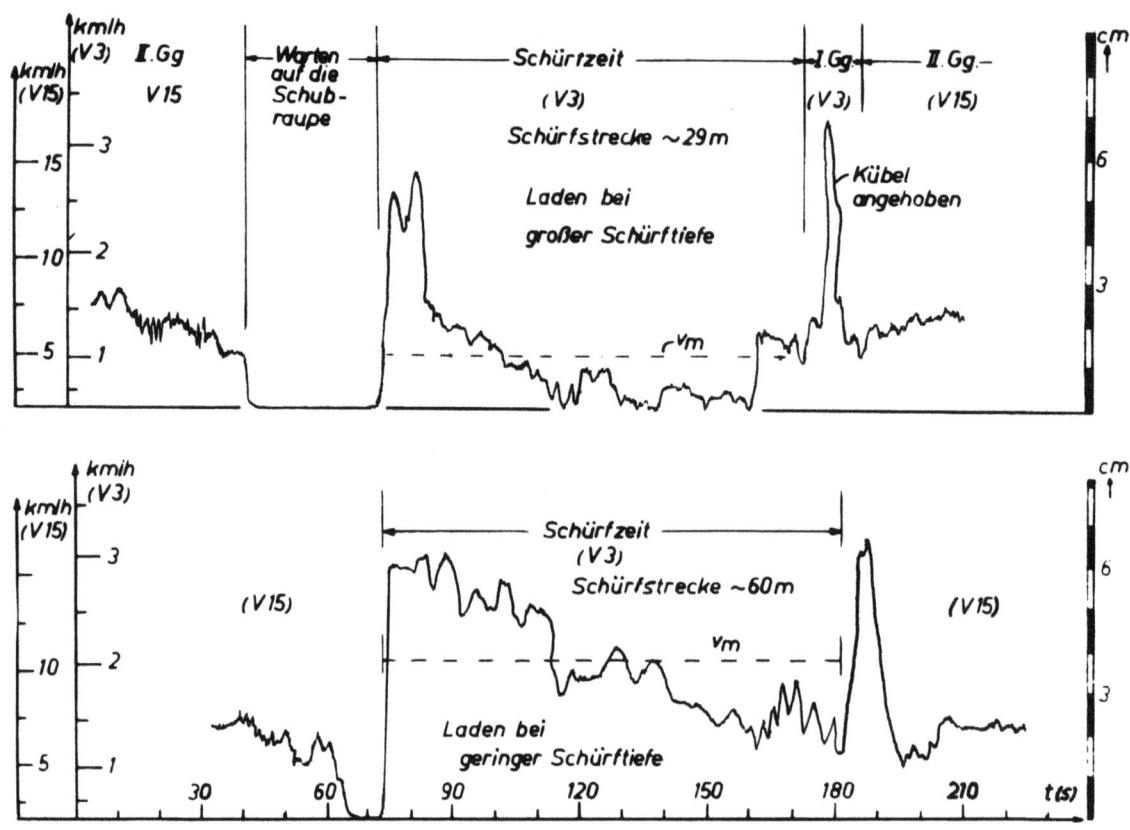

Abbildung 75

Der Schürfvorgang im bindigen Boden bei kleiner
und großer Spandicke (n. HERDING)

Verschiedene Ladevorgänge beim Schürfen von bindigem Boden

(Pl. 15, Gew.Kl. IV)

Gerät: Tournapull C, Tournamatic (188 PS): Schubraupe HD 19 mit
hydr. Getriebe

Beim Motorschürfwagen müssen zwar alle diese Vorgänge von einem Gerät durchgeführt werden, aber es fragt sich, ob nicht das Laden durch ein Steilbecherwerk, das an die Messerschneide anschließt, durchgeführt werden könnte. Läßt sich eine solche Konstruktion nicht ausführen, so muß der Schürfkübel so breit und kurz wie möglich sein, damit der Reibungsweg der eindringenden Bodenspäne möglichst klein wird. Lange schmale Kübel werden stets ungünstigere Leistungen ergeben.

In den folgenden Abschnitten ist das Gesamtkräftespiel für die Schürfwagen mit Hilfe von einfachen Formeln erfaßt.

11.11 Der Motorschürfwagen mit Vorderradantrieb

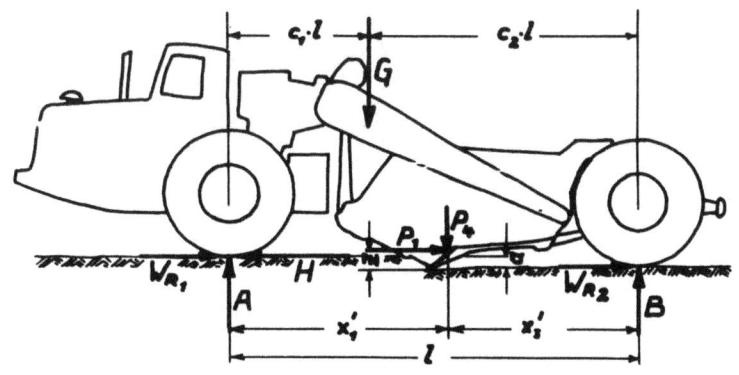

Abbildung 76
Motorschürfwagen mit Vorderradantrieb

$$A \cdot l + W_{R1} \cdot a - H \cdot a + P_1 \cdot z - P_4 \cdot x_3' - G \cdot c_2 l = 0 ;$$

$$W_{R1} = f \cdot A , \quad H = (G + P_4) \cdot f + P_1$$

$$A + A \cdot \frac{a \cdot f}{l} - (G f + P_4 f + P_1) \frac{a}{l} + P_1 \cdot \frac{z}{l} - P_4 \frac{x_3}{l} - G c_2 = 0$$

$$\frac{f a}{l} \approx 0$$

$$A = G \cdot c_1 - P_1 \frac{z - a}{l} + P_4 \frac{x_3'}{l}$$

$$B = G \cdot c_2 + P_1 \frac{z - a}{l} + P_4 \frac{x_1'}{l}$$

11.12 Der Motorschürfwagen mit Heckmotor

$$H_1 + H_2 = W_{Ro} + W_{R1} + W_{R2} + P_1 = f (G + G_o + P_4) + P_1$$

$$H_1 = \frac{M_1 \cdot \eta \cdot i}{r_1}$$

$$H_2 = \frac{M_2 \cdot \eta \cdot i}{r_2} ; \quad A = A_1 + A_2$$

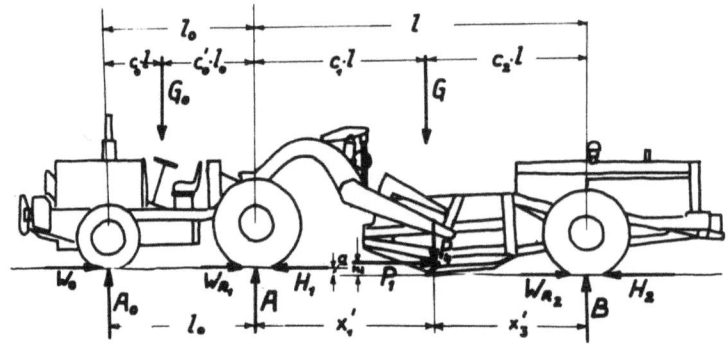

A b b i l d u n g   77
Motorschürfwagen mit Heckmotor

Betrachten wir nun die Kräfte für den Schürfwagen, jedoch nicht für den Reifenschlepper, so ergibt sich:

$$- B \cdot l + (H_2 - f B) a + G c_1 \cdot l + P_1 (z - a) + P_4 x_1' = 0$$

$$B = \frac{1}{1 + af} \left[H_2 \frac{a}{l} + G c_1 + P_1 \frac{z - a}{l} + P_4 \frac{x_1'}{l} \right]$$

$$\frac{a \cdot f}{l} \approx 0$$

$$B = G c_1 + H_2 \cdot \frac{a}{l} + P_1 \frac{z - a}{l} + P_4 \frac{x_1'}{l}$$

$$A_2 = G c_2 - H_2 \cdot \frac{a}{l} - P_1 \frac{z - a}{l} + P_4 \frac{x_3'}{l}$$

$$A_1 = G_o \cdot c_o \quad ; \qquad A_o = G_o \cdot c_o'$$

11.13 Der Anhängerschürfwagen

$$A\, l + W_{R1} \cdot a + P_1 \cdot z - P_4 \cdot x_2' - G \cdot c_2 \cdot l - H(a + h) = 0$$

$$H = P_1 + f (G + P_4)$$

$$W_{R1} = A \cdot f$$

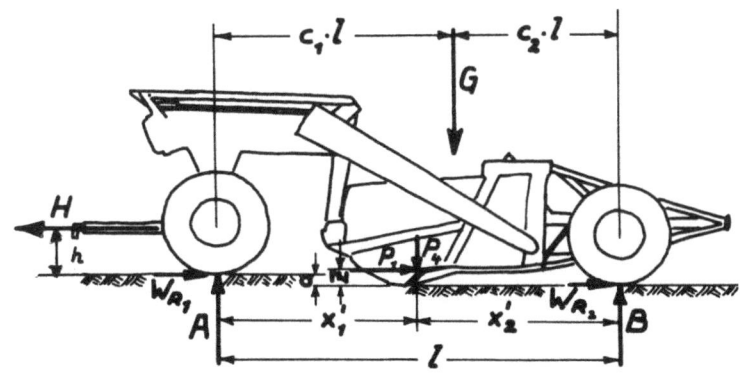

Abbildung 78
Anhängerschürfwagen

$$A l + A f a + P_1 z - P_4 x_2' - G \cdot c_2 \cdot l - P_1 (h+a) - f (a+h) (G+P_4) = 0$$

$$A = \frac{1}{1+fa} + \left[G(c_2 l + f h') + P_1(h'-z) + P_4(x_2' + f h') \right] ; \quad a + h = h'$$

$$B = \frac{1}{1+fa} \cdot \left[G(c_1 l + f h) - P_1 (h'-z) + P_4 (x_1' - f h) \right]$$

Wie man aus diesen Formeln für A und B ersieht, wird durch die Hauptschnittkraft P_1 die Vorderachse belastet und die Hinterachse entlastet. Die Größe dieser Ent- bzw. Belastung kann man durch die Höhenlage des Angriffspunktes der Zugkraft bestimmen.

11.2 Der Straßenhobel

Beim Straßenhobel wird vorausgesetzt, daß die Planierschar nicht seitlich verschoben ist, sondern die resultierende P_R genau in der Längsachse angreift. P_R ist stets schräg nach oben gerichtet, im Gegensatz zu teilweise vorhandenen Meinungen, die die Richtung schräg nach unten annehmen, wobei die Hubkraft und die zur Überwindung der Reibung notwendige Kraft vernachlässigt wird. Solche Vernachlässigungen und die Annahme eines Reibungskoeffizienten von 0,3 geben den wirklichen Verlauf in keiner Weise wieder [12].

11.21 Der Straßenhobel mit Allradantrieb

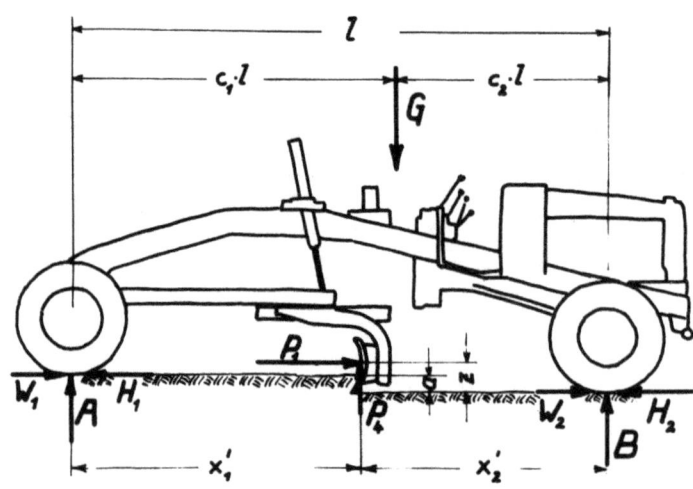

Abbildung 79
Straßenhobel mit Allradantrieb

Entsprechend den Untersuchungen an Planierschilden wird die Rückkraft nach oben wirkend eingesetzt.

$A + B = G - P_4$; $H = P_1 + f(G - P_4) = H_1 + H_2$; $W_R = W_{R1} + W_{R2}$ H_1, H_2, W_{R1} und W_{R2} verteilen sich auf die Antriebsräder nach der Größe der Radlast.

$$H_1 = \frac{A}{G - P_4} \cdot H \; ; \quad H_2 = \frac{B}{G - P_4} \cdot H \; ; \quad W_{R1} = f \cdot A \; ; \quad W_{R2} = f \cdot B \; ,$$

$$A \cdot l - G \cdot c_2 \cdot l - (H_1 - W_{R1})a + P_1 \cdot z + P_4 x_2' = 0 \; ; = 0 \; ;$$

$$A - G \cdot c_2 - \frac{A}{G - P_4} \cdot H \cdot \frac{a}{l} + \frac{f \cdot A \cdot a}{l} + P_1 \cdot \frac{z}{l} + P_4 \frac{x_2'}{l} = 0$$

$$A = \frac{G - P_4}{(G - P_4) - \frac{a}{l} P_1} \left[c_2 G - P_1 \frac{z}{l} - P_4 \frac{x_2'}{l} \right]$$

$$B = \frac{G - P_4}{(G - P_4) - \frac{a}{l} P_1} \left[c_1 G + \frac{P_1 (z - a)}{l} - \frac{P_4 \cdot x_1'}{l} \right]$$

Wir erkennen also, daß im Gegensatz zu der teilweise verbreiteten Meinung [12] beim dem normalen Schürfvorgang nicht eine zusätzliche Belastung, sondern eine Entlastung der Radlasten eintritt. Je steiler der Schnittwinkel des Planierschares ist, desto größer wird wegen der Zunahme von P_4 auch die Entlastung sein.

11.22 Der Straßenhobel mit Hinterradantrieb

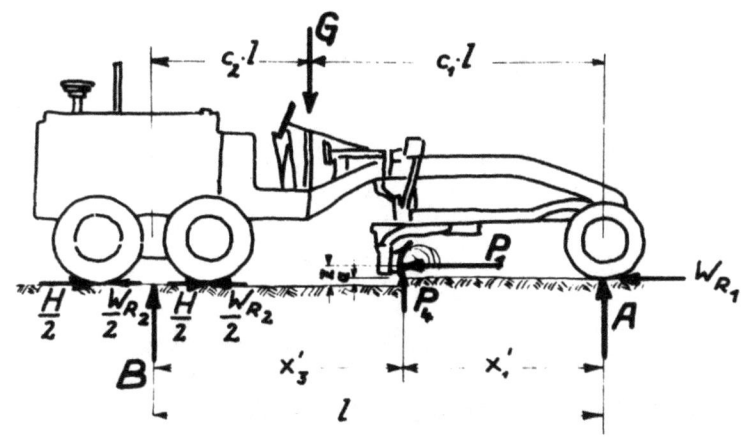

Abbildung 80

Straßenhobel mit Hinterradantrieb

W_r verteilt sich wieder auf beide Achsen, während H nur an den Achsantriebsrädern der Hinterachse angreift.

$$A \cdot l - G \cdot c_2 \cdot l + W_{R1} \cdot a + P_1 \cdot z + P_4 \, x_3' = 0$$

$$W_{R1} = A \cdot f$$

$$A - G \cdot c_2 + A \frac{f \cdot a}{l} + P_1 \frac{z}{l} + P_4 \frac{x_3'}{l} = 0 \;;\; \frac{f \cdot a}{l} \approx 0$$

$$A = c_2 G - P_1 \frac{z}{l} - P_4 \cdot \frac{x_3'}{l}$$

$$B = c_1 G + P_1 \cdot \frac{z}{l} - P_4 \frac{x_1'}{l}$$

Die Formeln für den Straßenhobel mit Allrad- und Hinterradantrieb unterscheiden sich für A nur durch den vor der Klammer stehenden Ausdruck, während für B im zweiten Summanden in der Klammer der Höhenabstand z um die Spandicke a vermindert wird. Beim Allradantrieb wird also durch den vor der Klammer stehenden Ausdruck A vergrößert und B verkleinert, während beim Hinterradantrieb A verkleinert und B vergrößert wird.

11.3 Die Planierraupen und Planierreifenschlepper

Die folgenden Betrachtungen werden der einfachen Betrachtungsweise wegen zunächst an einem Reifengerät mit Allradantrieb aufgestellt.

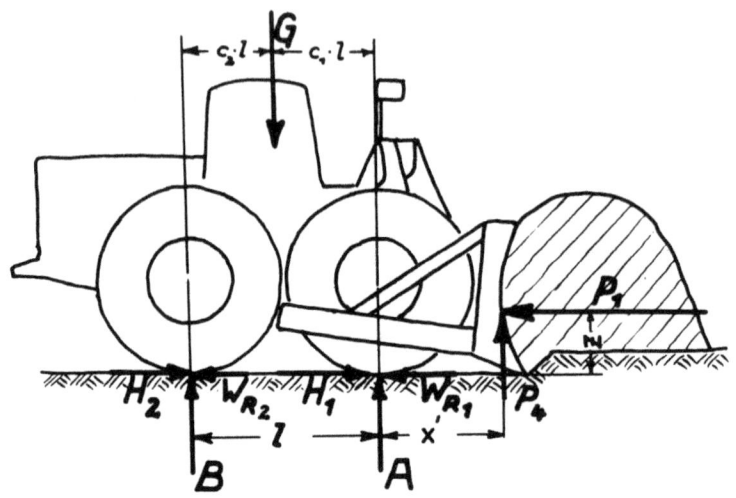

Abbildung 81
Planierreifenschlepper

$$A \cdot l + P_1 \cdot z + P_4 (x' + l) - G \cdot c_2 \cdot l = 0$$

$$A = G \cdot c_2 - P_1 \cdot \frac{z}{l} - P_4 \frac{x' + l}{l}$$

$$B = G \cdot c_1 + P_1 \cdot \frac{z}{l} + P_4 \frac{x'}{l}$$

Für die Planierraupen gelten die gleichen Betrachtungen. Da A und B nicht gleich groß sind, ist auch die Druckverteilung unter der Raupenaufstandsfläche nicht gleichmäßig, sondern nimmt von vorn nach hinten trapezförmig zu.

Man erkennt, daß bei dem normalen Schneidprozeß im hindernisfreien, schneidfähigen Boden die Vorderachse entlastet, die Hinterachse belastet wird.

Eine Vorderlastigkeit des Gerätes kann nicht eintreten. Trifft aber die untere Schneidkante des Planierschildes auf ein Hindernis und konzentriert sich nun P_1 auf die Schildspitze, wobei gleichzeitig die Rückkraft P_4 so klein wird, daß sie vernachlässigt werden kann, dann erhalten wir:

$$A = G \cdot c_2 + P_1 \cdot \frac{z}{l} \; ; \quad B = G \cdot c_1 - P_1 \cdot \frac{z}{l}$$

Das Planiergerät wird also vorderlastig. Versucht der Fahrer, das Hindernis durch Unterfassen mit dem Planierschild aus dem Boden zu reißen, so kommt noch die abwärts gerichtete Komponente P_4 hinzu. Die Vorderlastigkeit wird also verstärkt. Da beim Arbeiten mit Planiergeräten aber die Schneidkante oft auf ein Hindernis auftrifft, entsteht ganz allgemein der Eindruck, daß beim Planieren das Gerät vorne stärker belastet wird als hinten.

12. Zusammenfassung der Versuchsergebnisse

12.1 Die Versuche im Mittelsand

Neben den Hauptversuchen wurde mit Hilfe von Modellversuchen an ebenen Schneidmessern der Schneidprozeß im Sand erklärt. Das Vortreiben der schiefen Ebene zerstört das Gefüge des Sandes in einer von der Schneidkante ausgehenden Scherfläche. Der Boden verformt sich unter dem Einfluß der angreifenden Kräfte. Bei einem kritischen Verhältnis von Spandicke zur Meßlänge nimmt die Spanstauchung ein Maximum an. Gleichzeitig ergeben die Hauptversuche ein Ansteigen der Hauptschnittkraft und der Rückkraft. Der optimale Schnittwinkel liegt bei etwa $30°$. Um die Meßergebnisse vergleichbar zu machen, sind alle Größen auf die Flächen- oder Volumeneinheit bezogen. Bei den Planierschilden wurden drei grundsätzlich verschiedene Formen untersucht: Zwei Evolventenprofile und ein Parabelprofil. Modellversuche mit eingefürbten Bodenschichten zeigten, daß auch hier der Boden sich in Scherspäne auflöst und diese am Schild aufsteigen. Die drei untersuchten Neigungswinkel der Schildachse betrugen $-15°$, $0°$ und $10°$. Schon die Modellversuche bewiesen, daß ein nach vorn geneigtes Schild den Spanablauf hindert. Die Hauptversuche ergaben, daß die verschiedenen Schildprofile im Sand gleichwertig sind. Der günstigste Neigungswinkel liegt bei $-15°$. Eine Vergrößerung der Geschwindigkeit hat keinen großen Einfluß auf die auf die Volumeneinheit bezogenen Kräfte. Die Veränderung der

Spandicke ergibt Steigerungen von 30 % i.M. Es wird empfohlen, reine Transportarbeiten mit breiten niedrigen Schilden mit geringer Schildfüllung auszuführen. Wird beim Schürfvorgang das Planierschild in Schwingungen versetzt, so kann die Reibung des Bodens durch die erzwungenen Schwingungen weitgehend aufgehoben werden. Bei f = 37 Hz ergibt sich eine Verminderung von P_1 beim Parabelprofil bei - 15° um 17,5 %.

Es gelang, den Verlauf der Hauptschnittkraft für ebene Schneiden und Planierschilde formelmäßig zu erfassen.

12.2 Die Versuche im schwach bindigen, sandigen Schluff

Die Modellversuche mit ebenen Schneidmessern zeigten, daß sich kein Scherspan bildet. Der abgeschälte Boden schiebt sich ohne Zerstörung des Zusammenhanges auf das Schneidmesser. Durch die Hauptversuche ergibt sich ein Minimum der Hauptschnittkraft zwischen 20 und 30°. Die Spanstauchung liegt unabhängig von den Variablen bei 1,3. Die Vergrößerung der Spandicke und der Geschwindigkeit ergibt bei einem Schnittwinkel von 30° keine nennenswerten Veränderungen der Hauptschnittkraft. Diese Tatsache wurde auch durch Versuche mit Schürfwagen auf der Baustelle bestätigt.

Bei den Planierschildformen zeigt sich eine starke Abhängigkeit der Kräfte vom Schildprofil. Das Evolventenprofil mit einem Schnittwinkel an der unteren Schneidkante von 30° ist den beiden anderen Profilen überlegen. Als am ungünstigsten erweist sich das Evolventenprofil II, bei dem die Krümmung nach oben zunimmt. Allerdings hat das günstigste Profil die geringste Schildfüllung, da hier der Boden glatt ohne Stauchung abgeschnitten wird. Die anderen beiden Formen stauchen den Boden vor dem Abschälen stark, so daß der abgeschälte Span ein größeres Volumen als bei der Evolvente I hat. Nach dem Schildübergang war das Gefüge des nicht zerspanten Bodens durch zahlreiche tiefe Querrisse aufgelockert. Von großem Einfluß zeigt sich auch der Neigungswinkel der Schildachse. Das Optimum liegt wieder bei - 15°. Die Verdoppelung der Geschwindigkeit wirkt sich nicht nennenswert aus, wohl aber die Spandicke. Die Schildfüllung bleibt unabhängig vom Reibungswinkel konstant. Wie bei den Versuchen im Sand wird einem niedrigen breiten Planierschild vor einem schmalen hohen der Vorzug gegeben.

Ein Planierschild mit Aluminiumbelag ergibt eine erhebliche Zunahme der Kräfte, die bei der Hauptschnittkraft zwischen 35 und 100 % schwanken.

Forschungsberichte des Wirtschafts- und Verkehrsministeriums Nordrhein-Westfalen

Die Schildfüllung wird gegenüber den Versuchen mit der Stahloberfläche größer, da sich der Bodenspan durch die große Reibung zwischen Boden und Schild verdichtet und nicht so leicht zerfällt.

Eine Steigerung des Wassergehaltes um nur 2,5 - 3 % bewirkt wegen der geringen Plastizitätszahl des Schluffs Pl = 6,5 ein Aufrollen des abgeschälten Spanes vor dem Schild. Der Zusammenhang des Bodens löst sich dabei nicht auf. Die Hauptschnittkraft wird unter dem Einfluß des Wassergehaltes verdoppelt. Auch hierbei zeigt sich der Stahl dem Aluminium überlegen.

Für normalen Feuchtigkeitsgehalt wurden für das ebene Schneidmesser und die Planierschilde Formeln für die Hauptschnittkraft ermittelt. In einem abschließenden Kapitel sind die Nachteile der jetzigen Schürfkübelkonstruktionen dargestellt. Die Schürfkübel sollen möglichst breit und kurz sein. Mit Hilfe einfacher Beziehungen ist das Kräftespiel an den verschiedenen Flachbaggergeräten wiedergegeben.

                                              Prof. Dr. Georg GARBOTZ, Aachen

                                              Dr.-Ing. Gerhard DREES, Aachen

13. Literaturverzeichnis

[1] ALLHANDS, I.L. — Tools of the Earthmover, Yesterday and Today

Sam Houston College Press, Huntsville, Texas, 1951

[2] BENDEL, L. — Ingenieurgeologie, Band I, Springer-Verlag, Wien, 1949

[3] BOSCH — Kraftfahrtechnisches Taschenbuch

12. Auflage, 1954, Deutscher-Ing. Verlag, G.m.b.H., Düsseldorf

[4] DINGLINGER, E. — Über den Bodenwiderstand beim Graben (Baggern)

Diss. Th.H. Hannover 1928

[5] DOMBROWSKI — Leistungssteigerung der Löffelbagger VEB Verlag Technik, Berlin 1953

[6] GABAY, A. — Les Engins Mechaniques de Chantier Librairie de l'Université F. Rouge et Cie, Lausanne 1952

[7] HERDING, W. — Die Fahrdynamik und das Arbeitsspiel gleisloser Erdbaugeräte als Kalkulationsgrundlage für die Bodenförderung, T.H. Aachen 1956 (noch nicht veröffentlicht)

[8] HUCKS, E. — Plastizitätsmechanische Grundlagen der Zerspanung

Diss. T.H. Aachen 1951

[9] KIENZLE — Die Bestimmung von Kräften und Leistungen an spannenden Werkzeugen und Werkzeugmaschinen - Z.VDI, Bd. 94 (1952) S. 299-305

[10] KÜHN, G. — Der gleislose Erdbau, Springer-Verlag Berlin/Göttingen/Heidelberg 1956

Forschungsberichte des Wirtschafts- und Verkehrsministeriums Nordrhein-Westfalen

[11] KÜHN, G.   Anwendungs-,Leistungs- und Wirtschaftlichkeitsbereiche gleisloser Erdbaugeräte, ermittelt auf Grund praktischer Versuche
Diss. T.H. Aachen 1953

[12] KÜHN, G.   Das Kräftespiel am Erdhobel und seine praktische Bedeutung für den Geräteeinsatz
Straße und Autobahn 1953, H.4, S. 104 - 113

[13] KÜHNE-KÖNIG   Forschungsarbeiten in der Bodenrinne des Instituts für Landmaschinen der T.H. München, Königsberger Gelehrte-Gesellschaft, Heft 4, 1932

[14] MARKS, K.   Bisherige Untersuchungen über den Bodenbearbeitungswiderstand und ein neues Gerät zu seiner Messung, Technik in der Landwirtschaft 1926 - Seite 232

[15] PHILIPOFF, W.   Handbuch der Kolloidwissenschaft, Viskosität der Kolloide, Verlag Th. Steinkopff, Dresden, Leipzig 1942

[16] v. PONCET, W.   Untersuchungen für das Kräftespiel an einem Pflugkörper
Diss. T.H. München 1939

[17] POLLARD, Wm. S.   Journal of SAE, 9, 1951
"Soil Properties and the Design of Earth Moving Equipment"

[18] RATHJE, J.   Der Schnittvorgang im Sande, VDI-Forschungsheft 350 Berlin 1931

[19] RENDULIC, L.   Der Erddruck im Straßenbau und Brückenbau, Volk und Reich-Verlag, Berlin 1938

[20] RÖSSLER, C.   Untersuchungen an Flachbaggergeräten
Diss. T.H. Berlin 1940

[21] SCHILLING, E. — Landmaschinen, 2. Band, Luthe-Druck Köln 1953

[22] SCHULTZE, E. und H. MUHS — Bodenuntersuchungen für Ingenieurbauten Springer-Verlag, Berlin/Göttingen/Heidelberg 1950

[23] SÖHNE, W. — Das mechanische Verhalten des Ackerbodens bei Belastungen, Grundl. d. Landtechnik, Heft 1
9. Konstrukteurheft, S. 93 ff.

[24] SÖHNE, W. — Reibung und Kohäsion bei Ackerböden Grundlagen der Landtechnik, Heft 5
11. Konstrukteurheft 1953 Ing.-Verlag, Düsseldorf

[25] Stroppel, Th. — Zur Systematik der Technologie des Schneidens, Grundlagen d. Landtechnik Heft 5, 11. Konstrukteurheft, 1953

[26] THEINER, J. — Verdichtungsversuche mit Gladradwalzen T.H. Aachen (noch nicht veröffentlicht)

[27] UMSTÄTTER, H. — Strukturmechanik, Verlag Th. Steinkopff, Dresden und Leipzig 1948

[28] WEBER, F. — Untersuchungen über den Einfluß des elektrischen Stromes auf den Zugkraftbedarf beim Pflügen
Diss. T.H. München 1932

[29] WESTPHAL — Physikalisches Wörterbuch, Springer-Verlag Berlin/Göttingen/Heidelberg 1952

FORSCHUNGSBERICHTE
DES WIRTSCHAFTS- UND VERKEHRSMINISTERIUMS
NORDRHEIN-WESTFALEN

Herausgegeben von Staatssekretär Prof. Dr. h. c. Leo Brandt

HEFT 1
Prof. Dr.-Ing. E. Flegler, Aachen
Untersuchungen oxydischer Ferromagnet-Werkstoffe
1952, 20 Seiten, DM 6,75

HEFT 2
Prof. Dr. W. Fuchs, Aachen
Untersuchungen über absatzfreie Teeröle
1952, 32 Seiten, 5 Abb., 6 Tabellen, DM 10,—

HEFT 3
Techn.-Wissenschaftl. Büro für die Bastfaserindustrie, Bielefeld
Untersuchungsarbeiten zur Verbesserung des Leinenwebstuhls
1952, 44 Seiten, 7 Abb., 3 Tabellen, DM 12,50

HEFT 4
Prof. Dr. E. A. Müller und Dipl.-Ing. H. Spitzer, Dortmund
Untersuchungen über die Hitzebelastung in Hüttenbetrieben
1952, 28 Seiten, 5 Abb., 1 Tabelle, DM 9,—

HEFT 5
Dipl.-Ing. W. Fister, Aachen
Prüfstand der Turbinenuntersuchungen
1952, 40 Seiten, 30 Abb., 3 Schaltbilder, DM 1,—

HEFT 6
Prof. Dr. W. Fuchs, Aachen
Untersuchungen über die Zusammensetzung und Verwendbarkeit von Schwelteerfraktionen
1952, 36 Seiten, DM 10,50

HEFT 7
Prof. Dr. W. Fuchs, Aachen
Untersuchungen über emsländisches Petrolatum
1952, 36 Seiten, 1 Abb., 17 Tabellen, DM 10,50

HEFT 8
M. E. Meffert und H. Stratmann, Essen
Algen-Großkulturen im Sommer 1951
1953, 52 Seiten, 4 Abb., 20 Tabellen, DM 9,75

HEFT 9
Techn.-Wissenschaftl. Büro für die Bastfaserindustrie, Bielefeld
Untersuchungen über die zweckmäßige Wicklungsart von Leinengarnkreuzspulen unter Berücksichtigung der Anwendung hoher Geschwindigkeiten des Garnes
Vorversuche für Zetteln und Schären von Leinengarnen auf Hochleistungsmaschinen
1952, 48 Seiten, 7 Abb., 7 Tabellen, DM 9,25

HEFT 10
Prof. Dr. W. Vogel, Köln
„Das Streifenpaar" als neues System zur mechanischen Vergrößerung kleiner Verschiebungen und seine technischen Anwendungsmöglichkeiten
1953, 20 Seiten, 6 Abb., DM 4,50

HEFT 11
Laboratorium für Werkzeugmaschinen und Betriebslehre, Technische Hochschule Aachen
1. Untersuchungen über Metallbearbeitung im Fräsvorgang mit Hartmetallwerkzeugen und negativem Spanwinkel
2. Weiterentwicklung des Schleifverfahrens für die Herstellung von Präzisionswerkstücken unter Vermeidung hoher Temperaturen
3. Untersuchung von Oberflächenveredlungsverfahren zur Steigerung der Belastbarkeit hochbeanspruchter Bauteile
1953, 80 Seiten, 61 Abb., DM 15,75

HEFT 12
Elektrowärme-Institut, Langenberg (Rhld.)
Induktive Erwärmung mit Netzfrequenz
1952, 22 Seiten, 6 Abb., DM 5,20

HEFT 13
Techn.-Wissenschaftl. Büro für die Bastfaserindustrie, Bielefeld
Das Naßspinnen von Bastfasergarnen mit chemischen Zusätzen zum Spinnbad
1953, 52 Seiten, 4 Abb., 19 Tabellen, DM 10,—

HEFT 14
Forschungsstelle für Acetylen, Dortmund
Untersuchungen über Aceton als Lösungsmittel für Acetylen
1952, 64 Seiten, 10 Abb., 26 Tabellen, DM 12,25

HEFT 15
Wäschereiforschung Krefeld
Trocknen von Wäschestoffen
1953, 48 Seiten, 14 Abb., 2 Tabellen, DM 9,—

HEFT 16
Max-Planck-Institut für Kohlenforschung, Mülheim a. d. Ruhr
Arbeiten des MPI für Kohlenforschung
1953, 104 Seiten, 9 Abb., DM 17,80

HEFT 17
Ingenieurbüro Herbert Stein, M.-Gladbach
Untersuchung der Verzugsvorgänge in den Streckwerken verschiedener Spinnereimaschinen. 1. Bericht: Vergleichende Prüfung mit verschiedenen Dickenmeßgeräten
1952, 36 Seiten, 15 Abb., DM 8,—

HEFT 18
Wäschereiforschung Krefeld
Grundlagen zur Erfassung der chemischen Schädigung beim Waschen
1953, 68 Seiten, 15 Abb., 15 Tabellen, DM 12,75

HEFT 19
Techn.-Wissenschaftl. Büro für die Bastfaserindustrie, Bielefeld
Die Auswirkung des Schlichtens von Leinengarnketten auf den Verarbeitungswirkungsgrad, sowie die Festigkeit und Dehnungsverhältnisse der Garne und Gewebe
1953, 48 Seiten, 1 Abb., 9 Tabellen, DM 9,—

HEFT 20
Techn.-Wissenschaftl. Büro für die Bastfaserindustrie, Bielefeld
Trocknung von Leinengarnen I
Vorgang und Einwirkung auf die Garnqualität
1953, 62 Seiten, 18 Abb., 5 Tabellen, DM 12,—

HEFT 21
Techn.-Wissenschaftl. Büro für die Bastfaserindustrie, Bielefeld
Trocknung von Leinengarnen II
Spulenanordnung und Luftführung beim Trocknen von Kreuzspulen
1953, 66 Seiten, 22 Abb., 9 Tabellen, DM 13,—

HEFT 22
Techn.-Wissenschaftl. Büro für die Bastfaserindustrie, Bielefeld
Die Reparaturanfälligkeit von Webstühlen
1953, 28 Seiten, 7 Abb., 5 Tabellen, DM 5,80

HEFT 23
Institut für Starkstromtechnik, Aachen
Rechnerische und experimentelle Untersuchungen zur Kenntnis der Metadyne als Umformer von konstanter Spannung auf konstanten Strom
1953, 52 Seiten, 20 Abb., 4 Tafeln, DM 9,75

HEFT 24
Institut für Starkstromtechnik, Aachen
Vergleich verschiedener Generator-Metadyne-Schaltungen in bezug auf statisches Verhalten
1952, 44 Seiten, 23 Abb., DM 8,50

HEFT 25
Gesellschaft für Kohlentechnik mbH., Dortmund-Eving
Struktur der Steinkohlen und Steinkohlen-Kokse
1953, 58 Seiten, DM 11,—

HEFT 26
Techn.-Wissenschaftl. Büro für die Bastfaserindustrie, Bielefeld
Vergleichende Untersuchungen zweier neuzeitlicher Ungleichmäßigkeitsprüfer für Bänder und Garne hinsichtlich ihrer Eignung für die Bastfaserspinnerei
1953, 64 Seiten, 30 Abb., DM 12,50

HEFT 27
Prof. Dr. E. Schratz, Münster
Untersuchungen zur Rentabilität des Arzneipflanzenanbaues Römische Kamille, Anthemis nobilis L.
1953, 16 Seiten, 1 Tabelle, DM 3,60

HEFT 28
Prof. Dr. E. Schratz, Münster
Calendula officinalis L. Studien zur Ernährung, Blütenfüllung und Rentabilität der Drogengewinnung
1953, 24 Seiten, 2 Abb., 3 Tabellen, DM 5,20

HEFT 29
Techn.-Wissenschaftl. Büro für die Bastfaserindustrie, Bielefeld
Die Ausnützung der Leinengarne in Geweben
1953, 100 Seiten, 14 Abb., 10 Tabellen, DM 17,80

HEFT 30
Gesellschaft für Kohlentechnik mbH., Dortmund-Eving
Kombinierte Entaschung und Verschwelung von Steinkohle; Aufarbeitung von Steinkohlenschlämmen zu verkokbarer oder verschwelbarer Kohle
1953, 56 Seiten, 16 Abb., 10 Tabellen, DM 10,50

HEFT 31
Dipl.-Ing. A. Stormanns, Essen
Messung des Leistungsbedarfs von Doppelsteg-Kettenförderern
1954, 54 Seiten, 18 Abb., 3 Anlagen, DM 11,—

HEFT 32
Techn.-Wissenschaftl. Büro für die Bastfaserindustrie, Bielefeld
Der Einfluß der Natriumchloridbleiche auf Qualität und Verwebbarkeit von Leinengarnen und die Eigenschaften der Leinengewebe unter besonderer Berücksichtigung des Einsatzes von Schützen- und Spulenwechselautomaten in der Leinenweberei
1953, 64 Seiten, 2 Abb., 12 Tabellen, DM 11,50

HEFT 33
Kohlenstoffbiologische Forschungsstation e. V.
Eine Methode zur Bestimmung von Schwefeldioxyd und Schwefelwasserstoff in Rauchgasen und in der Atmosphäre
1953, 32 Seiten, 8 Abb., 3 Tabellen, DM 6,50

HEFT 34
Textilforschungsanstalt Krefeld
Quellungs- und Entquellungsvorgänge bei Faserstoffen
1953, 52 Seiten, 13 Abb., 13 Tabellen, DM 9,80

WESTDEUTSCHER VERLAG · KÖLN UND OPLADEN

HEFT 35
Professor Dr. W. Kast, Krefeld
Feinstrukturuntersuchungen an künstlichen Zellulosefasern verschiedener Herstellungsverfahren. Teil I: Der Orientierungszustand
1953, 74 Seiten, 30 Abb., 7 Tabellen, DM 13,80

HEFT 36
Forschungsinstitut der feuerfesten Industrie, Bonn
Untersuchungen über die Trocknung von Rohton
Untersuchungen über die chemische Reinigung von Silika- und Schamotte-Rohstoffen mit chlorhaltigen Gasen
1953, 60 Seiten, 5 Abb., 5 Tabellen, DM 11,—

HEFT 37
Forschungsinstitut der feuerfesten Industrie, Bonn
Untersuchungen über den Einfluß der Probenvorbereitung auf die Kaltdruckfestigkeit feuerfester Steine
1953, 40 Seiten, 2 Abb., 5 Tabellen, DM 7,80

HEFT 38
Forschungsstelle für Acetylen, Dortmund
Untersuchungen über die Trocknung von Acetylen zur Herstellung von Dissousgas
1953, 36 Seiten, 11 Abb., 3 Tabellen, DM 6,80

HEFT 39
Forschungsgesellschaft Blechverarbeitung e. V., Düsseldorf
Untersuchungen an prägegemusterten und vorgelochten Blechen
1953, 46 Seiten, 34 Abb., DM 9,50

HEFT 40
Landesgeologe Dr.-Ing. W. Wolff,
Amt für Bodenforschung, Krefeld
Untersuchungen über die Anwendbarkeit geophysikalischer Verfahren zur Untersuchung von Spateisengängen im Siegerland
1953, 46 Seiten, 8 Abb., DM 8,80

HEFT 41
Techn.-Wissenschaftl. Büro für die Bastfaserindustrie, Bielefeld
Untersuchungsarbeiten zur Verbesserung des Leinenwebstuhles II
1953, 40 Seiten, 4 Abb., 5 Tabellen, DM 7,80

HEFT 42
Professor Dr. B. Helferich, Bonn
Untersuchungen über Wirkstoffe — Fermente — in der Kartoffel und die Möglichkeit ihrer Verwendung
1953, 58 Seiten, 9 Abb., DM 11,—

HEFT 43
Forschungsgesellschaft Blechverarbeitung e. V., Düsseldorf
Forschungsergebnisse über das Beizen von Blechen
1953, 48 Seiten, 38 Abb., 2 Tabellen, DM 11,30

HEFT 44
Arbeitsgemeinschaft für praktische Dehnungsmessung, Düsseldorf
Eigenschaften und Anwendungen von Dehnungsmeßstreifen
1953, 68 Seiten, 43 Abb., 2 Tabellen, DM 13,70

HEFT 45
Losenhausenwerk Düsseldorfer Maschinenbau AG., Düsseldorf
Untersuchungen von störenden Einflüssen auf die Lastgrenzenanzeige von Dauerschwingprüfmaschinen
1953, 36 Seiten, 11 Abb., 3 Tabellen, DM 7,25

HEFT 46
Prof. Dr. W. Fuchs, Aachen
Untersuchungen über die Aufbereitung von Wasser für die Dampferzeugung in Benson-Kesseln
1953, 58 Seiten, 18 Abb., 9 Tabellen, DM 11,20

HEFT 47
Prof. Dr.-Ing. K. Krekeler, Aachen
Versuche über die Anwendung der induktiven Erwärmung zum Sintern von hochschmelzenden Metallen sowie zur Anlegierung und Vergütung von aufgespritzten Metallschichten mit dem Grundwerkstoff
1954, 66 Seiten, 39 Abb., DM 13,90

HEFT 48
Max-Planck-Institut für Eisenforschung, Düsseldorf
Spektrochemische Analyse der Gefügebestandteile in Stählen nach ihrer Isolierung
1953, 38 Seiten, 8 Abb., 5 Tabellen, DM 7,80

HEFT 49
Max-Planck-Institut für Eisenforschung, Düsseldorf
Untersuchungen über Ablauf der Desoxydation und die Bildung von Einschlüssen in Stählen
1953, 52 Seiten, 19 Abb., 3 Tabellen, DM 12,40

HEFT 50
Max-Planck-Institut für Eisenforschung, Düsseldorf
Flammenspektralanalytische Untersuchung der Ferritzusammensetzung in Stählen
1953, 44 Seiten, 15 Abb., 4 Tabellen, DM 8,60

HEFT 51
Verein zur Förderung von Forschungs- und Entwicklungsarbeiten in der Werkzeugindustrie e. V., Remscheid
Untersuchungen an Kreissägeblättern für Holz, Fehler- und Spannungsprüfverfahren
1953, 50 Seiten, 23 Abb., DM 10,—

HEFT 52
Forschungsstelle für Acetylen, Dortmund
Untersuchungen über den Umsatz bei der explosiblen Zersetzung von Azetylen
a) Zersetzung von gasförmigem Azetylen
b) Zersetzung von an Silikagel absorbiertem Azetylen
1954, 48 Seiten, 8 Abb., 10 Tabellen, DM 9,25

HEFT 53
Professor Dr.-Ing. H. Opitz, Aachen
Reibwert und Verschleißmessungen an Kunststoffgleitführungen für Werkzeugmaschinen
1954, 38 Seiten, 18 Abb., DM 8,20

HEFT 54
Professor Dr.-Ing. F. A. F. Schmidt, Aachen
Schaffung von Grundlagen für die Erhöhung der spez. Leistung und Herabsetzung des spez. Brennstoffverbrauches bei Ottomotoren mit Teilbericht über Arbeiten an einem neuen Einspritzverfahren
1954, 34 Seiten, 15 Abb., DM 7,40

HEFT 55
Forschungsgesellschaft Blechverarbeitung e. V., Düsseldorf
Chemisches Glänzen von Messing und Neusilber
1954, 50 Seiten, 21 Abb., 1 Tabelle, DM 10,20

HEFT 56
Forschungsgesellschaft Blechverarbeitung e. V., Düsseldorf
Untersuchungen über einige Probleme der Behandlung von Blechoberflächen
1954, 52 Seiten, 42 Abb., DM 11,20

HEFT 57
Prof. Dr.-Ing. F. A. F. Schmidt, Aachen
Untersuchungen zur Erforschung des Einflusses des chemischen Aufbaues des Kraftstoffes auf sein Verhalten im Motor und in Brennkammern von Gasturbinen
1954, 70 Seiten, 32 Abb., DM 14,60

HEFT 58
Gesellschaft für Kohlentechnik mbH., Dortmund
Herstellung und Untersuchung von Steinkohlenschwelteer
1954, 74 Seiten, 9 Abb., 9 Tabellen, DM 13,75

HEFT 59
Forschungsinstitut der Feuerfest-Industrie e. V., Bonn
Ein Schnellanalysenverfahren zur Bestimmung von Aluminiumoxyd, Eisenoxyd und Titanoxyd in feuerfestem Material mittels organischer Farbreagenzien auf photometrischem Wege
Untersuchungen des Alkali-Gehaltes feuerfester Stoffe mit dem Flammenphotometer nach Riehm-Lange
1954, 62 Seiten, 12 Abb., 3 Tabellen, DM 11,60

HEFT 60
Forschungsgesellschaft Blechverarbeitung e. V., Düsseldorf
Untersuchungen über das Spritzlackieren im elektrostatischen Hochspannungsfeld
1954, 82 Seiten, 53 Abb., 7 Tabellen, DM 17,—

HEFT 61
Verein zur Förderung von Forschungs- und Entwicklungsarbeiten in der Werkzeugindustrie e. V., Remscheid
Schwingungs- und Arbeitsverhalten von Kreissägeblättern für Holz
1954, 54 Seiten, 31 Abb., DM 11,40

HEFT 62
Professor Dr. W. Franz, Institut für theoretische Physik der Universität Münster
Berechnung des elektrischen Durchschlags durch feste und flüssige Isolatoren
1954, 36 Seiten, DM 7,—

HEFT 63
Textilforschungsanstalt Krefeld
Neue Methoden zur Untersuchung der Wirkungsweise von Textilhilfsmitteln
Untersuchungen über Schlichtungs- und Entschlichtungsvorgänge
1954, 34 Seiten, 1 Abb., 5 Tabellen, DM 6,80

HEFT 64
Textilforschungsanstalt Krefeld
Die Kettenlängenverteilung von hochpolymeren Faserstoffen
Über die fraktionierte Fällung von Polyamiden
1954, 44 Seiten, 13 Abb., DM 8,60

HEFT 65
Fachverband Schneidwarenindustrie, Solingen
Untersuchungen über das elektrolytische Polieren von Tafelmesserklingen aus rostfreiem Stahl
1954, 90 Seiten, 38 Abb., 9 Tabellen, DM 17,35

HEFT 66
Dr.-Ing. P. Füsgen VDI †, Düsseldorf
Untersuchungen über das Auftreten des Ratterns bei selbsthemmenden Schneckengetrieben und seine Verhütung
1954, 32 Seiten, 5 Abb., DM 6,60

HEFT 67
Heinrich Wösthoff o. H. G., Apparatebau, Bochum
Entwicklung einer chemisch-physikalischen Apparatur zur Bestimmung kleinster Kohlenoxyd-Konzentrationen
1954, 94 Seiten, 48 Abb., 2 Tabellen, DM 18,25

HEFT 68
Kohlenstoffbiologische Forschungsstation e. V., Essen
Algengroßkulturen im Sommer 1952
II. Über die unsterile Großkultur von Scenedesmus obliquus
1954, 62 Seiten, 3 Abb., 29 Tabellen, DM 11,40

HEFT 69
Wäschereiforschung Krefeld
Bestimmung des Faserabbaues bei Leinen unter besonderer Berücksichtigung der Leinengarnbleiche
1954, 48 Seiten, 15 Abb., 3 Tabellen, DM 9,60

HEFT 70
Wäschereiforschung Krefeld
Trocknen von Wäschestoffen
1954, 52 Seiten, 18 Abb., 3 Tabellen, DM 10,—

HEFT 71
Prof. Dr.-Ing. K. Leist, Aachen
Kleingasturbinen, insbesondere zum Fahrzeugantrieb
1954, 114 Seiten, 85 Abb., DM 22,—

HEFT 72
Prof. Dr.-Ing. K. Leist, Aachen
Beitrag zur Untersuchung von stehenden geraden Turbinengittern mit Hilfe von Druckverteilungsmessungen
1954, 152 Seiten, 111 Abb., DM 36,20

HEFT 73
Prof. Dr.-Ing. K. Leist, Aachen
Spannungsoptische Untersuchungen von Turbinenschaufelfüßen
1954, 66 Seiten, 46 Abb., 2 Tabellen, DM 14,60

HEFT 74
Max-Planck-Institut für Eisenforschung, Düsseldorf
Versuche zur Klärung des Umwandlungsverhaltens eines sonderkarbidbildenden Chromstahls
1954, 58 Seiten, 10 Abb., DM 14,—

HEFT 75
Max-Planck-Institut für Eisenforschung, Düsseldorf
Zeit-Temperatur-Umwandlungs-Schaubilder als Grundlage der Wärmebehandlung der Stähle
1954, 44 Seiten, 13 Abb., DM 8,70

HEFT 76
Max-Planck-Institut für Arbeitsphysiologie, Dortmund
Arbeitstechnische und arbeitsphysiologische Rationalisierung von Mauersteinen
1954, 52 Seiten, 12 Abb., 3 Tabellen, DM 10,20

HEFT 77
Meteor Apparatebau Paul Schmeck GmbH., Siegen
Entwicklung von Leuchtstoffröhren hoher Leistung
1954, 46 Seiten, 12 Abb., 2 Tabellen, DM 9,15

HEFT 78
Forschungsstelle für Acetylen, Dortmund
Über die Zustandsgleichung des gasförmigen Acetylens und das Gleichgewicht Acetylen — Aceton
1954, 42 Seiten, 3 Abb., 8 Tabellen, DM 8,—

HEFT 79
Techn.-Wissenschaftl. Büro für die Bastfaserindustrie, Bielefeld
Trocknung von Leinengarnen III
Spinnspulen- und Spinnkopstrocknung
Vorgang und Einwirkung auf die Garnqualität
1954, 74 Seiten, 18 Abb., 10 Tabellen, DM 14,—

WESTDEUTSCHER VERLAG · KÖLN UND OPLADEN

HEFT 80
Techn.-Wissenschaftl. Büro für die Bastfaserindustrie, Bielefeld
Die Verarbeitung von Leinengarn auf Webstühlen mit und ohne Oberbau
1954, 30 Seiten, 2 Abb., 2 Tabellen, DM 6,—

HEFT 81
Prüf- und Forschungsinstitut für Ziegeleierzeugnisse, Essen-Kray
Die Einführung des großformatigen Einheits-Gitterziegels im Lande Nordrhein-Westfalen
1954, 54 Seiten, 2 Abb., 2 Tabellen, DM 10,—

HEFT 82
Vereinigte Aluminium-Werke AG., Bonn
Forschungsarbeiten auf dem Gebiet der Veredelung von Aluminium-Oberflächen
1954, 46 Seiten, 34 Abb., DM 9,60

HEFT 83
Prof. Dr. S. Strugger, Münster
Über die Struktur der Proplastiden
1954, 30 Seiten, 15 Abb., DM 8,40

HEFT 84
Dr. H. Baron, Düsseldorf
Über Standardisierung von Wundtextilien
1954, 32 Seiten, DM 6,40

HEFT 85
Textilforschungsanstalt Krefeld
Physikalische Untersuchungen an Fasern, Fäden, Garnen und Geweben:
Untersuchungen am Knickscheuergerät nach Weltzien
1954, 40 Seiten, 11 Abb., 8 Tabellen, DM 10,—

HEFT 86
Prof. Dr.-Ing. H. Opitz, Aachen
Untersuchungen über das Fräsen von Baustahl sowie über den Einfluß des Gefüges auf die Zerspanbarkeit
1954, 108 Seiten, 73 Abb., 7 Tabellen, DM 22,—

HEFT 87
Gemeinschaftsausschuß Verzinken, Düsseldorf
Untersuchungen über Güte von Verzinkungen
1954, 68 Seiten, 56 Abb., 3 Tabellen, DM 15,30

HEFT 88
Gesellschaft für Kohlentechnik mbH., Dortmund-Eving
Oxydation von Steinkohle mit Salpetersäure
1954, 62 Seiten, 2 Abb., 1 Tabelle, DM 11,50

HEFT 89
Verein Deutscher Ingenieure, Gleitlagerforschung, Düsseldorf und Prof. Dr.-Ing. G. Vogelpohl, Göttingen
Versuche mit Preßstoff-Lagern für Walzwerke
1954, 70 Seiten, 34 Abb., DM 14,10

HEFT 90
Forschungs-Institut der Feuerfest-Industrie, Bonn
Das Verhalten von Silikasteinen im Siemens-Martin-Ofengewölbe
1954, 62 Seiten, 15 Abb., 11 Tabellen, DM 11,90

HEFT 91
Forschungs-Institut der Feuerfest-Industrie, Bonn
Untersuchungen des Zusammenhangs zwischen Leistung und Kohlenverbrauch von Kammeröfen zum Brennen von feuerfesten Materialien
1954, 42 Seiten, 6 Abb., DM 8,30

HEFT 92
Techn.-Wissenschaftl. Büro für die Bastfaserindustrie, Bielefeld und Laboratorium für textile Meßtechnik, M.-Gladbach
Messungen von Vorgängen am Webstuhl
1954, 76 Seiten, 45 Abb., DM 15,50

HEFT 93
Prof. Dr. W. Kast, Krefeld
Spinnversuche zur Strukturerfassung künstlicher Zellulosefasern
1954, 82 Seiten, 39 Abb., 6 Tabellen, DM 16,—

HEFT 94
Prof. Dr. G. Winter, Bonn
Die Heilpflanzen des MATTHIOLUS (1611) gegen Infektionen der Harnwege und Verunreinigung der Wunden bzw. zur Förderung der Wundheilung im Lichte der Antibiotikaforschung
1954, 58 Seiten, 1 Abb., 2 Tabellen, DM 11,50

HEFT 95
Prof. Dr. G. Winter, Bonn
Untersuchungen über die flüchtigen Antibiotika aus der Kapuziner- (Tropaeolum maius) und Gartenkresse (Lepidium sativum) und ihr Verhalten im menschlichen Körper bei Aufnahme von Kapuziner- bzw. Gartenkressensalat per os
1955, 74 Seiten, 9 Abb., 25 Tabellen, DM 14,—

HEFT 96
Dr.-Ing. P. Koch, Dortmund
Austritt von Exoelektronen aus Metalloberflächen unter Berücksichtigung der Verwendung des Effektes für die Materialprüfung
1954, 34 Seiten, 13 Abb., DM 7,—

HEFT 97
Ing. H. Stein, Laboratorium für textile Meßtechnik, M.-Gladbach
Untersuchung der Verzugsvorgänge an den Streckwerken verschiedener Spinnereimaschinen
2. Bericht: Ermittlung der Haft-Gleiteigenschaften von Faserbändern und Vorgarnen
1955, 98 Seiten, 54 Abb., DM 21,—

HEFT 98
Fachverband Gesenkschmieden, Hagen
Die Arbeitsgenauigkeit beim Gesenkschmieden unter Hämmern
1955, 132 Seiten, 55 Abb., 9 Tabellen, DM 24,75

HEFT 99
Prof. Dr.-Ing. G. Garbotz, Aachen
Der Kraft- und Arbeitsaufwand sowie die Leistungen beim Biegen von Bewehrungsstählen in Abhängigkeit von den Abmessungen, den Formen und der Güte der Stähle (Ermittlung von Leistungsrichtlinien)
1955, 136 Seiten, 53 Abb., 3 Anlagen, 18 Tabellen, DM 30,—

HEFT 100
Prof. Dr.-Ing. H. Opitz, Aachen
Untersuchungen von elektrischen Antrieben, Steuerungen und Regelungen an Werkzeugmaschinen
1955, 166 Seiten, 71 Abb., 3 Tabellen, DM 31,30

HEFT 101
Prof. Dr.-Ing. H. Opitz, Aachen
Wirtschaftlichkeitsbetrachtungen beim Außenrundschleifen
1955, 100 Seiten, 56 Abb., 3 Tabellen, DM 19,30

HEFT 102
Dr. P. Hölemann, Ing. R. Hasselmann und Ing. G. Dix, Dortmund
Untersuchungen über die thermische Zündung von explosiblen Acetylenzersetzungen in Kapillaren
1954, 44 Seiten, 5 Abb., 4 Tabellen, DM 8,60

HEFT 103
Prof. Dr. W. Weizel, Bonn
Durchführung von experimentellen Untersuchungen über den zeitlichen Ablauf von Funken in komprimierten Edelgasen sowie zu deren mathematischen Berechnung
1955, 46 Seiten, 12 Abb., DM 9,10

HEFT 104
Prof. Dr. W. Weizel, Bonn
Über den Einfluß der Elektroden auf die Eigenschaften von Cadmium-Sulfid-Widerstands-Photozellen
1955, 48 Seiten, 12 Abb., DM 9,45

HEFT 105
Dr.-Ing. R. Meldau, Harsewinkel/Westf.
Auswertung von Gekörn — Analysen des Musterstaubes „Flugasche Fortuna I"
1955, 42 Seiten, 14 Abb., DM 8,50

HEFT 106
ORR. Dr.-Ing. W. Küch, Dortmund
Untersuchungen über die Einwirkung von feuchtigkeitsgesättigter Luft auf die Festigkeit von Leimverbindungen
1954, 60 Seiten, 10 Abb., 6 Tabellen, DM 11,40

HEFT 107
Prof. Dr. H. Lange und Dipl.-Phys. P. St. Pütter, Köln
Über die Konstruktion von Laboratoriumsmagneten
1955, 66 Seiten, 19 Abb., 1 Tabelle, DM 12,30

HEFT 108
Prof. Dr. W. Fuchs, Aachen
Untersuchungen über neue Beizmethoden und Beizabwässer
I. Die Entzunderung von Drähten mit Natriumhydrid
II. Die Aufbereitung von Beizabwässern
1955, 82 S., 15 Abb., 14 Tabellen, 1 Falttafel, DM 15,25

HEFT 109
Dr. P. Hölemann und Ing. R. Hasselmann, Dortmund
Untersuchungen über die Löslichkeit von Azetylen in verschiedenen organischen Lösungsmitteln
1954, 42 Seiten, 10 Abb., 8 Tabellen, DM 8,30

HEFT 110
Dr. P. Hölemann und Ing. R. Hasselmann, Dortmund
Untersuchungen über den Druckverlauf bei der explosiblen Zersetzung von gasförmigem Azetylen
1955, 54 Seiten, 10 Abb., 5 Tabellen, DM 11,—

HEFT 111
Fachverband Steinzeugindustrie, Köln
Die Entwicklung eines Gerätes zur Beschickung seitlicher Feuer von Steinzeug-Einzelkammeröfen mit festen Brennstoffen
1955, 46 Seiten, 16 Abb., DM 9,40

HEFT 112
Prof. Dr.-Ing. H. Opitz, Aachen
Verschleißmessungen beim Drehen mit aktivierten Hartmetallwerkzeugen
1954, 44 Seiten, 17 Abb., 6 Tabellen, DM 8,80

HEFT 113
Prof. Dr. O. Graf, Dortmund
Erforschung der geistigen Ermüdung und nervösen Belastung: Studien über die vegetative 24-Stunden-Rhythmik in Ruhe und unter Belastung
1955, 40 Seiten, 12 Abb., DM 8,20

HEFT 114
Prof. Dr. O. Graf, Dortmund
Studien über Fließarbeitsprobleme an einer praxisnahen Experimentieranlage
1954, 34 Seiten, 6 Abb., DM 7,—

HEFT 115
Prof. Dr. O. Graf, Dortmund
Studium über Arbeitspausen in Betrieben bei freier und zeitgebundener Arbeit (Fließarbeit) und ihre Auswirkung auf die Leistungsfähigkeit
1955, 50 Seiten, 13 Abb., 2 Tabellen, DM 9,80

HEFT 116
Prof. Dr.-Ing. E. Siebel und Dr.-Ing. H. Weiss, Stuttgart
Untersuchungen an einigen Problemen des Tiefziehens — I. Teil
1955, 74 Seiten, 50 Abb., 5 Tabellen, DM 14,50

HEFT 117
Dr.-Ing. H. Beißwänger, Stuttgart, und Dr.-Ing. S. Schwandt, Trier
Untersuchungen an einigen Problemen des Tiefziehens — II. Teil
1955, 92 Seiten, 34 Abb., 8 Tabellen, DM 17,70

HEFT 118
Prof. Dr. E. A. Müller und Dr. H. G. Wenzel, Dortmund
Neuartige Klima-Anlage zur Erzeugung ungleicher Luft- und Strahlungstemperaturen in einem Versuchsraum
1955, 68 Seiten, 10 z. T. mehrfarb. Abb., DM 14,—

HEFT 119
Dr.-Ing. O. Viertel, Krefeld
Wäscherei- und energietechnische Untersuchung einer Gemeinschafts-Waschanlage
1955, 50 Seiten, 18 Abb., DM 10,20

HEFT 120
Dipl.-Ing. A. Weisbecker, Lüdenscheid
Über Anfressung an Reinstaluminium-Schweißnähten bei der elektrolytischen Oxydation
Gebr. Hörstermann GmbH., Velbert
Entwicklung und Erprobung eines neuartigen Gummibandförderers
1955, 46 Seiten, 18 Abb., DM 9,70

HEFT 121
Dr. H. Krebs, Bonn
I. Die Struktur und die Eigenschaften der Halbmetalle
II. Die Bestimmung der Atomverteilung in amorphen Substanzen
III. Die chemische Bindung in anorganischen Festkörpern und das Entstehen metallischer Eigenschaften
1955, 124 Seiten, 36 Abb., 13 Tabellen, DM 22,90

HEFT 122
Prof. Dr. W. Fuchs, Aachen
Untersuchungen zur Verbesserung der Wasseraufbereitung und Wasseranalyse:
Über die Schnellbewertung von Ionenaustauscher
1955, 62 Seiten, 32 Abb., DM 12,30

HEFT 123
Dipl.-Ing. J. Emondts, Aachen
Über Bodenverformungen bei stark gestörtem und mächtigem, wasserführendem Deckgebirge im Aachener Steinkohlengebiet
1955, 196 Seiten, 37 Abb., 10 Tabellen, DM 28,80

HEFT 124
Prof. Dr. R. Seyffert, Köln
Wege und Kosten der Distribution der Hausratwaren im Lande Nordrhein-Westfalen
1955, 74 Seiten, 25 Tabellen, DM 9,—

HEFT 125
Prof. Dr. E. Kappler, Münster
Eine neue Methode zur Bestimmung von Kondensations-Koeffizienten von Wasser
1955, 46 Seiten, 11 Abb., 1 Tabelle, DM 9,10

HEFT 126
Prof. Dr.-Ing. J. Mathieu, Aachen
Arbeitszeitvergleich
Grundlagen, Methodik und praktische Durchführung
1955, 70 Seiten, DM 13,—

HEFT 127
Güteschutz Betonstein e. V., Arbeitskreis Nordrhein-Westfalen, Dortmund
Die Betonwaren-Gütesicherung im Lande Nordrhein-Westfalen
1955, 58 Seiten, 15 Abb., 3 Tabellen, DM 11,50

HEFT 128
Prof. Dr. O. Schmitz-DuMont, Bonn
Untersuchungen über Reaktionen in flüssigem Ammoniak
1955, 96 Seiten, 11 Abb., 6 Tabellen, DM 17,75

HEFT 129
Prof. Dr.-Ing. J. Mathieu und Dr. C. A. Roos, Aachen
Die Anlernung von Industriearbeitern
I. Ergebnisse einer grundsätzlichen Untersuchung der gegenwärtigen Industriearbeiter-Kurzanlernung
1955, 106 Seiten, DM 19,70

HEFT 130
Prof. Dr.-Ing. J. Mathieu und Dr. C. A. Roos, Aachen
Die Anlernung von Industriearbeitern
II. Beiträge zur Methodenfrage der Kurzanlernung
1955, 108 Seiten, DM 19,90

HEFT 131
Dr. W. Hoerburger, Köln
Versuche zur Biosynthese von Eiweiß aus Kohlenwasserstoff
1955, 34 Seiten, 2 Abb DM 6,90

HEFT 132
Prof. Dr. W. Seith, Münster
Über Diffusionserscheinungen in festen Metallen
1955, 42 Seiten, 19 Abb., 4 Tabellen, DM 9,10

HEFT 133
Prof. Dr. E. Jenckel, Aachen
Über einen für Schwermetalle selektiven Ionenaustauscher
1955, 48 Seiten, 8 Abb., 13 Tabellen, DM 9,50

HEFT 134
Prof. Dr.-Ing. H. Winterhager, Aachen
Über die elektrochemischen Grundlagen der Schmelzfluß-Elektrolyse von Bleisulfid in geschmolzenen Mischungen mit Bleichlorid
1955, 54 Seiten, 20 Abb., 5 Tabellen, DM 11,80

HEFT 135
Prof. Dr.-Ing. K. Krekeler und Dr.-Ing. H. Peukert, Aachen
Die Änderung der mechanischen Eigenschaften thermoplastischer Kunststoffe durch Warmrecken
1955, 54 Seiten, 27 Abb., DM 11,10

HEFT 136
Dipl.-Phys. P. Pilz, Remscheid
Über spezielle Probleme der Zerkleinerungstechnik von Weichstoffen
1955, 58 Seiten, 19 Abb., 2 Tabellen, DM 11,50

HEFT 137
Prof. Dr. W. Baumeister, Münster
Beiträge zur Mineralstoffernährung der Pflanzen
1955, 64 Seiten, 6 Tabellen, DM 11,80

HEFT 138
Dr. P. Hölemann und Ing. R. Hasselmann, Dortmund
Untersuchungen über die Zersetzungswärme von gasförmigem und in Azeton gelöstem Azetylen
1955, 54 Seiten, 8 Abb., 7 Tabellen, DM 10,40

HEFT 139
Prof. Dr. W. Fuchs, Aachen
Studien über die thermische Zersetzung der Kohle und die Kohlendestillatprodukte
1955, 64 Seiten, 20 Abb., 22 Tabellen, DM 11,80

HEFT 140
Dr.-Ing. G. Hausberg, Essen
Modellversuche an Zyklonen
1955, 78 Seiten, 24 Abb., DM 15,70

HEFT 141
Dr. J. van Calker und Dr. R. Wienecke, Münster
Untersuchungen über den Einfluß dritter Analysenpartner auf die spektrochemische Analyse
1955, 42 Seiten, 15 Abb., DM 9,10

HEFT 142
Dipl.-Ing. G. M. F. Wiebel, Hannover, A. Konermann und A. Ottenheym, Sennelager
Entwicklung eines Kalksandleichtsteines
1955, 38 Seiten, 4 Abb., DM 8,—

HEFT 143
Prof. Dr. F. Wever, Dr. A. Rose und Dipl.-Ing. W. Straßburg, Düsseldorf
Härtbarkeit und Umwandlungsverhalten der Stähle
1955, 50 Seiten, 12 Abb., 3 Tabellen, DM 10,70

HEFT 144
Prof. Dr. H. Wurmbach, Bonn
Steuerung von Wachstum und Formbildung
1955, 48 Seiten, 19 Abb., DM 10,30

HEFT 145
Dr. G. Hennemann, Werdohl (Westf.)
Beitrag zur Interpretation der modernen Atomphysik
1955, 34 Seiten, DM 10,—

HEFT 146
Dr.-Ing. F. Gruß, Düsseldorf
Sterilisation mit Heißluft
1955, 34 Seiten, 10 Abb., DM 7,70

HEFT 147
Dr.-Ing. W. Rudisch, Unna
Untersuchung einer drehelastischen Elektromagnet-Synchronkupplung
1955, 82 Seiten, 65 Abb., DM 17,70

HEFT 148
Prof. Dr. H. Bittel u. Dipl.-Phys. L. Storm, Münster
Untersuchungen über Widerstandsrauschen
1955, 40 Seiten, 5 Abb., DM 8,40

HEFT 149
Dipl.-Ing. K. Konopicky und Dipl.-Chem. P. Kampa, Bonn
I. Beitrag zur flammenphotometrischen Bestimmung des Calciums.
Dr.-Ing. K. Konopicky, Bonn
II. Die Wanderung von Schlackenbestandteilen in feuerfesten Baustoffen
1955, 54 Seiten, 10 Abb., 5 Tabellen, DM 11,—

HEFT 150
Prof. Dr.-Ing. O. Kienzle und Dipl.-Ing. W. Timmerbeil, Hannover
Das Durchziehen enger Kragen an ebenen Fein- und Mittelblechen
1955, 52 Seiten, 20 Abb., 8 Tabellen, DM 11,30

HEFT 151
Dipl.-Ing. P. Karabasch, Aachen
Feststellung des optimalen Gasgehaltes von Bronzen zur Erzielung druckdichter Gußstücke
1956, 64 Seiten, 31 Abb., 5 Tabellen, DM 13,90

HEFT 152
Dipl.-Ing. G. Müller, Köln
Ermittlung der Laufeigenschaften (Vergießbarkeit) von Bronze und Rotguß mittels der Schneider-Gießspirale
1955, 60 Seiten, 33 Abb., DM 13,30

HEFT 153
Prof. Dr. F. Wever, Dr.-Ing. W. A. Fischer und Dipl.-Ing. J. Engelbrecht, Düsseldorf
I. Die Reduktion sauerstoffhaltiger Eisenschmelzen im Hochvakuum mit Wasserstoff und Kohlenstoff
II. Einfluß geringer Sauerstoffgehalte auf das Gefüge und Alterungsverhalten von Reineisen
1955, 54 Seiten, 15 Abb., 2 Tabellen, DM 12,40

HEFT 154
Prof. Dr.-Ing. P. Bardenheuer und Dr.-Ing. W. A. Fischer, Düsseldorf
Die Verschlackung von Titan aus Stahlschmelzen im sauren und basischen Hochfrequenzofen unter verschiedenen Schlacken
1955, 36 Seiten, 10 Abb., 1 Tabelle, DM 7,95

HEFT 155
Dipl.-Phys. K. H. Schirmer, München
Die auf Grau abgestimmte Farbwiedergabe im Dreifarbenbuchdruck
1955, 46 Seiten, 17 Abb., 2 Farbtafeln, DM 10,—

HEFT 156
Prof. Dr.-Ing. B. von Borries und Mitarbeiter, Düsseldorf
Die Entwicklung regelbarer permanentmagnetischer Elektronenlinsen hoher Brechkraft und eines mit ihnen ausgerüsteten Elektronenmikroskopes neuer Bauart
1956, 102 Seiten, 52 Abb., DM 22,55

HEFT 157
Dr. W. Jawtusch, Dr. G. Schuster und Prof. Dr.-Ing. R. Jaeckel, Bonn
Untersuchungen über die Stoßvorgänge zwischen neutralen Atomen und Molekülen
1955, 48 Seiten, 15 Abb., 3 Tabellen, DM 10,50

HEFT 158
Dipl.-Ing. W. Rosenkranz, Meinerzhagen
Ein Beitrag zum Problem der Spannungskorrosion bei Preßprofilen und Preßteilen aus Aluminium-Legierungen
1956, 112 Seiten, 61 Abb., 5 Tabellen, DM 27,40

HEFT 159
Dr.-Ing. O. Viertel und O. Oldenroth, Krefeld
Das Bleichen von Weißwäsche mit Wasserstoffsuperoxyd bzw. Natriumhypochlorit beim maschinellen Waschen
1955, 54 Seiten, 23 Abb., 2 Tabellen, DM 11,45

HEFT 160
Prof. Dr. W. Klemm, Münster
Über neue Sauerstoff- und Fluor-haltige Komplexe
1955, 50 Seiten, 13 Abb., 7 Tabellen, DM 10,80

HEFT 161
Prof. Dr. W. Weltzien und Dr. G. Hauschild, Krefeld
Über Silikone und ihre Anwendung in der Textilveredlung
1955, 162 Seiten, 22 Abb., 10 Tabellen, DM 27,—

HEFT 162
Prof. Dr. F. Wever, Prof. Dr. A. Kochendörfer und Dr.-Ing. Chr. Rohrbach, Düsseldorf
Kennzeichnung der Sprödbruchneigung von Stählen durch Messung der Fließspannung, Reißspannung und Brucheinschnürung an dreiachsig beanspruchten Proben
1955, 58 Seiten, 26 Abb., DM 13,—

HEFT 163
Dipl.-Ing. W. Rohs und Text.-Ing. H. Griese, Bielefeld
Untersuchungsarbeiten zur Verbesserung des Leinenwebstuhls III
1955, 80 Seiten, 15 Abb., 18 Tabellen, DM 15,80

HEFT 164
Dr.-Ing. H. Schmachtenberg, Köln
Neuartige Prüfeinrichtungen für Kraftfahrzeuge
1955, 44 Seiten, 23 Abb., DM 9,60

HEFT 165
Dr.-Ing. W. Wilhelm, Aachen
Instationäre Gasströmung im Auspuffsystem eines Zweitaktmotors
1955, 62 Seiten, 31 Abb., 8 Tabellen, DM 13,60

HEFT 166
Prof. Dr. M. v. Stackelberg, Dr. H. Heindze, Dr. H. Hübschke und Dr. K. H. Frangen, Bonn
Kolloidchemische Untersuchungen
1955, 106 Seiten, 8 Abb., 13 Tabellen, DM 21,25

HEFT 167
Prof. Dr.-Ing. F. Schuster, Essen
I. Die Heißkarburierung von Brenngasen mit Ölen und Teeren
II. Die Strahlungsvorgänge in brennstoffbeheizten Öfen bei verschiedenen Verbrennungsatmosphären
1955, 38 Seiten, 8 Abb., DM 8,30

HEFT 168
Prof. Dr.-Ing. F. Schuster, Essen
I. Luftvorwärmung an Gasfeuerungen
II. Heizwerthöhe von Brenngasen und Wirkungsgrad sowie Gasverbrauch bei der Gasverwendung
III. Sauerstoffangereicherte Luft und feuerungstechnische Kenngrößen von Brenngasen
1955, 60 Seiten, 18 Abb., DM 12,50

HEFT 169
Forschungsinstitut für Pigmente und Lacke, Stuttgart
Arbeiten über die Bestimmung des Gebrauchswertes von Lackfilmen durch physikalische Prüfungen
1955, 70 Seiten, 23 Abb., 4 Tabellen, DM 15,—

HEFT 170
Prof. Dr. F. Wever, Dr. A. Rose und Dipl.-Ing L. Rademacher, Düsseldorf
Anwendung der Umwandlungsschaubilder auf Fragen der Werkstoffauswahl beim Schweißen und Flammhärten
1955, 64 Seiten, 25 Abb., DM 13,70

WESTDEUTSCHER VERLAG · KÖLN UND OPLADEN

HEFT 171
Wäschereiforschung Krefeld
Untersuchung der Wäscheentwässerung mit Hilfe von Zentrifugen und Pressen
1955, 42 Seiten, 16 Abb., 4 Tabellen, DM 9,70

HEFT 172
Dipl.-Ing. W. Robs, Dr.-Ing. G. Satlow und Text.-Ing. G. Heller, Bielefeld
Trocknung von Hanfgarnen. Kreuzspultrocknung
1955, 60 Seiten, 7 Abb., 4 Tabellen, DM 10,30

HEFT 173
Prof. Dr. R. Hosemann und Dipl.-Phys. G. Schoknecht, Berlin, vorgelegt von Prof. Dr. W. Kast, Krefeld
Lichtoptische Herstellung und Diskussion der Faltungsquadrate parakristalliner Gitter
1956, 108 Seiten, 63 Abb., 6 Tabellen, DM 24,70

HEFT 174
Prof. Dr. W. von Fragstein, Dr. J. Meingast und H. Hoch, Köln
Herstellung von Solen einheitlicher Teilchengröße und Ermittlung ihrer optischen Eigenschaften
1955, 78 Seiten, 80 Abb., 4 Tabellen, DM 18,25

HEFT 175
Dr.-Ing. H. Zeller, Aachen
Beitrag zur eindimensionalen stationären und nichtstationären Gasströmung mit Reibung und Wärmeleitung, insbesondere in Rohren mit unstetigen Querschnittsänderungen.
1956, 138 Seiten, 56 Abb., DM 29,30

HEFT 176
Dipl.-Ing. H. Schöberl, Duisburg
Über die Methoden zur Ermittlung der Verbrennungstemperatur von Brennstoffen und ein Vorschlag zu ihrer Verbesserung
1955, 30 Seiten, 3 Abb., DM 6,50

HEFT 177
Dipl.-Ing. H. Stüdemann, Solingen, und Dr.-Ing. W. Müchler, Essen
Entwicklung eines Verfahrens zur zahlenmäßigen Bestimmung der Schneideigenschaften von Messerklingen
1956, 104 Seiten, 68 Abb., 4 Tabellen, DM 22,20

HEFT 178
Prof. Dr. M. von Stackelberg u. Dr. W. Hans, Bonn
Untersuchungen zur Ausarbeitung und Verbesserung von polarographischen Analysenmethoden
1955, 46 Seiten, 14 Abb., DM 10,50

HEFT 179
Dipl.-Ing. H. F. Reineke, Bochum
Entwicklungsarbeiten auf dem Gebiete der Meß- und Regeltechnik
1955, 46 Seiten, 10 Abb., DM 10,—

HEFT 180
Dr.-Ing. W. Piepenburg, Dipl.-Ing. B. Bühling und Bauing. J. Behnke, Köln
Putzarbeiten im Hochbau und Versuche mit aktiviertem Mörtel und mechanischem Mörtelauftrag
1955, 116 Seiten, 31 Abb., 68 Tabellen, DM 23,—

HEFT 181
Prof. Dr. W. Franz, Münster
Theorie der elektrischen Leitvorgänge in Halbleitern und isolierenden Festkörpern bei hohen elektrischen Feldern
1955, 28 Seiten, 2 Abb., 1 Tabelle, DM 6,20

HEFT 182
Dr.-Ing. P. Schenk u. Dr. K. Osterloh, Düsseldorf
Katalytisch-thermische Spaltung von gasförmigen und flüssigen Kohlenwasserstoffen zur Spitzengaserzeugung
1955, 50 Seiten, 11 Abb., 11 Tabellen, DM 10,90

HEFT 183
Dr. W. Bornheim, Köln
Entwicklungsarbeiten an Flaschen- und Ampullen-Behandlungsmaschinen für die pharmazeutische Industrie
1956, 48 Seiten, 24 Abb., DM 11,70

HEFT 184
Dr.-Ing. E. Printz, Kettwig
Vollhydraulische Parallel-Kupplung für Ackerschlepper
1955, 32 Seiten, 4 Abb., DM 7,80

HEFT 185
Dipl.-Ing. W. Rohs und Text.-Ing. G. Heller, Bielefeld
Studien an einem neuzeitlichen Kreuzspultrockner für Bastfasergarne mit Wiederbefeuchtungszone
1955, 52 Seiten, 9 Abb., 3 Tabellen, DM 10,70

HEFT 186
Dr. E. Wedekind, Krefeld
Untersuchungen zur Arbeitsbestgestaltung bei der Fertigstellung von Oberhemden in gewerblichen Wäschereien
1955, 124 Seiten, 28 Abb., 6 Tabellen, 2 Falttaf., DM 12,—

HEFT 187
Dipl.-Ing. F. Göttgens, Essen
Über die Eigenarten der Bimetall-, Thermo- und Flammenionisationssicherungsmethode in ihrer Anwendung auf Zündsicherungen
1955, 40 Seiten, 6 Abb., 4 Tabellen, DM 8,40

HEFT 188
W. Kinnebrock, Langenberg (Rhld.)
Der Einfluß des Austausches gleicher Gaskochbrenner bzw. Gaskochbrennerteile auf den Wirkungsgrad und insbesondere auf den CO-Gehalt der Verbrennungsgase
1955, 42 Seiten, 7 Tabellen, DM 8,70

HEFT 189
Fa. E. Leybold's Nachfolger, Köln
I. Ausgewählte Kapitel aus der Vakuumtechnik
II. Zum Verlust anorganisch-nichtflüchtiger Substanzen während der Gefriertrocknung
1955, 52 Seiten, 16 Abb., 3 Tabellen, DM 11,20

HEFT 190
Prof. Dr. A. Neuhaus, Prof. Dr. O. Schmitz-DuMont und Dipl.-Chem. H. Reckhard, Bonn
Zur Kenntnis der Alkalititanate
1955, 60 Seiten, 13 Abb., 1 Tabelle, DM 12,20

HEFT 191
Dr. H. Söhngen, Darmstadt
Schwingungsverhalten eines Schaufelkranzes im Vakuum
1955, 36 Seiten, 7 Abb., DM 7,80

HEFT 192
Dipl.-Phys. E. M. Schneider, München
Kohlebogenlampen für Aufnahme und Kopie
1955, 48 Seiten, 21 Abb., 3 Tabellen, DM 10,60

HEFT 193
Prof. Dr. O. Schmitz-DuMont, Bonn
Untersuchungen über neue Pigmentfarbstoffe
1956, 50 Seiten, 16 Abb., 8 Tabellen, DM 11,20

HEFT 194
Dr. K. Hecht, Köln
Entwicklung neuartiger physikalischer Unterrichtsgeräte
1955, 42 Seiten, 16 Abb., DM 9,90

HEFT 195
Dr.-Ing. E. Rößger, Köln
Gedanken über einen neuen deutschen Luftverkehr
1955, 342 Seiten, 29 Abb., 122 Tabellen, DM 50,—

HEFT 196
Dipl.-Ing. W. Rohs und Text.-Ing. H. Griese, Bielefeld
Auswirkungen von Garnfehlern bei der Verarbeitung von Leinengarnen
1955, 36 Seiten, 3 Abb., 6 Tabellen, DM 7,80

HEFT 197
Dr. E. Wedekind, Krefeld
Untersuchungen zur Bestimmung der optimalen Arbeitsplatzgröße bei Mehrstuhlarbeit in der Weberei
1955, 92 Seiten, 34 Abb., DM 18,50

HEFT 198
Prof. Dr. J. Weissinger, Karlsruhe
Zur Aerodynamik des Ringflügels. Die Druckverteilung dünner, fast drehsymmetrischer Flügel in Unterschallströmung
1955, 42 Seiten, 5 Abb., DM 9,—

HEFT 199
Textilforschungsanstalt Krefeld
Die Messung von Gewebetemperaturen mittels Temperaturstrahlung
1955, 50 Seiten, 12 Abb., DM 10,90

HEFT 200
R. Seipenbusch, Langenberg (Rhld.)
Spitzengas durch Zusatz von Flüssiggas-Wassergas- und Flüssiggas-Generatorgas-Gemischen zu Stadtgas
1955, 48 Seiten, 21 Tabellen, DM 10,35

HEFT 201
Dr.-Ing. E. W. Pleines, Frankfurt/Main
Die Sicherheit im Luftverkehr
1956, 194 Seiten, 39 Abb., 19 Tabellen, DM 39,50

HEFT 202
Dipl.-Ing. D. Fiecke, Stuttgart/Zuffenhausen
Die Bestimmung der Flugzeugpolaren für Entwurfszwecke. I Teil: Unterlagen
1956, 216 Seiten, 171 Diagr., DM 59,70

HEFT 203
Dr. G. Wandel, Bonn
Uferbewachsung und Lebendverbauung an den Nordwestdeutschen Kanälen und ihren Zuflüssen sowie an der Ruhr
1956, 122 Seiten, 88 Abb., DM 25,70

HEFT 204
Dipl.-Ing. B. Naendorf, Langenberg (Rhld.)
Bestimmung der Brenneigenschaften und des Brennverhaltens verschiedener Gasarten und Einfluß verschiedener Düsengestaltung
1955, 32 Seiten, DM 7,10

HEFT 205
Dr. C. Schaarwächter, Düsseldorf
Über plastische Kupfer-Eisen-Phosphor-Legierungen
1936, 36 Seiten, 10 Abb., 10 Tabellen, DM 8,30

HEFT 206
Dr. P. Hölemann, Ing. R. Hasselmann und Ing. G. Dix, Dortmund
Untersuchungen über die Vorgänge bei der Zersetzung von in Azeton gelöstem Azetylen
1956, 74 Seiten, 7 Abb., 7 Tabellen, DM 15,55

HEFT 207
Prof. Dr.-Ing. H. Opitz, Dipl.-Ing. K. H. Fröhlich und Dipl.-Ing. H. Siebel, Aachen
Richtwerte für das Fräsen von unlegierten und legierten Baustählen mit Hartmetall. I. Teil
1956, 48 Seiten, 27 Abb., 3 Tabellen, DM 11,10

HEFT 208
Prof. Dr.-Ing. H. Müller, Essen
Untersuchung von Elektrowärmegeräten für Laienbedienung hinsichtlich Sicherheit und Gebrauchsfähigkeit. I. Untersuchungen an Kochplatten
1956, 100 Seiten, 76 Abb., 7 Tabellen, DM 22,70

HEFT 209
Dr. K. Bunge, Leverkusen
Materialabbau in Funkenentladungen. Untersuchungen an Zinkkathoden
1956, 54 Seiten, 10 Abb., 5 Tabellen, DM 11,40

HEFT 210
Dr. W. Porschen und Prof. Dr. W. Riezler, Bonn
Langlebige Alphaaktivitäten bei natürlichen Elementen
1955, 40 Seiten, 5 Abb., 4 Tabellen, DM 8,80

HEFT 211
Prof. Dipl.-Ing. W. Sturtzel und Dr.-Ing. W. Graff, Duisburg
Die Versuchsanstalt für Binnenschiffbau, Duisburg
1956, 48 Seiten, 22 Abb., 11,—

HEFT 212
Dipl.-Ing. H. Spodig, Selm
Untersuchung zur Anwendung der Dauermagnete in der Technik
1955, 44 Seiten, 25 Abb., DM 9,80

HEFT 213
Dipl.-Ing. K. F. Rittinghaus, Aachen
Zusammenstellung eines Meßwagens für Bau- und Raumakustik
1957, 96 Seiten 17 Abb., 7 Tabellen DM 19,80

HEFT 214
Dr.-Ing. J. Endres, München
Berechnung der optimalen Leistungen, Kraftstoffverbräuche und Wirkungsgrade von Einkreis-Turbolader-Strahltriebwerken am Boden und in der Höhe bei Fluggeschwindigkeiten von 0—2000 km/h
1956, 72 Seiten, 18 Abb., 8 Tabellen, DM 15,40

HEFT 215
Prof. Dr.-Ing. H. Opitz und Dr.-Ing. G. Weber, Aachen
Einfluß der Wärmebehandlung von Baustählen auf Spanentstehung, Schnittkraft- und Standzeitverhalten
1956, 80 Seiten, 30 Abb., 10 Tabellen, DM 18,40

HEFT 216
Dr. E. Kloth, Köln
Untersuchungen über die Ausbreitung kurzer Schallimpulse bei der Materialprüfung mit Ultraschall
1956, 90 Seiten, 60 Abb., 4 Tabellen, DM 19,40

HEFT 217
Rationalisierungskuratorium der Deutschen Wirtschaft (RKW), Frankfurt/Main
Typenvielzahl bei Haushaltgeräten und Möglichkeiten einer Beschränkung
1956, 328 Seiten, 2 Abb., 181 Tabellen, DM 49,50

HEFT 218
Dr. F. Keune, Aachen
Bericht über eine Theorie der Strömung um Rotationskörper ohne Anstellung bei Machzahl Eins
1955, 40 Seiten, 8 Abb., 5 Formelblätter, DM 8,80

WESTDEUTSCHER VERLAG · KÖLN UND OPLADEN

HEFT 219
Prof. Dr. W. Fuchs, Aachen
Untersuchungen zur Holzabfallverwertung und zur Chemie des Lignins
1955, 54 Seiten, 11 Abb., 15 Tabellen DM 11,40

HEFT 220
Prof. Dr. W. Fuchs, Aachen
Die Entwicklung neuer Regel- und Kontroll-Apparate zur coulometrischen Analyse
1956, 76 Seiten, 17 Abb. 23 Tabellen, DM 15,50

HEFT 221
Dr. W. Meyer-Eppler, Bonn
Experimentelle Untersuchungen zum Mechanismus von Stimme und Gehör in der lautsprachlichen Kommunikation *1955, 56 Seiten, 24 Abb., DM 13,45*

HEFT 222
Dr. L. Köllner, Münster, und Dipl.-Volkswirt M. Kaiser, Bochum
Die internationale Wettbewerbsfähigkeit der westdeutschen Wollindustrie *1956, 214 Seiten, DM 39,50*

HEFT 223
Dr.-Ing. K. Alberti und Dr. F. Schwarz, Köln
Über das Problem Hartbrand-Weichbrand
1956, 54 Seiten, 25 Abb., 14 Tabellen, DM 12,10

HEFT 224
Dipl.-Ing. H. Stüdemann und Ing. R. Beu, Solingen
Verfahren zur Prüfung der Korrosionsbeständigkeit von Messerklingen aus rostfreiem Stahl
1956, 82 Seiten, 28 Abb., DM 16,90

HEFT 225
Dr.-Ing. E. Barz, Remscheid
Der Spannungszustand von Gattersägeblättern
1956, 74 Seiten, 54 Abb., DM 16,50

HEFT 226
Technisch-wissenschaftliches Büro für die Bastfaserindustrie, Bielefeld
Untersuchungen zur Verbesserung des Leinenwebstuhles IV
Die Wirkung verschiedener Kettbaumbremsen auf die Verwebung von Leinengarnen
1956, 64 Seiten, 9 Abb., 4 Tabellen, DM 13,50

HEFT 227
Prof. Dr. F. Wever, Düsseldorf und Dr. W. Wepner, Köln
Untersuchung der Alterungsneigung von weichen unlegierten Stählen durch Härteprüfung bei Temperaturen bis 300 Grad C
1956, 34 Seiten, 20 Abb., 3 Tabellen, DM 7,95

HEFT 228
Prof. Dr. F. Wever, Dr. W. Koch, Düsseldorf, und Dr. B. A. Steinkopf, Dortmund
Spektrochemische Grundlagen der Analyse von Gemischen aus Kohlenmonoxyd, Wasserstoff und Stickstoff *1956, 42 Seiten, 18 Abb., 1 Tabelle, DM 9,90*

HEFT 229
Prof. Dr. F. Wever, Dr. W. Koch und Dr.-Ing. H. Malissa, Düsseldorf
Über die Anwendung disubstituierter Dithiocarbamate der analytischen Chemie
1956, 44 Seiten, 30 Abb., 5 Tabellen, DM 10,50

HEFT 230
Prof. Dr. F. Wever, Düsseldorf, und Dr. W. Wepner, Köln
Bestimmung kleiner Kohlenstoffgehalte im Alpha-Eisen durch Dämpfungsmessung
1956, 34 Seiten, 5 Abb., 2 Tabellen, DM 7,70

HEFT 231
Dr.-Ing. W. Küch, Dortmund
Über die Wechselwirkung zwischen Holzschutzbehandlung und Verleimung
1956, 48 Seiten, 10 Abb., 8 Tabellen, DM 10,40

HEFT 232
Prof. Dr.-Ing. O. Kienzle, Hannover, und Dr.-Ing. H. Münnich, Schweinfurt
Feststellung der Spannungen und Dehnungen und Bruchdrehzahlen der unter Fliehkraft und Bearbeitungskraft beanspruchten Schleifkörper
in Vorbereitung

HEFT 233
Dr. H. Haase, Hamburg
Infrarot-Bibliographie *1956, 90 Seiten, DM 17,80*

HEFT 234
Dr.-Ing. K. G. Speith und Dr.-Ing. A. Bungeroth, Duisburg
Versuche zur Steigerung des Kokillen-Schluckvermögens beim Stranggießen von Stahl
1956, 26 Seiten, 5 Abb., DM 6,15

HEFT 235
Prof. Dr.-Ing. K. Leist und Dipl.-Ing. W. Dettmering, Aachen
Turbinenschaufeln aus Kunststoff für Kaltluftversuchsanlagen
1956, 46 Seiten, 43 Abb., 3 Tabellen, DM 12,30

HEFT 236
Dr.-Ing. O. Viertel und S. Lucas, Krefeld
Ergebnisse einer Hausfrauenbefragung über Wascheinrichtungen und Waschmethoden in städtischen Haushaltungen
1956, 34 Seiten, 4 Abb., DM 7,60

HEFT 237
Dr. P. Endler und Dr. H. Ludes, Köln
Bericht über eine Studienreise zur Orientierung der heutigen Behandlung der Lungentuberkulose in den Vereinigten Staaten von Nordamerika
1956, 32 Seiten, DM 7,10

HEFT 238
Institut für textile Meßtechnik, M.-Gladbach, e. V.
Untersuchungen der Verzugsvorgänge an den Streckwerken verschiedener Spinnereimaschinen. 3. Bericht: Theoretische Betrachtungen über den Einfluß schlagender Zylinder und Druckrollen
1956, 66 Seiten, 21 Abb., DM 14,10

HEFT 239
Prof. Dr.-Ing. K. Leist, Dipl.-Ing. H. Scheele, Aachen, und Dipl.-Ing. F. H. Flottmann, Herne
Versuche an einem neuartigen luftgekühlten Hochleistungs-Kolbenkompressor
1956, 72 Seiten, 19 Abb., 7 Tabellen, DM 14,40

HEFT 240
Prof. Dr.-Ing. K. Leist und Dipl.-Ing. H. Scheele, Aachen
Temperaturmessungen an einem einstufigen luftgekühlten 4-Zylinder-Kolbenkompressor mit Kühlgebläse *1956, 74 Seiten, 36 Abb., DM 14,80*

HEFT 241
Prof. Dr.-Ing. K. Leist und Dipl.-Ing. M. Pötke, Aachen
Leistungsversuche an einem Kühlluftgebläse
1956, 60 Seiten, 13 Abb., DM 11,70

HEFT 242
Prof. Dr.-Ing. K. Leist und Dipl.-Ing. K. Graf, Aachen
Straßenfahrzeuge mit Gasturbinenantrieb
1956, 82 Seiten, 63 Abb., DM 17,20

HEFT 243
Prof. Dr.-Ing. K. Leist und Dipl.-Ing. S. Förster, Aachen
Die französische Kleingasturbine Artouste — 1. Teil
1956, 80 Seiten, 41 Abb., DM 15,85

HEFT 244
Prof. Dr. F. Wever, Dr. W. Koch und Dr. S. Eckhard, Düsseldorf
Erfahrungen mit der spektrochemischen Analyse von Gefügebestandteilen des Stahles
1956, 32 Seiten, 8 Abb., 2 Tabellen, DM 7,80

HEFT 245
Prof. Dr.-Ing. habil. K. Krekeler, Aachen
Das Verbinden von Metallen durch Kunstharzkleber. Teil I: Eigenschaften und Verwendung der Metallklebstoffe *1956, 48 Seiten, 8 Abb., DM 10,25*

HEFT 246
Prof. Dr.-Ing. habil. K. Krekeler, Aachen
Das Verbinden von Metallen durch Kunstharzkleber. Teil II: Untersuchungen an geklebten Leichtmetall-Verbindungen *1956, 80 Seiten, 40 Abb., DM 17,50*

HEFT 247
Dr. H. Söhngen, Darmstadt
Strömung vor einem Überschall-Laufrad
1956, 26 Seiten, 4 Abb., DM 7,60

HEFT 248
Rheinische Aktiengesellschaft für Braunkohlenbergbau und Brikettfabrikation, Köln
Untersuchung der Bindemitteleigenschaften von Braunkohlenfilteraschen
1956, 176 Seiten, 26 Abb., 30 Tabellen, DM 35,60

HEFT 249
Dr. M.-E. Meffert, Essen
Weitere Kulturversuche Scenedesmus obliquus
1956, 36 Seiten, 5 Abb., 10 Tabellen, DM 8,—

HEFT 250
Dr. F. Schwarz und Dr.-Ing. K. Alberti, Köln
Entwicklung von Untersuchungsverfahren zur Gütebeurteilung von Industriekalken
1956, 36 Seiten, 9 Abb., DM 16,50

HEFT 251
Prof. Dr. H. Bittel, Münster
Zur Statistik der ferromagnetischen Elementarvorgänge und ihren Einfluß auf das Barkhausenrauschen
1956, 52 Seiten, 14 Abb., DM 11,65

HEFT 252
Dipl.-Ing. H. Frings, Geilenkirchen
Die Wirkung abfallender Wetterführung auf Wettertemperatur, Grubengasgehalt und Staubbildung
1957, 126 Seiten, 23 Abb., 13 Falttafeln, 38 Tab., DM 35,70

HEFT 253
Dipl.-Ing. S. Schirmanski, Berghausen
Stand und Auswertung der Forschungsarbeiten über Temperatur- und Feuchtigkeitsgrenzen bei der bergmännischen Arbeit
1957, 80 Seiten, 24 Abb., 12 Tab., DM 17,10

HEFT 254
Prof. Dr. R. Danneel, Bonn
Quantitative Untersuchungen über die Entwicklung des Ehrlich-Ascitestumors bei Inzuchtmäusen
1956, 52 Seiten, 17 Tabellen, DM 11,75

HEFT 255
Ing. B. v. Schlippe, Bad Nauheim
Strömung von Flüssigkeiten mit temperaturabhängiger Zähigkeit (Kühlung von Öfen)
1956, 54 Seiten, 12 Abb., 4 Tabellen, DM 11,70

HEFT 256
Prof. Dr. C. Schmieden und Dipl.-Math. K. H. Müller, Darmstadt
Die Strömung einer Quellstrecke im Halbraum — eine strenge Lösung der Navier-Stokes-Gleichungen
1956, 40 Seiten, 9 Abb., DM 8,80

HEFT 257
Prof. Dr. G. Lehmann und Dr. J. Tamm, Dortmund
Die Beeinflussung vegetativer Funktionen des Menschen durch Geräusche
1956, 48 Seiten, 25 Abb., 3 Tabellen, DM 11,20

HEFT 258
Dr. H. Paul, Linz (Rhein), und Prof. Dr. O. Graf, Dortmund
Zur Frage der Unfälle im Bergbau
1956, 52 Seiten, 9 Abb., 22 Tabellen, DM 11,20

HEFT 259
Prof. D. W. Linke, Aachen
Strömungsvorgänge in künstlich belüfteten Räumen
1956, 52 Seiten, 37 Abb., 1 Tabelle, DM 11,80

HEFT 260
Prof. Dr. W. Kast, Freiburg (Br.), Prof. Dr. A. H. Stuart und Dipl.-Phys. H. G. Fendler, Hannover
Lichtzerstreuungsmessungen an Lösungen hochpolymerer Stoffe
1956, 70 Seiten, 25 Abb., 5 Tabellen, DM 15,60

HEFT 261
Prof. Dr. W. Kast, Freiburg (Br.)
Feinstruktur-Untersuchungen an künstlichen Zellulosefasern verschiedener Herstellungsverfahren.
Teil II: Der Kristallisationszustand
1956, 80 Seiten, 27 Abb., 11 Tabellen, DM 17,20

HEFT 262
Dr.-Ing. W. Batel, Aachen
Untersuchungen zur Absiebung feuchter, feinkörniger Haufwerke und Schwingsieben
1956, 100 Seiten, 45 Abb., 5 Tabellen, DM 23,40

HEFT 263
Prof. Dr. H. Lange und Dipl.-Phys. R. Kohlhaas, Köln
Über die Wärmeleitfähigkeit von Stählen bei hohen Temperaturen: Teil I: Literaturbericht
1956, 48 Seiten, 26 Abb., 8 Tabellen, DM 10,70

HEFT 264
Prof. Dr. W. Weizel, Bonn
Durch schnelle Funkenzusammenbrüche ausgelöste Signale auf einer Leitung
1956, 26 Seiten, 4 Abb., 3 Tabellen, DM 6,10

HEFT 265
Prof. Dr. F. Micceil und Dr. R. Engel, Münster
Eine Apparatur zur elektrophoretischen Trennung von Stoffgemischen
1956, 38 Seiten, 21 Abb., DM 9,20

HEFT 266
Fliesen-Beratungsstelle Bad Godesberg-Mehlem
Güteeigenschaften keramischer Wand- und Bodenfliesen und deren Prüfmethoden
1956, 32 Seiten, DM 7,10

HEFT 267
Prof. Dr. W. Weizel und B. Brandt, Bonn
Zur Stabilität stromstarker Glimmentladungen
1956, 36 Seiten, 7 Abb., DM 8,40

WESTDEUTSCHER VERLAG · KÖLN UND OPLADEN

HEFT 268
Prof. Dr.-Ing. G. Vogelpohl, Göttingen
Über die Tragfähigkeit von Gleitlagern und ihre Berechnung
1956, 76 Seiten, 24 Abb., 7 Tabellen, DM 16,85

HEFT 269
Markscheider R. Bals, Bochum
Eignung des Gebirgsankerausbaus zur Erleichterung des Streckenvortriebs im Steinkohlenbergbau
1956, 84 Seiten, 41 Abb., DM 18,75

HEFT 270
Dr. H. Krebs und Mitarbeiter, Bonn
Die Trennung von Racematen auf chromatographischem Wege
1956, 62 Seiten, 18 Tabellen, DM 12,95

HEFT 271
Prof. Dr.-Ing. H. Opitz und Dipl.-Ing. H. Axer, Aachen
Beeinflussung des Verschleißverhaltens bei spanenden Werkzeugen durch flüssige und gasförmige Kühlmittel und elektrische Maßnahmen
1956, 46 Seiten, 28 Abb., DM 10,70

HEFT 272
Prof. Dr. W. Fuchs und Dr. H. Dresia, Aachen
Untersuchungen über die Schnellverbrennung und Schnellvergasung fester Brennstoffe
1956, 56 Seiten, 14 Abb., 3 Tabellen, DM 11,90

HEFT 273
Fa. K. W. Tacke G.m.b.H., Wuppertal-Barmen
Erfahrungen beim Verspinnen von Perlonfasern und bei der Herstellung von Trikotagen aus gesponnenem Perlon
1956, 36 Seiten, DM 7,90

HEFT 274
Prof. Dr.-Ing. K. Krekeler, Aachen
Qualitative Untersuchungen bei Verbindungsschweißungen mittels Lichtbogenschweißautomaten unter Verwendung von Blankdraht und Zugabe von ferromagnetischem Pulver als Umhüllung
1956, 68 Seiten, 40 Abb., 8 Tabellen, DM 15,45

HEFT 275
Prof. Dr.-Ing. habil. K. Krekeler, Aachen, und Dipl.-Ing. H. Verhoeven, Aachen
Quantitative Untersuchungen von Punktschweißverbindungen an Tiefzieh- und Aluminiumblechen, die nach dem Argonarc-Punktschweißverfahren hergestellt werden
1956, 64 Seiten, 45 Abb., DM 14,60

HEFT 276
Fa. E. Haage, Mülheim (Ruhr)
Entwicklungsarbeiten im Apparatebau für Laboratorien
1956, 48 Seiten, 18 Abb., DM 10,50

HEFT 277
Dr.-Ing. W. Müchler, Essen
Untersuchung und zahlenmäßige Bestimmung der Schneideigenschaften von Messern mit besonderer Berücksichtigung rostfreier Messerstähle
1956, 60 Seiten, 27 Abb., 5 Tabellen, DM 13,20

HEFT 278
Dipl.-Ing. J. Stelter und Dipl.-Ing. H. Kickert, Aachen
I. Sichtbarmachung von Ultraschallfeldern unter Verwendung photographischer Emulsionsschichten
II. Methode zur Bestimmung der wirklichen Temperaturverhältnisse in Flüssigkeiten während der Beschallung (Nach einer Diplom-Arbeit von H. Schnitzler)
1956, 54 Seiten, 24 Abb., DM 12,75

HEFT 279
Dr. F. Keune, Aachen
Der gewölbte und verwundene Tragflügel ohne Dicke in Schallnähe
1956, 42 Seiten, 15 Abb., DM 9,25

HEFT 280
Dipl.-Ing. J. Stelter und Dipl.-Ing. E. Pfende, Aachen
Über Störerscheinungen bei Schallgeschwindigkeitsmessungen mittels der Interferometermethode
1956, 42 Seiten, 13 Abb., DM 9,60

HEFT 281
Prof. Dr.-Ing. K. Lürenbaum, Aachen
Der Meßwagen des Instituts für Maschinen-Dynamik der Deutschen Versuchsanstalt für Luftfahrt, Aachen
1956, 34 Seiten, 17 Abb., DM 8,80

HEFT 282
Bergrat a. D. Scherer, Bochum
Das B. T.-Schwelverfahren und seine Anwendung auf der Anlage Marienau
1956, 44 Seiten, 7 Abb., DM 9,60

HEFT 283
Prof. Dr. F. Wever und Dr.-Ing. W. Lueg, Düsseldorf
Warmstauchversuche zur Ermittlung der Formänderungsfestigkeit von Gesenkschmiede-Stählen
1956, 44 Seiten, 19 Abb., DM 9,90

Heft 284
Prof. Dr. F. Wever, Düsseldorf, Dr.-Ing. H. J. Wiester, Essen, Dr.-Ing. F. W. Straßburg, Duisburg, Prof. Dr.-Ing. H. Opitz, Aachen, und Dr.-Ing. K. H. Fröhlich, Köln
Einfluß des Gefüges auf die Zerspanbarkeit von Einsatz- und Vergütungsstählen
1957, 88 Seiten, 126 Abb., 11 Tab., DM 22,45

HEFT 285
Prof. Dr.-Ing. O. Kienzle, Dr.-Ing. K. Lange, Hannover, und Dipl.-Ing. H. Meinert, Osterode
Einfluß der Oberfläche auf das Verschleißverhalten von Schmiedegesenken
1956, 62 Seiten, 29 Abb., 8 Tabellen, DM 14,60

HEFT 286
Dr.-Ing. K. Lange, Hannover, Dipl.-Ing. H. Meinert, Osterode, unter Mitarbeit von Dr.-Ing. H. Arend, Mülheim (Ruhr)
Verschleißverhalten hartverchromter Schmiedegesenke
1956, 74 Seiten, 53 Abb., 6 Tabellen, DM 17,65

HEFT 287
Prof. Dr.-Ing. habil. K. Krekeler, Aachen
Änderungen der mechanischen Eigenschaftswerte thermoplastischer Kunststoffe bei Beanspruchung in verschiedenen Medien
1956, 62 Seiten, 23 Abb., 5 Tabellen, DM 13,70

HEFT 288
Dr. K. Brücker-Steinkuhl, Düsseldorf
Anwendung mathematisch-statischer Verfahren in der Industrie
1956, 103 Seiten, 27 Abb., 14 Tabellen, DM 24,20

HEFT 289
Prof. Dr.-Ing. H. Winterhager, Aachen
Kombinierter Widerstands- und Lichtbogen-Vakuumofen zur Verarbeitung von Titanschwamm
Prof. Dr. Dr. h. c. R. Schwarz, Aachen
Erforschung neuer Wege zur Darstellung von Titanmetall
1957, 42 Seiten, 18 Abb., DM 9,70

HEFT 290
Dr. D. Horstmann, Düsseldorf
I. Der verstärkte Angriff des Zinks auf Eisen im Temperaturgebiet um 500° C
II. Einfluß eines Antimongehaltes auf den Angriff von Zinkschmelzen auf Eisen
1956, 48 Seiten, 33 Abb., 3 Tabellen, DM 11,90

HEFT 291
Dr.-Ing. H. J. Wiester und Dr. D. Horstmann, Düsseldorf
Der Angriff eisengesättigter Zinkschmelzen auf silizium- und manganhaltiges Eisen
1956, 52 Seiten, 45 Abb., 8 Tabellen, DM 12,60

HEFT 292
Dipl.-Ing. W. Rohs und Text.-Ing. H. Griese, Bielefeld
Webversuche an Leinenwebstühlen mit verbesserter Schaftbewegung
1956, 34 Seiten, 3 Abb., 2 Tabellen, DM 7,60

HEFT 293
Prof. J. W. Korte, unter Mitarbeit von Dipl.-Ing. P. A. Mäcke und Dipl.-Ing. W. Leutzbach, Aachen
Die Leistungsfähigkeit von Verkehrsanlagen des motorisierten städtischen Straßenverkehrs
1956, 98 Seiten, 35 Abb., 5 Tabellen, 1 Falttafel, DM 22,50

HEFT 294
Dipl.-Ing. B. Naendorf, Essen
Untersuchungen industrieller Gasbrenner
1956, 58 Seiten, 6 Abb., 3 Tabellen, DM 12,40

HEFT 295
Prof. Dr.-Ing. H. Opitz und Dipl.-Ing. H. Axer, Aachen
Untersuchung und Weiterentwicklung neuartiger elektrischer Bearbeitungsverfahren
1956, 42 Seiten, 27 Abb., DM 10,30

HEFT 296
Prof. Dr.-Ing. H. Opitz, Aachen
I. Untersuchungen an elektronischen Regelantrieben
II. Statische Untersuchungen zur Ausnutzung von Drehbänken
1956, 46 Seiten, 18 Abb., DM 10,40

HEFT 297
Dr. K. Schaarwächter, Düsseldorf
Die Reduktion von Siliziumtetrachlorid im Lichtbogen zur nachfolgenden Silizierung von Eisenblechen
in Vorbereitung

HEFT 298
Prof. Dr.-Ing. E. Oehler, Aachen
Untersuchung von kritischen Drehzahlen, die durch Kreiselmomente verursacht werden
1956, 50 Seiten, 35 Abb., DM 13,15

HEFT 299
Dr. J. Fassbender und W. Hoppe, Bonn
Eine photoelektrische Nachlaufeinrichtung für Analogie-Rechenmaschinen
1956, 20 Seiten, 8 Abb., DM 7,65

HEFT 300
Prof. Dr. E. Schütz und Privatdozent Dr. H. Caspers, Münster
Tierexperimentelle Untersuchungen über die Alkoholwirkungen auf Erregbarkeit und bioelektrische Spontanaktivität der Hirnrinde
1956, 44 Seiten, 6 Abb., 1 Tabelle, DM 9,55

HEFT 301
Prof. Dr. W. Weltzien, Dr. G. Cossmann und P. Diehl, Krefeld
Über die fraktionierte Füllung von Polyamiden (II)
1956, 54 Seiten, 1 Abb., 16 Tabellen, DM 11,30

HEFT 302
Prof. Dr.-Ing. W. Wegener und Dipl.-Ing. W. Zahn, Aachen
Untersuchungen von gesponnenen Garnen auf ihre Gleichmäßigkeit nach verschiedenen Meßmethoden
1957, 58 Seiten, 34 Abb., DM 15,20

HEFT 303
Prof. Dr. Ing. S. Kiesskalt, Aachen
Das Institut für Forschungsgesellschaft Verfahrenstechnik e. V. an der Technischen Hochschule Aachen
1956, 76 Seiten, 20 Abb., 3 Tabellen, DM 16,40

HEFT 304
Prof. Dr.-Ing. K. Krekeler, Düsseldorf, und Dipl.-Ing. A. Kleine-Albers, Aachen
Beitrag zur thermoelastischen Warmformbarkeit von Hart-PVC
1957, 72 Seiten, 29 Abb., DM 17,70

HEFT 305
Prof. Dr.-Ing. K. Krekeler, Düsseldorf, Dr.-Ing. H. Peukert, Aachen, und Dipl.-Ing. W. Schmitz, Siegburg
Heißgas-Schweißung von Hart-Polyvinylchlorid mit Zusatzwerkstoff
1956, 44 Seiten, 27 Abb., 5 Tabellen, DM 12,50

HEFT 306
Prof. Dr. B. Rensch, Münster
Elektrophysiologische Untersuchungen zur Analysierung der Bildung von Assoziationen und Gedächtnisspuren in Gehirn und Rückenmark
Prof. Dr. A. Loeser, Münster
Akute und chronische Giftwirkungen sauerstoffhaltiger Lösungsmittel
1956, 36 Seiten, 9 Abb., DM 8,90

HEFT 307
Privatdozent Dr. J. Juilfs, Krefeld
Vergleichende Untersuchungen zur elastischen und bleibenden Dehnung von Fasern
1956, 36 Seiten, 11 Abb., DM 8,30

HEFT 308
Privatdozent Dr. J. Juilfs, Krefeld
Zur Messung der Fadenglätte
1956, 22 Seiten, 10 Abb., 2 Tabellen, DM 8,—

HEFT 309
Prof. Dr. K. Cruse und Mitarbeiter, Clausthal-Zellerfeld
Aufbau und Arbeitsweise eines universell verwendbaren Hochfrequenz-Titrationsgerätes
1957, 48 Seiten, 29 Abb., DM 11,90

HEFT 310
Dr. P. F. Müller, Bonn
Die Integrieranlage des Rheinisch-Westfälischen Instituts für Instrumentelle Mathematik in Bonn
1956, 62 Seiten, 6 Abb., 30 Satzskizzen, DM 14,45

HEFT 311
Prof. Dr. F. Wever und Dr. M. Hempel, Düsseldorf
Dauerschwingfestigkeit von Stählen bei erhöhten Temperaturen
Teil I: Erkenntnisse aus bisherigen Dauerschwingversuchen in der Wärme
1956, 48 Seiten, 19 Abb., 2 Tabellen, DM 10,90

HEFT 312
Prof. Dr. F. Wever und Dr. M. Hempel, Düsseldorf
Dauerschwingfestigkeit von Stählen bei erhöhten Temperaturen
Teil II: Zug-Druck-Dauerschwingversuche an zwei warmfesten Stählen bei Temperaturen von 500 bis 650°
1956, 48 Seiten, 20 Abb., 3 Tabellen, DM 13,—

WESTDEUTSCHER VERLAG · KÖLN UND OPLADEN

HEFT 313
*Prof. Dr. F. Wever, Dr. W. Koch und
Dipl.-Phys. H. Rohde, Düsseldorf*
Änderungen des Habitus und der Gitterkonstanten des Zementits in Chromstählen bei verschiedenen Wärmebehandlungen
1956, 88 Seiten, 29 Abb., 8 Tabellen, DM 20,90

HEFT 314
Prof. Dr. F. Wever, Dr.-Ing. A. Krisch, Düsseldorf, und Dr.-Ing. H.-J. Wiester, Essen
Veränderungen im Gefügeaufbau von Chrom-Nickel-Molybdän-Stählen bei langzeitiger Beanspruchung im Zeitstandversuch bei 500°
1956, 48 Seiten, 26 Abb., 5 Tabellen, DM 11,70

HEFT 315
Prof. Dr. F. Wever und Dr.-Ing. A. Krisch, Düsseldorf
Metallkundliche Untersuchungen an Zeitstandproben
1956, 38 Seiten, 12 Abb., DM 9,15

HEFT 316
Dr. F. Keune, Aachen
Zusammenfassende Darstellung und Erweiterung des Aequivalenzsatzes für schallnahe Strömung
1956, 80 Seiten, 22 Abb., DM 17,90

HEFT 317
Dr.-Ing. J. Stelter, Aachen
Mikrobiologische Ultraschallwirkungen
1957, 106 Seiten, 41 Abb., 12 Tab., DM 23,90

HEFT 318
Dipl.-Ing. H. Kickert, Aachen
Über die Ausbreitung von Ultraschall in Luft
1957, 78 Seiten, 51 Abb., 7 Tab., DM 19,20

HEFT 319
Prof. Dr. C. Kröger, Aachen
Gemengereaktionen und Glasschmelze
1957, 118 Seiten, 53 Abb., 16 Tab., DM 26,—

HEFT 320
Dr. H.-E. Caspary, Köln
Verwendung von Szintillationszählern an Stelle von Zählrohren zur zerstörungsfreien Materialprüfung
1956, 42 Seiten, 13 Abb., 2 Tabellen, DM 10,10

HEFT 321
*Prof. Dr. F. Wever, Düsseldorf, und
Dr. W. Wepner, Köln*
Gleichzeitige Bestimmung kleiner Kohlenstoff- und Stickstoffgehalte im a-Eisen durch Dämpfungsmessung
1956, 30 Seiten, 3 Abb., 4 Tabellen, DM 6,80

HEFT 322
*Prof. Dr.-Ing. F. Bollenrath und
Dipl.-Ing. W. Domke, Aachen*
Eigenspannungen in vergüteten, dickwandigen Stahlzylindern nach Oberflächenhärtung mit induktiver Erwärmung
1956, 30 Seiten, 9 Abb., 2 Tabellen, DM 6,90

HEFT 323
Prof. Dr. R. Seyffert, Köln
Wege und Kosten der Distribution der Textilien, Schuh- und Lederwaren
1956, 98 Seiten, 37 Tabellen, 1 Falttaf., DM 12,—

HEFT 324
*Prof. Dr.-Ing. H. Opitz, Dr.-Ing. E. Saljé und
Dipl.-Ing. K. E. Schwartz, Aachen*
Richtwerte für das Außenrund-Längs- und Einstechschleifen
1956, 62 Seiten, 44 Abb., 2 Tabellen, DM 13,85

HEFT 325
Prof. Dr. E. Schratz, Münster
Pharmakognostische Untersuchungen am Medizinal-Rhabarber
1957, 62 Seiten, 29 Abb., 3 Tabellen, DM 17,90

HEFT 326
Prof. Dr.-Ing. E. Essers und Mitarbeiter, Aachen
Deichselkräfte an Lastzügen
1957, 96 Seiten, 34 Abb., DM 22,10

HEFT 327
*Prof. Dr.-Ing. habil. K. Krekeler und
Dr.-Ing. H. Peukert, Aachen*
Beitrag zur thermoelastischen Formbarkeit von Polyäthylen
1956, 56 Seiten, 49 Abb, 9 Tabellen, DM 12,80

HEFT 328
Dr. H. Maeder, Belo Horizonte
Schweißen von Temperguß
1957, 92 Seiten, 59 Abb., 42 Tabellen, DM 25,50

HEFT 329
Dipl.-Ing. A. Krüger, Karlsruhe, und Feuerwehr-Ing. R. Radusch, Dortmund
Wasserzerstäubung im Strahlrohr
1956, 86 Seiten, 21 Abb., 3 Tabellen, DM 18,65

HEFT 330
Dipl.-Physiker E. Pepping, Aachen
Die Durchflußzahl des Rechteckschlitzes in einer sehr großen Wand
1957, 54 Seiten, 21 Abb., DM 12,35

HEFT 331
Dipl.-Ing. G. Bretschneider, Ruit
Die Messung der wiederkehrenden Spannung mit Hilfe des Netzmodelles
1957, 46 Seiten, 21 Abb., 2 Tab., DM 11,20

HEFT 332
Prof. Dr.-Ing. R. Jaeckel und Dr. G. Reich, Bonn
Messung von Dampfdrucken im Gebiet unter 10^{-2} Torr
1956, 42 Seiten, 16 Abb., 2 Tabellen, DM 10,40

HEFT 333
*Prof. Dipl.-Ing. W. Sturtzel und
Dr.-Ing. W. Graff, Duisburg*
I. Der Flachwassereinfluß auf den Form- und Reibungswiderstand von Binnenschiffen
II. Der Flachwassereinfluß auf die Nachstrom- und Sogverhältnisse bei Binnenschiffen
1956, 44 Seiten, 14 Abb., DM 9,80

HEFT 334
Prof. Dr. W. Weizel und Dr. G. Meister, Bonn
Spektralanalyse durch Messung des Interferenz-Kontrastes
1956, 42 Seiten, DM 9,80

HEFT 335
Prof. Dr. W. Weizel und H. Hornberg, Bonn
Untersuchungen der anodischen Teile einer Glimmentladung
1957, 62 Seiten, 14 Farbabb., 21 Abb., 1 Tab., DM 32,80

HEFT 336
Dr. Tung-ping Yao, Aachen
Die Viskosität metallischer Schmelzen
1957, 64 Seiten, 28 Abb., 2 Tab., DM 14,40

HEFT 337
Dr. R. Hoeppener und Dr. W. Bierther, Bonn
Tektonik und Lagestätten im Rheinischen Schiefergebirge
1957, 66 Seiten, 14 Abb., DM 16,25

HEFT 338
*Prof. Dr.-Ing. W. Wegener, Aachen, und
Dipl.-Ing. J. Schneider, M.-Gladbach*
Die Bedeutung der Knotenart für die Herabminderung der Fadenbrüche
1957, 40 Seiten, 6 Abb., DM 11,90

HEFT 339
*Prof. Dr.-Ing. W. Wegener und
Dipl.-Ing. W. Zahn, Aachen*
Vergleich des normalen mit verschiedenen abgekürzten Baumwollspinnverfahren in bezug auf Gleichmäßigkeit und Sortierungsstreuung der Garne
1956, 56 Seiten, 17 Abb., 17 Tabellen, DM 12,70

HEFT 340
Dipl.-Ing. W. Rohs und Dipl.-Ing. R. Otto, Bielefeld
Das Naßspinnen von Bastfasergarnen mit Spinnbadzusätzen unter Ausnutzung einer zentralen Spinnwasserversorgungsanlage
1956, 56 Seiten, 2 Abb., 6 Abb., DM 11,60

HEFT 341
Prof. Dr.-Ing. H. Winterhager und Dipl.-Ing. L. Werner, Aachen
Präzisions-Meßverfahren zur Bestimmung des elektrischen Leitvermögens geschmolzener Salze
1956, 44 Seiten, 19 Abb., 1 Tabelle, DM 10,60

HEFT 342
Prof. Dr.-Ing. H. Winterhager und Dipl.-Ing. W. Barthel, Aachen
Die Gewinnung von Titanschlackenkonzentraten aus eisenreichen Ilemniten
1957, 60 Seiten, 30 Abb., 6 Tab., DM 13,30

HEFT 343
Prof. Dr.-Ing. W. Petersen, Aachen, und Dipl.-Ing. S. Wawroschek, Aachen
Die zweckmäßigsten Gütebestimmungsverfahren und Brikettierungsbedingungen bei der Erzeugung von Braunkohlen-Eisenerz-Briketts
1956, 64 Seiten, 28 Abb., DM 13,95

HEFT 344
Prof. Dr.-Ing. W. Fucks, Aachen
Zur Deutung einfachster mathematischer Sprachcharakteristiken
1956, 38 Seiten, 12 Abb., DM 7,80

HEFT 345
Dipl.-Ing. G. Cerbe und Dipl.-Ing. H. Monstadt, Essen
Konvektive Trocknung mit gasbeheizter Luft und Trocknung durch Gasstrahler
1957, 46 Seiten, 16 Abb., DM 10,40

HEFT 346
Dipl.-Ing. O. Arnold, Aachen
Erfahrungen mit Kernbohrungen zur Lagerstättenuntersuchung im Erzbergbau
1957, 36 Seiten, 2 Abb., 3 Falttaf. 6 Tab., DM 8,80

HEFT 347
S. Ruff, F. Kipp, H. Hansteen und G. Müller, Bonn
Untersuchungen zur Frage der Gehörschädigungen des fliegenden Personals der Propellerflugzeuge
1957, 50 Seiten, 27 Abb., 3 Tab., DM 11,10

HEFT 348
*Prof. Dr.-Ing. E. Piwowarsky
und Dr.-Ing. E. G. Nickel, Aachen*
Metallurgie eines hochwertigen Gußeisens mit kompakter bis kugelförmiger Graphitausbildung
1957, 54 Seiten, 27 Abb., 5 Tab., DM 13,30

HEFT 349
*Dr.-Ing. W. A. Fischer, Dr.-Ing. H. Treppschuh
und Dr.-Ing. K. H. Köthemann, Düsseldorf*
Tiegel aus Schmelzmagnesia für Vakuuminduktionsöfen
1957, 34 Seiten, 14 Abb., DM 8,40

HEFT 350
*Prof. Dr.-Ing. habil. K. Krekeler
und Dr.-Ing. H. Peukert, Aachen*
Das Spannungsverhalten der Kunststoffe bei der Verarbeitung
in Vorbereitung

HEFT 351
*Prof. Dr.-Ing. H. Opitz, Dipl.-Ing. H. Axer und
Dipl.-Ing. H. Rhode, Aachen*
Zerspanbarkeit hochwarmfester und nichtrostender Stähle. Teil I
1957, 96 Seiten, 73 Abb., 2 Tab., DM 21,80

HEFT 352
Dipl.-Ing. H. Fauser, Aachen
Fahrdynamik und Batterie-Arbeitsverbrauch von Akkumulatorenlokomotiven im Untertagebetrieb
1957, 152 Seiten, 78 Abb., DM 36,10

HEFT 353
Forschungsinstitut für Rationalisierung, Aachen
Schlagwortregister zur Rationalisierung
1957, 376 Seiten, DM 56,—

HEFT 354
Dipl.-Ing. D. Wagener, Aachen
Auswirkungen neuer Gaserzeugungs-Verfahren unter Berücksichtigung der Auswirkung auf den Kokereibetrieb
in Vorbereitung

HEFT 355
Prof. Dr.-Ing. habil. K. Krekeler, Dr.-Ing. H. Peukert und Dipl.-Ing. A. Kleine-Albers, Aachen
Heißgas-Schweißungen von Weich-Polyvinylchlorid mit Zusatzwerkstoff
1957, 44 Seiten, 19 Abb., DM 11,—

HEFT 356
Dipl.-Phys. G. Gurke, Aachen
Aufbau einer Meßanlage für Untersuchungen elektrischer Gasentladung im Bereiche großer p. d.-Werte
1956, 38 Seiten, 13 Abb., DM 8,65

HEFT 357
Prof. Dr.-Ing. W. Fucks, Aachen
Mathematische Analyse der Formalstruktur von Musik
in Vorbereitung

HEFT 358
*Prof. Dr. rer. nat. W. Weltzien, Dipl.-Chem. P. Ringel
und Text.-Ing. H. Kirchhoff, Krefeld*
Die Waschechtheit von Färbungen. Vergleichende Untersuchungen auf dem Gebiete der Echtheitsprüfung
in Vorbereitung

HEFT 359
Dr.-Ing. F. J. Meister, Düsseldorf
Veränderung der Hörschärfe, Lautheitsempfindung und Sprachaufnahme während des Arbeitsprozesses bei Lärmarbeitern
1957, 84 Seiten, 11 Abb., 40 Audiogramme, 41 Tab., DM 19,90

HEFT 360
Dr.-Ing. E. Barz, Remscheid
Fertigungsverfahren und Spannungsverlauf bei Kreissägeblättern für Holz
1957, 72 Seiten, 40 Abb., DM 17,—

HEFT 361
Dipl.-Ing. H. F. Klein, Aachen
Die nichtstationären Strömungsvorgänge und der Wärmeübergang in einem Schwingfeuergerät
1957, 84 Seiten, 34 Abb., 4 Falttafeln, DM 25,90

HEFT 362
*Prof. Dr. med. G. Lehmann und Dipl.-Phys.
D. Dieckmann, Dortmund*
Die Wirkung mechanischer Schwingungen (0,5 bis 100 Hertz) auf den Menschen
1957, 100 Seiten, 53 Abb., 6 Tab., DM 22,50

WESTDEUTSCHER VERLAG · KÖLN UND OPLADEN

HEFT 363
Dr.-Ing. U. Domm, Frankenthal (Pfalz)
Über eine Hypothese, die den Mechanismus der Turbulenz-Entstehung betrifft
1956, 28 Seiten, 4 Abb., DM 6,45

HEFT 364
Prof. Dr. Th. Beste, Köln
Die Mehrkosten bei der Herstellung ungängiger Erzeugnisse im Vergleich zur Herstellung vereinheitlichter Erzeugnisse
1957, 352 Seiten, DM 50,—

HEFT 365
Sozialforschungsstelle an der Universität Münster, Dortmund
Standort und Wohnort
1957, Textband: 350 Seiten, 28 Karten, 73 Tab.
Anlageband: 15 Karten, 21 Tab., DM 99,—

HEFT 366
Versuchsanstalt für Binnenschiffbau e. V., Duisburg
Bei Flachwasserfahrten durch die Strömungsverteilung am Boden und an den Seiten stattfindende Beeinflussung des Reibungswiderstandes von Schiffen
1957, 96 Seiten, 39 Abb., 28 Tab., DM 20,40

HEFT 367
Dr. rer. nat. D. Horstmann, Düsseldorf
Der Angriff eisengesättigter Zinkschmelzen auf kohlenstoff-, schwefel- und phosphorhaltiges Eisen
1957, 52 Seiten, 22 Abb., 6 Tab., DM 12,85

HEFT 368
Prof. Dr. phil. H. Kaiser, Dortmund
Entwicklung betriebsmäßiger spektrochemischer Analysenverfahren für technische Gläser
1957, 40 Seiten, 11 Abb., DM 9,10

HEFT 369
Prof. Dr.-Ing. R. Jaeckel und Dipl.-Phys. F. J. Schittko, Bonn
Gasabgabe von Werkstoffen ins Vakuum
1957, 48 Seiten, 20 Abb., 6 Tab., DM 13,30

HEFT 370
Dr. phil. habil. F. Schwarz, Köln
Physikochemische Grundlagen der Bildsamkeit von Kalken unter Einbeziehung des Begriffes der aktiven Oberfläche
in Vorbereitung

HEFT 371
Dr. phil. W. Lejeune, Köln
Beitrag zur statistischen Verifikation der Minderheiten-Theorie
in Vorbereitung

HEFT 372
Prof. Dr. phil. M. von Stackelberg, Bonn
Untersuchungen zur Ausarbeitung und Verbesserung von polarographischen Analysenmethoden. 2. Bericht
1957, 44 Seiten, 9 Abb., 7 Tab., DM 10,10

HEFT 373
Dipl.-Ing. H. J. Koch, Essen
Druckgasfeuerung — ein Verfahren zum Betrieb von Gasfeuerstätten
1957, 38 Seiten, 8 Abb., 10 Tab., DM 8,50

HEFT 374
Dr. E. Paproth, Krefeld
Paläontologische Bearbeitung der in den devonischen Schichten des Siegerlandes enthaltenen Faunen
1957, 38 Seiten, 3 Tab., DM 8,30

HEFT 375
Technischer Überwachungsverein e. V., Essen
Wanddickenmessungen mittels radioaktiver Strahlen und Zählrohrgerät
in Vorbereitung

HEFT 376
Technischer Überwachungsverein e. V., Essen
Wasserumlaufprobleme an Hochdruckkesseln
in Vorbereitung

HEFT 377
Technischer Überwachungsverein e. V., Essen
Versuche an Wanderrostkesseln mit befeuchteter Verbrennungsluft
in Vorbereitung

HEFT 378
Oberingenieur H. Stein, M.-Gladbach
Beobachtung und maßtechnische Erfassung der Vorgänge im Spinn- und Aufwindefeld von Ringspinn- und Ringzwirnmaschinen
1957, 104 Seiten, 88 Abb., 3 Tabellen, DM 26,90

HEFT 379
Laboratorium für textile Meßtechnik, M.-Gladbach
Schußfadenspannung beim Weben
1957, 76 Seiten, 17 Abb., 3 Tabellen, DM 18,60

HEFT 380
Dipl.-Phys. R. Trappenberg, Karlsruhe
Theoretische und experimentelle Untersuchungen zur Staubverteilung einer Rauchfahne
1957, 64 Seiten, 7 Abb., 18 Tabellen, DM 14,90

HEFT 381
Dr. J. Juilfs, Krefeld
Zur Dichtebestimmung von Fasern. Methoden und Beispiele der praktischen Anwendung
1957, 76 Seiten, 34 Abb., 18 Tabellen, DM 17,—

HEFT 382
Dr. phil. habil. P. Hölemann, Ing. R. Hasselmann und Ing. G. Dix, Dortmund
Die Messung von Flammen und Detonationsgeschwindigkeiten bei der explosiven Zersetzung von Acetylen in Rohren
1957, 36 Seiten, 7 Abb., 4 Tab., DM 8,10

HEFT 383
Dr. phil. habil. P. Hölemann und Ing. R. Hasselmann, Dortmund
Verlauf von Azetylenexplosionen in Rohren bei Gegenwart von porösen Massen
1957, 68 Seiten, 10 Abb., 15 Tabellen, DM 16,60

HEFT 384
Prof. Dr.-Ing. H. Opitz, Aachen
Schwingungsuntersuchungen an Werkzeugmaschinen
in Vorbereitung

HEFT 385
Prof. Dr.-Ing. H. Opitz, Aachen
Zerspanbarkeit hochwarmfester und nichtrostender Stähle. Teil II
1957, 86 Seiten, 54 Abb., 5 Tabellen, DM 19,30

HEFT 386
Prof. Dr.-Ing. H. Opitz, Aachen
Standzeituntersuchungen und Verschleißmessungen mit radioaktiven Isotopen
in Vorbereitung

HEFT 387
Prof. Dr. med. W. Kikuth und Dozent Dr. med. L. Grün, Düsseldorf
Die Verhütung von Infektion durch Desinfektion des Raumes und der Raumluft
1957, 96 Seiten, 14 Abb., 20 Tab., DM 22,50

HEFT 388
Prof. Dr. rer. nat. habil. W. Baumeister und Dr. rer. nat. H. Burghardt, Münster
Die Bedeutung der Elemente Zink und Fluor für das Pflanzenwachstum
1957, 48 Seiten, 17 Tab. DM 10,20

HEFT 389
Prof. Dr.-Ing. habil. H. Fink und K. W. Hoppenhaus, Köln
Die biologische Eiweiß-Synthese von höheren und niederen Pilzen und die alimentäre Lebernekrose der Ratte
1957, 76 Seiten, 2 Abb., 24 Tab., DM 15,60

HEFT 390
Dr.-Ing. J. Endres und Dr.-Ing. G. Hiebel, München
Berechnung der optimalen Leistungen, Kraftstoffverbräuche und Wirkungsgrade von Luftfahrt-Gasturbinen-Triebwerken am Boden und in der Höhe bei Fluggeschwindigkeiten von 0—2000 km/h und bei vorgegebenen Düsenausströmgeschwindigkeiten
in Vorbereitung

HEFT 391
Prof. Dr. phil. F. Wever, Dr. phil. W. Koch und Dipl.-Chem. F. Stricker, Düsseldorf
Die quantitative spektrographische Analyse von Gasgemischen aus Kohlenmonoxyd, Wasserstoff und Stickstoff
1957, 48 Seiten, 21 Abb., 3 Tab., DM 11,30

HEFT 392
Prof. Dr. phil. F. Wever u. a., Düsseldorf
Untersuchungen über den Konverterrauch im Hinblick auf die spektrale Überwachung des Thomasprozesses
1957, 48 Seiten, 14 Abb., 4 Tab., DM 12,10

HEFT 393
Dr.-Ing. O. Viertel und S. Brückner-Lucas, Krefeld
Arbeitszeitstudien an Haushaltwaschmaschinen
1957, 74 Seiten, 8 Abb., 13 Tab., DM 17,30

HEFT 394
Privatdozent Dr. med. W. Koch, Münster
Die Ablagerung radioaktiver Substanzen im Knochen
in Vorbereitung

HEFT 395
Dipl.-Ing. L. Hahn, Clausthal-Zellerfeld
Untersuchungen zur Frage des optimalen Bohrloch- und Patronendurchmessers
1957, 132 Seiten, 49 Abb., 19 Tab., DM 31,25

HEFT 396
Prof. Dr.-Ing. F. Schultz-Grunow, Dr.-Ing. A. Jogerich, Essen, Dipl.-Ing. H. Meyer, cand. ing. P. Sand, Aachen
Untersuchungen des Luftwiderstandes von Güterwagen
1957, 42 Seiten, 18 Abb., 5 Tab., DM 10,90

HEFT 397
Techn.-Wissenschaftliches Büro für die Bastfaserindustrie, Bielefeld
Ungleichmäßigkeiten in Bändern von Bastfaserkarden, ihre Ursachen und Auswirkungen
1957, 60 Seiten, 18 Abb., 1 Tab., DM 14,80

HEFT 398
Prof. Dr. habil. H. E. Schwiete, Aachen, u. a.
Einlagerungsversuche an synthetischem Mullit I. — Die Zusammensetzung der Schmelzphase in Schamottesteinen I
1957, 58 Seiten, 6 Abb., 9 Tab., DM 14,40

HEFT 399
Prof. Dr. habil. H. E. Schwiete und Dr.-Ing. R. Vinkeloe, Aachen
Möglichkeiten der quantitativen Mineralanalyse mit dem Zählrohrgerät unter besonderer Berücksichtigung der Mineralgehaltsbestimmung von Tonen
in Vorbereitung

HEFT 400
Prof. Dr. phil. W. Fuchs und Dipl.-Chem. H. Weyerstrass, Aachen
Entwicklung eines Heißfilters zur Reinigung von Gichtgas eines mit Kohle betriebenen Niederschachtofens
1958, 88 Seiten, 30 Abb., DM 20,20

HEFT 401
Prof. Dr.-Ing. M. Lipp und Dipl.-Chem. G. Frielingsdorf, Aachen
Darstellung reaktionsfähiger Verbindungen des Camphansystems und Versuche zu deren Fluorierung
1957, 84 Seiten, DM 17,—

HEFT 402
Prof. Dr. W. Linke, Aachen
Die Wärmeübertragung durch Thermopane-Fenster
in Vorbereitung

HEFT 403
Prof. Dr.-Ing. P. Denzel und Dipl.-Ing. W. Cremer, Aachen
Verbesserung der Benutzungsdauer der Höchstlast in ländlichen Netzen durch Anwendung elektrischer Geräte in der Landwirtschaft
1957, 46 Seiten, 23 Abb., DM 12,10

HEFT 404
Prof. Dr. R. Jaeckel und Dipl.-Phys. F. Gross, Bonn
Die Löslichkeit von Gasen in schwerflüchtigen organischen Flüssigkeiten
1957, 46 Seiten, 17 Abb., 1 Tab., DM 11,50

HEFT 405
Prof. Dr.-Ing. H. Opitz und Dipl.-Ing. H. Schuler, Aachen
Untersuchungen für einen Wirtschaftlichkeitsvergleich der Feinbearbeitungsverfahren
in Vorbereitung

HEFT 406
W. Kirsch, Remscheid
Entwicklungsarbeiten auf dem Gebiete des Korrosionsschutzes
1957, 86 Seiten, 28 Abb., 11 Tabellen, DM 19,—

HEFT 407
Prof. Dr.-Ing. H. Schenk, Aachen, und Dr.-Ing. W. Wenzel, Bad Godesberg
Entwicklungsarbeiten auf dem Gebiete der Verhüttung von Erzstaub in Schmelzkammern
1957, 82 Seiten, 9 Abb., 18 Tabellen, DM 17,10

HEFT 408
Prof. Dr. phil. F. Wever, Dr.-Ing. W. Lueg und Dr.-Ing. H. G. Müller, Düsseldorf
Kraft- und Arbeitsbedarf beim Warmscheren von Stahl in Abhängigkeit von Temperatur und Schnittgeschwindigkeit
1957, 46 Seiten, 15 Abb., 3 Tab., DM 11,35

WESTDEUTSCHER VERLAG · KÖLN UND OPLADEN

HEFT 409
Prof. Dr. phil. F. Wever, Dr. phil. W. Koch, Dr. rer. nat. Ch. Ilschner-Gensch und Dipl.-Phys. H. Rohde, Düsseldorf
Das Auftreten eines kubischen Nitrids in aluminiumlegierten Stählen
1957, 38 Seiten, 12 Abb., 3 Tabellen, DM 10,10

HEFT 410
Prof. Dr. phil. F. Wever, Prof. Dr. rer. techn. A. Kochendörfer, Dr. phil. nat. M. Hempel, Düsseldorf und Dipl.-Phys. E. Hillenhagen, Köln
Biegewechselversuche mit Flachproben aus Alpha-Eisen-Einkristallen zur Bestimmung der Wechselfestigkeit und der Gleitspuren
1957, 112 Seiten, 58 Abb., 3 Tabellen, DM 30,—

HEFT 411
Prof. Dr. W. Halbsguth und Dr. L. Sommer, Frankfurt/M.
Grundlegende Versuche zur Keimungsphysiologie von Pilzsporen
1957, 100 Seiten, 13 Abb., 32 Tabellen., DM 22,70

HEFT 412
Prof. Dr.-Ing. H. Opitz, Aachen
Kennwerte und Leistungsbedarf für Werkzeugmaschinengetriebe
in Vorbereitung

HEFT 413
Prof. Dr.-Ing. H. Opitz, Aachen
Richtwerte für das Fräsen von unlegierten und legierten Baustählen mit Hartmetall, Teil II
1957, 56 Seiten, 35 Abb., 4 Tabellen, DM 14,40

HEFT 414
Dr. med. H. K. Parchwitz und Dr. med. C. Winkler, Bonn
Speicherung organischer Farbstoffe und künstlich radioaktiver Substanzen in Geschwülsten
1958, 46 Seiten, 14 Abb., DM 13,35

HEFT 415
Prof. Dr.-Ing. W. Paul, Dr. rer. nat. O. Osberghaus und Dipl.-Phys. E. Fischer, Bonn
Ein Ionenkäfig
in Vorbereitung

HEFT 416
Oberreg.-Gewerberat Dipl.-Ing. G. Steinicke, Hamburg
Die Wirkung von Lärm auf den Schlaf des Menschen
1957, 46 Seiten, 14 Abb., 8 Tab., DM 11,60

HEFT 417
Prof. Dr.-Ing. habil. E. Rößger, Berlin
I. Teil: Die Entwicklung des Weltluftverkehrs, Ergänzungsbericht 1954
II. Teil: Die zivile Luftfahrtpolitik der USA
1957, 230 Seiten, 6 Abb., 83 Tab., DM 48,—

HEFT 418
O. Gdaniec, Mülheim/Ruhr
Über die Randlochkarte als Hilfsmittel in der Dokumentation
1957, 44 Seiten, 15 Abb., 8 Tab., DM 10,10

HEFT 419
Dipl.-Ing. K. Brooks
Die Messungen der Reflexionseigenschaften künstlicher und natürlicher Materialien mit quasi-optischen Methoden bei Mikrowellen
1957, 78 Seiten, 52 Abb., DM 20,35

HEFT 420
Dipl.-Ing. M. Vogel, Oberpfaffenhofen
Das Spektralgebiet zwischen dem langwelligen Ultrarot und Mikrowellen
1957, 66 Seiten, 2 Abb., DM 13,50

HEFT 421
ORR Dipl.-Volkswirt Dr. H. Rogmann, Düsseldorf
Die Erforschung der Verkehrskonjunktur und der langzeitigen Dynamik in der Verkehrswirtschaft (Zusammenfassung der eingegangenen Stellungnahmen und Vorschläge)
1957, 168 Seiten, 3 Falttafeln, DM 26,60

HEFT 422
Prof. Dr.-Ing. K. Leist und Dipl.-Ing. W. Dettmering, Aachen
Prüfstände zur Messung der Druckverteilung an rotierenden Schaufeln
in Vorbereitung

HEFT 423
Prof. Dr.-Ing. K. Leist und Dr.-Ing. O. Thun, Aachen
Strömungsmessungen über Brennkammer-Wirkungsgrade
in Vorbereitung

HEFT 424
Prof. Dr.-Ing. K. Leist und Dipl.-Ing. I. Weber, Aachen
Spannungsoptische Untersuchungen von rotierenden Scheiben mit exzentrischen Bohrungen
in Vorbereitung

HEFT 425
Dipl.-Ing. H. Lübke, Hamburg
Gasturbinen und Strahlantriebe für Hubschrauber
in Vorbereitung

HEFT 426
Prof. Dr.-Ing. H. Opitz und Dipl.-Ing. W. Scholz, Aachen
Untersuchungen über den Räumvorgang
1957, 74 Seiten, 36 Abb., 7 Tab., DM 16,55

HEFT 427
Dr.-Ing. J. Endres, München
Kinematische Untersuchung eines Zweitakt-Hochleistungs-Dieseltriebwerks mit achsparallelen Zylindern und gegenläufigen Kolben
in Vorbereitung

HEFT 428
Dr.-Ing. J. Endres, München
Untersuchungen der Beschleunigungsverhältnisse eines Zweitakt-Hochleistungs-Dieseltriebwerks mit achsparallelen Zylindern und gegenläufigen Kolben
in Vorbereitung

HEFT 429
Prof. Dr. O. Kuhn, Köln
Selektive Wirkung verschiedener Stoffgruppen auf tierische Gewebe
1957, 54 Seiten, 32 Abb., DM 13,15

HEFT 430
Prof. Dr. G. Garbotz, Aachen und Dr.-Ing. G. Dress, Cadiz
Untersuchungen über das Kräftespiel an Flachbagger-Schneidwerkzeugen in Mittelsand und schwach bindigem, sandigem Schluff unter besonderer Berücksichtigung der Planierschilde und ebenen Schürfkübelschneiden
in Vorbereitung

HEFT 431
Prof. Dr.-Ing. H. Winterhager, Dr.-Ing. R. Kammel und Dipl.-Ing. W. Barthel, Aachen
Fortschritte auf dem Gebiet der Titanmetallurgie 1950—1955
1957, 160 Seiten, DM 34,50

HEFT 432
Dipl.-Phys. R. Werz, Bonn
Die Entwicklung einer Synchrozyklotron-Ionenquelle
in Vorbereitung

HEFT 433
Dr.-Ing. G. Satlow, Aachen
Über einige physikalische und chemische Eigenschaften der Wolle von der gewaschenen Wolle bis zum Kammzug
1957, 72 Seiten, 15 Abb., 19 Tab., DM 15,25

HEFT 434
Dipl.-Ing. W. Rohs und Dr. J. Geurten, Bielefeld
Schlichten für Baumwollgarne
1957, 108 Seiten, 3 Abb., zahlreiche Tab., DM 23,70

HEFT 435
Dipl.-Ing. W. Rohs und Dipl.-Ing. L. Steinmetz, Bielefeld
Die Masseungleichmäßigkeit von Flachstreckenbändern in Abhängigkeit von Verzug und Dopplung
1957, 42 Seiten, 4 Abb., 2 Tabellen, DM 9,90

HEFT 436
Priv.-Doz. Dr. habil. J. Juilfs, Krefeld
Zur Bestimmung der Reißlast (Zugfestigkeit) von Fasern, Fäden und Garnen
in Vorbereitung

HEFT 437
Prof. Dr. G. Schmölders und Dr. I. Meyer, Köln
Geldwertbewußtsein und Münzpolitik. — Das sogenannte Gresham'sche Gesetz im Lichte der ökonomischen Verhaltensforschung
1957, 92 Seiten, DM 20,30

HEFT 438
Prof. Dr.-Ing. H. Winterhager und Dr.-Ing. L. Werner, Aachen
Bestimmung des elektrischen Leitvermögens geschmolzener Fluoride
1957, 52 Seiten, 18 Abb., 10 Tab., DM 11,90

HEFT 439
Prof. Dr. phil. H. Lange, Köln und Dr. rer. nat. R. Kohlhaas, Neuß/Rh.
Anwendung der thermomagnetischen Analyse zum Studium des Umwandlungsverhaltens von Eisenwerkstoffen im Temperaturbereich von $-150°C$ bis $+1500°C$
in Vorbereitung

HEFT 440
Dr.-Ing. H. Wolf, Aachen
Gekoppelte Hochfrequenzleitungen als Richtkoppler
in Vorbereitung

HEFT 441
Dr. phil. habil. P. Hölemann und Ing. R. Hasselmann, Düsseldorf
Messung des Temperatur- und Druckverlaufes beim Füllen und Entspannen von Dissousgas
1957, 52 Seiten, 6 Abb., 7 Tab., DM 11,25

HEFT 442
Dipl.-Ing. W. Rohs, Text.-Ing. Griese und Text.-Ing. W. Lauer, Bielefeld
Die Auswirkungen der Trocknungsart naßgesponnener Leinengarne auf deren Verarbeitungswirkungsgrad sowie auf die Festigkeits- und Dehnungseigenschaften der Garne und Gewebe
1957, 28 Seiten, 2 Abb., 3 Tab., DM 6,50

HEFT 443
Prof. Dr. phil. W. Weizel und K. Kluth, Bonn
Über die Struktur der positiven Gleitentladungen
1957, 44 Seiten, 30 Abb., DM 12,20

HEFT 444
Dr.-Ing. W. Wilhelm, Aachen
Einfluß der Saugrohrabmessung, der Einlaßsteuerlage und der Größe des Kurbelkastenvolumens auf den Ladungswechsel eines Einzylinder-Zweitakt-Dieselmotors
in Vorbereitung

HEFT 445
Dr.-Ing. E. Barz, Remscheid
Fertigungs- und Prüfverfahren für Feilen
vergriffen

HEFT 446
Dr. med. G. Schäfer
Glutationsstoffwechsel und Sauerstoffmangel
1957, 28 Seiten, 5 Tab., DM 6,40

HEFT 447
Prof. Dr.-Ing. F. Bollenrath, Aachen, Dr.-Ing. H. Füllenbach, Seesen/Harz und Dipl.-Ing. J. Schumacher, Neubeckum/Westf.
Entwicklung rationell arbeitender Spritzkabinen
in Vorbereitung

HEFT 448
Dr. med. C. Winkler, Bonn
Ein Koinzidenz-Szintillometer zum Zwecke der Schilddrüsenfunktionsdiagnostik und der Tumordiagnostik
1957, 32 Seiten, 12 Abb., DM 8,35

HEFT 449
Priv.-Doz. Oberbaurat Dr.-Ing. W. Meyer zur Capellen und Mitarbeiter, Aachen
Bewegungsverhältnisse an der geschränkten Schubkurbel
in Vorbereitung

HEFT 450
Prof. Dr.-Ing. W. Paul, Bonn, und Dipl.-Phys. H. P. Reinhard, M.-Gladbach
Das elektrische Massenfilter als Isotopentrenner
in Vorbereitung

HEFT 451
Prof. Dr. G. Schmölders, Köln
Rationalisierung und Steuersystem
1957, 78 Seiten, DM 17,15

HEFT 452
Prof. Dr. rer. nat. W. Weltzien und Dr. phil. K. Windeck, Krefeld
Veränderungen an Fasern bei der Bleiche mit Natriumchlorid und über einige Vergilbungserscheinungen
1957, 64 Seiten, 3 Abb., 13 Tabellen, DM 14,85

HEFT 453
Forschungsinstitut der Feuerfest-Industrie, Bonn
Die Arbeiten der technisch-wissenschaftlichen Kommission der PRE (Vereinigung der europäischen Feuerfest-Industrie)
1957, 62 Seiten, 9 Abb., 18 Tabellen, DM 14,75

HEFT 454
Dr.-Ing. W. Piepenburg, Dipl.-Ing. B. Bühling und Bauing. J. Behnke, Köln
Haftfestigkeit der Putzmörtel
in Vorbereitung

WESTDEUTSCHER VERLAG · KÖLN UND OPLADEN

HEFT 455
Dr.-Ing. W. A. Fischer, Dr.-Ing. H. Treppschuh und Dipl.-Phys. K. H. Köthemann, Düsseldorf
Erschmelzung von Reinsteisen nach dem Kohlenstoffproduktionsverfahren und Kerbschlagzähigkeit-Temperatur-Kurven dieses Eisens
1957, 38 Seiten, 7 Abb., 6 Tabellen, DM 9,35

HEFT 456
Priv.-Doz. Dir. Dr.-Ing. K. Bungardt, Essen
Zeitstandversuche an austenitischen Stählen und Legierungen
in Vorbereitung

HEFT 457
Prof. Dr. phil. F. Wever, Düsseldorf und Dr. phil. W. Wepner, Köln
Dämpfungsmessungen an schwach gereckten Eisen-Kohlenstoff-Legierungen
1957, 34 Seiten, 7 Abb., 3 Tab., DM 8,40

HEFT 458
Prof. Dr.-Ing. H. Schenck und Dr.-Ing. E. Schmidtmann, Aachen
Das Frischen von Thomas-Roheisen mit Sauerstoff-Wasserdampf-Gemischen und die Eigenschaften der damit erblasenen Stähle
1957, 62 Seiten, 56 Abb., DM 16,35

HEFT 459
Prof. Dr. phil. F. Wever, Dr. phil. O. Krisement und Hanna Schädler, Düsseldorf
Ein isothermes Mikrokalorimeter zur kinetischen Messung von Umwandlungs- und Ausscheidungsvorgängen in Legierungen
1957, 44 Seiten, 14 Abb., DM 10,75

HEFT 460
Prof. Dr. phil. F. Wever und Dr. rer. nat. B. Ilschner, Düsseldorf
Ein isothermes Lösungskalorimeter zur Bestimmung thermo-dynamischer Zustandsgrößen von Legierungen
1957, 44 Seiten, 7 Abb., 4 Tabellen, DM 10,40

HEFT 461
Prof. Dr.-Ing. habil. E. Piwowarski †, Prof. Dr.-Ing. W. Patterson und Dipl.-Ing. F. W. Iske, Aachen
Verbesserung der Zähigkeitseigenschaften von Bessemer-Stahlguß
1958, 54 Seiten, 15 Abb., 16 Tabellen, DM 12,75

HEFT 462
Prof. Dr. rer. nat. J. Weissinger
Zur Aerodynamik des Ringflügels — II. Die Ruderwirkung
Zur Aerodynamik des Ringflügels — III. Der Einfluß der Profildicken
1957, 82 Seiten, 7 Abb., 6 Tabellen, DM 18,20

HEFT 463
Dipl.-Ing. G. Plüss, Essen-Steele
Die Aufteilung der verbrennlichen Bestandteile in Verbrennungsgasen auf CO und H_2 bei Verbrennung mit Luftunterschuß und bei Luftüberschuß und künstlicher Flammenkühlung
1957, 34 Seiten, 7 Abb., 2 Tabellen, DM 8,40

HEFT 464
Dr. phil. habil. P. Hölemann und Ing. R. Hasselmann, Dortmund
Die Möglichkeit der Zündung von Acetylen in Rohrleitungen beim Ausbleiben mit Stickstoff
1957, 38 Seiten, 6 Abb., 6 Tabellen, DM 9,20

HEFT 465
Dr.-Ing. R. Koch, Köln
Amerikanische Fertigungsunterlagen und ihre Werkstattreifmachung für deutsche Betriebe
in Vorbereitung

HEFT 466
Prof. Dr.-Ing. J. Mathieu, Aachen
Überbetrieblicher Verfahrensvergleich
in Vorbereitung

HEFT 467
Prof. Dr. Dr. h. c. E. Klenk und Dr. phil. H. Faillard, Köln
Neue Erkenntnisse über den Mechanismus der Zellinfektion durch Influenzavirus
Die Bedeutung der Neuraminsäure als Zellreceptor für das Influenzavirus
1957, 52 Seiten, 5 Abb., DM 14,40

HEFT 468
Prof. Dr. med. Dr. med. dent. G. Korkhaus und Dr. med. R. Alfter, Bonn
Die Vakuumwurzelbehandlung
in Vorbereitung

HEFT 469
Dr. sc. agr. F. Riemann und Dipl.-Volksw. R. Hengstenberg, Göttingen
Zur Industrialisierung kleinbäuerlicher Räume
1957, 138 Seiten, 4 Karten, 23 Tab., DM 27,—

HEFT 470
O. Wehrmann
Hitzdrahtmessungen in einer aufgespaltenen Kármánschen Wirbelstraße
1957, 42 Seiten, 14 Abb., 4 Tabellen, DM 10,90

HEFT 471
Prof. Dr. phil. habil. A. Naumann, Dr.-Ing. A. Heyser und Dr. phil. Dipl.-Ing. W. Trommsdorf, Aachen
Der Überdruck-Windkanal in Aachen
1957, 44 Seiten, 20 Abb., DM 11,—

HEFT 472
Dipl.-Ing. A. Freitag, Essen-Steele
Verhalten von Katalytstrahlern bei Betrieb mit Luftvormischung zum Gas und der Verbrennung von Luft gegen eine Gasatmosphäre
in Vorbereitung

HEFT 473
Prof. Dr. phil. F. Wever, Dr.-Ing. W. Lueg und Dipl.-Ing. P. Funke jr. Düsseldorf
Versuche an einer hydraulischen 25 t-Stangenziehbank
1957, 34 Seiten, 11 Abb., DM 8,95

HEFT 474
Dr.-Ing. R. Ibing und Dipl.-Ing. G. Meier, Hannover
Eichung und Entwicklung von Staubentnahmesonden
in Vorbereitung

HEFT 475
Prof. Dipl.-Ing. W. Sturtzel, Obering. Helm und Dipl.-Ing. Heuser, Duisburg
Systematische Ruderversuche mit einem Schleppkahn und einem Binnenselbstfahrer vom Typ „Gustav Koenigs"
in Vorbereitung

HEFT 476
Prof. Dipl.-Ing. W. Sturtzel und Dipl.-Ing. Schmidt-Stiebitz, Duisburg
Einfluß der Hinterschiffsform auf das Manövrieren von Schiffen auf flachem Wasser
in Vorbereitung

HEFT 477
Dr. K. Utermann, Dortmund
Freizeitprobleme bei der männlichen Jugend einer Zechengemeinde
1957, 56 Seiten, DM 12,75

HEFT 478
Prof. Dr.-Ing. habil. W. Petersen und Dr.-Ing. S. Wawroschek, Aachen
Brikettierungsversuche zur Erzeugung von Möllerbriketts unter Verwendung von Braunkohle
1957, 102 Seiten, 42 Abb., 6 Tabellen, DM 24,25

HEFT 479
Prof. Dr.-Ing. W. Wegener, Aachen, und Dipl.-Ing. H. Fourné, Bochum
Ursachen des Überschreitens der Toleranzgrenze nach oben oder unten (Meter pro Gramm) an der Strecke
1958, 60 Seiten, 17 Abb., 3 Tabellen, DM 14,60

HEFT 480
Dr. phil. K. Brücker-Steinkuhl, Düsseldorf
Anwendung mathematisch-statistischer Verfahren bei der Fabrikationsüberwachung
in Vorbereitung

HEFT 481
Oberbaurat Dr.-Ing. W. Meyer zur Capellen, Aachen
Fünf- und sechspunktige Geradführung in Sonderlagen des ebenen Gelenkvierecks
in Vorbereitung

HEFT 482
Dipl.-Ing. R. Pels-Leusden und Dr. K. Bergmann, Essen
Die Frostbeständigkeit von Ziegeln; Einflüsse der Materialzusammensetzung und des Brandes
in Vorbereitung

HEFT 483
Prof. Dr.-Ing. habil. F. A. F. Schmidt, Aachen
Gemischbildungs-, Selbstzündungs- und Verbrennungsvorgänge als Grundlage für Entwicklungsarbeiten an Gasturbinenbrennkammern
in Vorbereitung

HEFT 484
Prof. Dr. habil. H. E. Schwiete und Dr. G. Schwiete, Aachen
Beitrag zur Struktur des Montmorillonit
in Vorbereitung

HEFT 485
Prof. Dr. phil. E. Jenckel, Aachen, Dr. H. Wilsing, Dormagen, Dr. H. Dörffurt, Wesseling/Bez. Köln und Dipl.-Phys. H. Rinkens, Eschweiler
Kristallisation und Hochpolymeren
in Vorbereitung

HEFT 486
Doz. Dr. med. E. Lerche und Dr. med. J. Schulze, Aachen
Hörermüdung und Adaptation im Tierexperiment
in Vorbereitung

HEFT 487
Prof. Dipl.-Ing. W. Blume, Duisburg
Festigkeitseigenschaften kombinierter Leichtbaustoffe im Hinblick auf die Verkehrstechnik, insbesondere des Flugzeugbaus
in Vorbereitung

HEFT 488
Prof. Dr. habil. H. E. Schwiete und Dipl.-Chem. H. Westmark
Beitrag zur Kennzeichnung der Texturen von Schamottesteinen
in Vorbereitung

HEFT 489
Dipl.-Math. K. H. Müller
Strenge Lösungen der Navier-Stokes-Gleichung für rotationssymmetrische Strömungen
1957, 64 Seiten, 23 Abb., DM 14,85

HEFT 490
Hauptstelle für Staub- und Silikosebekämpfung des Steinkohlenbergbauvereins, Essen-Rüttenscheid
Zur Staub- und Silikosebekämpfung im Steinkohlenbergbau
in Vorbereitung

HEFT 491
Prof. Dr. Fr. Lotze und K. Kötter, Münster
Chloridgehalte des oberen Emsgebietes und ihre Beziehungen zur Hydrogeologie
in Vorbereitung

HEFT 492
Prof.-Dr. phil. J. Meixner und B. Manz, Aachen
Zur Theorie der irreversiblen Prozesse in α-Eisen
in Vorbereitung

HEFT 493
Prof. Dr. phil. habil. A. Naumann und Dipl.-Ing. H. Pfeiffer, Aachen
Versuche an Wirbelstraßen hinter Zylindern bei hohen Geschwindigkeiten
in Vorbereitung

HEFT 494
Dipl.-Ing. W. Rohs und Text.-Ing. Griese, Bielefeld
Entwicklung und Erprobung eines verbesserten elektrischen Kettfadenwächtergeschirrs für die Leinen- und Halbleinenweberei
1957, 56 Seiten, 9 Abb., 11 Tabellen, DM 13,—

HEFT 495
Prof. Dr. phil. E. Asmus und Dr. rer. nat. H.-F. Kurandt, Berlin
Einige analytische Anwendungen der Zincke-Königschen Reaktion
in Vorbereitung

HEFT 496
Dipl.-Chem. P. Vogel, Krefeld
Färberische Eigenschaften von zur Herstellung von Verdickungen in der Stoffdruckerei bestimmten Sorten
1957, 38 Seiten, 3 Abb., 3 Tabellen, DM 9,30

HEFT 497
Oberarzt Dr. med. G. Mußgnug, Bottrop
Die Knochenveränderungen und der Knochenstoffwechsel beim Sudeck-Syndrom
1958, 58 Seiten, 18 Abb., DM 13,85

HEFT 498
Prof. Dr.-Ing. H. Zahn und Dr. rer. nat. W. Gerstner, Aachen
Herstellung säurefester technischer Gewebe
1957, 40 Seiten, 8 Tabellen, DM 9,65

HEFT 499
Priv.-Doz. Dr. J. Juilfs, Krefeld
Die Bestimmung des Wasserrückhaltevermögens (bzw. des Quellwertes) von Fasern
in Vorbereitung

WESTDEUTSCHER VERLAG · KÖLN UND OPLADEN

HEFT 500
Priv.-Doz. Dr. J. Juilfs, Krefeld
Vergleichende Untersuchungen am Schopper-Scheuerprüfgerät
in Vorbereitung

HEFT 501
Dipl.-Ing. W. Robs und Dr. J. Geurten, Bielefeld
Untersuchungen in der Leinengarnbleiche
in Vorbereitung

HEFT 502
Prof. Dr. M. Diem und Dr. R. Trappenberg, Karlsruhe
Berechnung der Ausbreitung von Staub und Gas
1957, 200 Seiten, mit zahlreichen Diagr., DM 37,30

HEFT 503
Dr. rer. nat. J. Faßbender, Bonn
Untersuchungen über die Eigenschaften von Cadmiumsulfid-Sandwich-Zellen
1957, 36 Seiten, 8 Abb., DM 8,80

HEFT 504
Prof. Dr. phil. F. Wever, Dr. phil. W. Wink und Dr. rer. nat. W. Jellinghaus, Düsseldorf
Versuchsanordnung zur Messung der Suszeptibilität paramagnetischer Stoffe und Meßergebnisse an Nickel-Chrom- und Kobalt-Nickel-Chrom-Werkstoffen
in Vorbereitung

HEFT 505
Prof. Dr.-Ing. F. A. F. Schmidt und Dipl.-Ing. H. Heitland, Aachen
Einfluß des Selbstzündungsverhaltens der Kraftstoffe auf den Verbrennungsablauf, Wirkungsgrad und Druckverlust von Hochleistungsbrennkammern
in Vorbereitung

HEFT 506
Prof. Dr.-Ing. W. Meyer zur Capellen, Aachen
Der Flächeninhalt von Koppelkurven. — Ein Beitrag zu ihrem Formenwandel
in Vorbereitung

HEFT 507
Prof. Dr. H. Kaiser, Dr. G. Bergmann und Dr. G. Gresze, Dortmund
Kartei zur Dokumentation in der Molekülspektroskopie
in Vorbereitung

HEFT 508
Dr. H. Schmidt-Ries, Krefeld
Limnologische Untersuchungen des Rheinstromes I (Hydrobiologische und physiographische Untersuchungen)
in Vorbereitung

HEFT 509
Dr. Schmidt-Ries, Krefeld
Limnologische Untersuchungen des Rheinstromes I (Tabellenwerk)
in Vorbereitung

HEFT 510
Prof. Dr. rer. nat. W. Groth und Dr.-Ing. K. Bayerle, Bonn
Anreicherung der Uranisotope nach dem Gaszentrifugenverfahren
in Vorbereitung

HEFT 511
H. Wahl, G. Kantenwein und W. Schäfer, Essen
Gesteinsbohr-Modellversuche zur Frage des Drehbohrens, Schlagbohrens und Drehschlagbohrens
in Vorbereitung

HEFT 512
Prof. Dr. H. Strassl, Bonn
Azimut-Monogramme für alle Stundenwinkel und Deklinationen im Bereich der geographischen Breiten von —80° bis +80°
in Vorbereitung

HEFT 513
Prof. Dr. W. Schmitz und Dr. rer. F. Schmitt, Mülheim/Ruhr
Die Verwendung des Magnetbandgerätes zur Speicherung des Kurvenverlaufs elektrischer Ströme
in Vorbereitung

HEFT 514
Dr. rer. nat. M.-E. Meffert, Essen
Die Kultur von Scenedesmus obliquus in Abwasser
1957, 46 Seiten, 7 Abb., 7 Tabellen, DM 10,85

HEFT 515
Prof. Dr. habil. H. E. Schwiete und Dr.-Ing. Chr. Hummel, Aachen
Thermochemische Untersuchungen im System SiO_2 und $Na_2O—SiO_2$
in Vorbereitung

HEFT 516
Prof. Dr.-Ing. H. Müller, Dipl.-Ing. F. Reinke und Dipl.-Ing. W. Sorgenicht, Essen
Gesamtstrahlungsmessungen der Temperaturstrahlung
in Vorbereitung

HEFT 517
Prof. Dr. med. G. Lehmann und Dr. med. J. Meyer-Delius, Dortmund
Gefäßreaktionen der Körperperipherie bei Schalleinwirkung
in Vorbereitung

HEFT 518
Dr.-Ing. H. Scheffler, Dortmund
Funktionelle Zusammenhänge der dynamischen Einflußgrößen beim handgeführten Druckluft-Abbauhammer und ihre Berücksichtigung für die Konstruktion rückstoßarmer Hämmer
in Vorbereitung

HEFT 519
Prof. Dr. phil. F. Wever, Dr. phil. W. Koch und Dr. phil. S. Eckhard, Düsseldorf
Die spektrographische Bestimmung der Spurenelemente in Stahl ohne vorherige Abbrennung
in Vorbereitung

HEFT 520
Prof. Dr.-Ing. H. Opitz, Dipl.-Ing. H. Obrig und Dipl.-Ing. P. Kips, Aachen
Untersuchung neuartiger elektrischer Bearbeitungsverfahren
in Vorbereitung

HEFT 521
Prof. Dr.-Ing. H. Opitz und Dipl.-Ing. K. E. Schwartz, Aachen
Das Abrichten von Schleifscheiben mit Diamanten
in Vorbereitung

HEFT 522
J. Lorentz und K. Brocks
Elektrische Meßverfahren in der Geodäsie
in Vorbereitung

HEFT 523
K. Eberts
Entwicklungen einiger Meßverfahren und einer Frequenz- und amplitudenstabilisierten Meßeinrichtung zur gleichzeitigen Bestimmung der komplexen Dielektrizitäts- und Permeabilitätskonstante von festen und flüssigen Materialien im rechteckigen Hohlleiter und im freien Raum bei Frequenzen von 9200 und 33000 MHz
in Vorbereitung

HEFT 524
Dr. rer. nat. S. Lockau, Emlichheim
Versuche zur Gewinnung von Kartoffeleiweiß
in Vorbereitung

HEFT 525
Prof. Dr. Dr. h.c. H. P. Kaufmann und Dr. F. Wegborst, Münster
Beiträge zur Chemie und Technologie der Fetthärtung I
in Vorbereitung

HEFT 526
Dr. phil. habil. P. Hölemann und Ing. R. Hasselmann, Dortmund
Einfluß der Oberflächenbeschaffenheit der Wandung auf den Ablauf von Azetylenexplosionen
in Vorbereitung

HEFT 527
Dr. rer. nat. K. G. Müller, Hanau/W.
Wärmeübertragung auf eine Flugstaubströmung im senkrechten Rohr sowie auf eine durchströmte Schüttgutschicht
in Vorbereitung

HEFT 528
Dr. P. Ney und Dr. F. Schwarz, Köln
Physikochemische Grundlagen der Bildsamkeit von Kalken unter Einbeziehung des Begriffs der aktiven Oberfläche
Kristallchemische Betrachtung der Bildsamkeit
in Vorbereitung

HEFT 529
Dr. phil. G. Riedel, Dortmund
Messung und Regelung des Klimazustandes durch eine die Erträglichkeit für den Menschen anzeigende Klimasonde
in Vorbereitung

HEFT 530
Prof. Dr. med. O. Graf, Dortmund
Nervöse Belastung im Betrieb — I. Teil: Nachtarbeit und nervöse Belastung
in Vorbereitung

HEFT 531
Prof. Dr.-Ing. habil. K. Krekeler, Dipl.-Ing. H. Verhoeven und Dipl.-Ing. H. Ernenputsch, Aachen
Autogenes Entspannen bei niedrigen Temperaturen
in Vorbereitung

HEFT 532
Prof. Dr.-Ing. habil. K. Krekeler, Dipl.-Ing. H. Verhoeven und Dipl.-Ing. W. Krieweth, Aachen
Schutzgasschweißen mit kontinuierlich abschmelzender Elektrode von niedriglegierten Kohlenstoffstählen (Sigma-Schweißen)
in Vorbereitung

HEFT 533
Prof. Dr.-Ing. H. Opitz und Dipl.-Ing. W. Hölken, Aachen
Untersuchung von Ratterschwingungen an Drehbänken
in Vorbereitung

HEFT 534
Oberbergamtsdirektor H. Sanders, Dortmund
Seismische Forschungsarbeiten im Ostteil des Grubenfeldes König Ludwig
in Vorbereitung

HEFT 535
Dr.-Ing. J. Lennertz, Köln
Einfluß des Ausbaugrades und Benutzungsgrades nachrichtentechnischer Einrichtungen auf die Gesamtwirtschaft
in Vorbereitung

HEFT 536
Dr. rer. nat. C. W. Czernin-Chudenitz, Krefeld
Limnologische Untersuchungen des Rheinstromes. — Quantitative Phytoplanktonuntersuchungen
in Vorbereitung

HEFT 537
Dr.-Ing. N. Gössl, Frankfurt/M.
Probleme der Zugförderung im Zusammenhang mit der Ausnutzung der Atom-Energie
in Vorbereitung

HEFT 538
Prof. Dr. K. Hinsberg, Düsseldorf
Reaktion zur Frühdiagnose von Krebserkrankungen
in Vorbereitung

HEFT 539
Prof. Dr. L. v. Ubisch, Norwegen
Die philogenetischen Symmetrieveränderungen bei den Seeigeln
in Vorbereitung

HEFT 540
Prof. Dr. rer. nat. H. Krebs, Bonn
Die katalytische Aktivierung des Schwefels
in Vorbereitung

HEFT 541
Prof. Dr. O. Schmitz-DuMont, Bonn
Reaktionen in flüssigem Ammoniak zur Gewinnung von 1. Titanylamid, 2. Oxykobalt (III)-amiden, 3. Ammonobasischen Kobalt (III)-benzylaten
in Vorbereitung

HEFT 542
Dr. phil. nat. G. Zapf, Schwelm
Entwicklung eines Verfahrens zur Herstellung von Formteilen aus Sintermessing
in Vorbereitung

HEFT 543
Prof. Dr. phil. habil. H. E. Schwiete, Dr. phil. H. Müller-Hesse und Dipl.-Ing. G. Gelsdorf, Aachen
Einlagerungsversuche an synthetischem Mullit. Teil II
in Vorbereitung

HEFT 544
Prof. Dr. phil. habil. H. E. Schwiete, Dr.-Ing. A. K. Bose und Dr. phil. H. Müller-Hesse, Aachen
Die Schmelzphase in Schamottesteinen. — Teil II
in Vorbereitung

HEFT 545
Prof. Dr. phil. habil. H. E. Schwiete, Dr. rer. nat. G. Ziegler und Dipl.-Ing. Ch. Kliesch, Aachen
Thermochemische Untersuchungen über die Dehydration des Montmorillonits
in Vorbereitung

HEFT 546
Prof. Dr.-Ing. K. Leist und K. Graf, Aachen
Vergleich von Gleichdruck- und Verpuffungsgasturbinen
in Vorbereitung

HEFT 547
Prof. Dr.-Ing. K. Leist, K. Graf und D. Stojek, Aachen
Das betriebliche Verhalten von Gasturbinen-Fahrzeugen
in Vorbereitung

HEFT 548
Prof. Dr.-Ing. K. Leist und J. Weber, Aachen
Spannungsoptische Untersuchungen von Turbinenscheiben mit angefrästen und eingesetzten Schaufeln
in Vorbereitung

HEFT 549
Dr.-Ing. R. Merten, Duisburg
Resonanzanpassung bei einem Tiefpaß
in Vorbereitung

HEFT 550
Dr. H. Stephan, Bonn
Elektrisches Standhöhenmeßgerät für Flüssigkeiten
in Vorbereitung

HEFT 551
Prof. Dr. phil. W. Weizel und Dipl.-Phys. B. Brandt, Bonn
Betriebsbedingungen einer stromstarken Glimmentladung
in Vorbereitung

HEFT 552
Dr.-Ing. G. Leiber und Dipl.-Ing. D. Schauwinhold, Duisburg-Hamborn
Versuche zur Erzeugung halbberuhigten Stahles
in Vorbereitung

HEFT 553
Prof. Dr. rer. pol. G. Garbotz und Dipl.-Ing. J. Theiner, Aachen
Untersuchungen der Walzverdichtungsvorgänge auf Lößlehm, Kies und Schotter
in Vorbereitung

HEFT 554
Prof. Dr.-Ing. H. Müller, Essen
Untersuchung von Elektrowärmegeräten für Laienbedienung hinsichtlich Sicherheit und Gebrauchsfähigkeit. — Teil II: Temperaturen an und in schmiegsamen Elektrogeräten
in Vorbereitung

HEFT 555
Prof. Dr. med. H. Elbel und Dipl.-Phys. K. Sellier, Bonn
Der Nachweis kleinster CO-Mengen in Körperflüssigkeiten
in Vorbereitung

HEFT 556
Prof. Dr. A. Gütgemann und Dr. med. G. Karcher, Bonn
Klinische und experimentelle Untersuchungen mit Hilfe einer künstlichen Niere
in Vorbereitung

HEFT 557
Dr.-Ing. H. Schiffers, Dipl.-Ing. D. Ammann, Dipl.-Ing. E. Brugger und R. Dicke, Aachen
Härtbarkeit von Gußeisen mit Lamellen- und Kugelgraphit in Abhängigkeit von Zusammensetzung und Gefüge
in Vorbereitung

HEFT 558
Dr. phil. C. A. Roos, Aachen
Menschlich bedingte Fehlleistungen im Betrieb und Möglichkeiten ihrer Verringerung
in Vorbereitung

HEFT 559
Prof. Dr. H. E. Schwiete und Dipl.-Chem. R. Gauglitz, Aachen
Die Verflüssigung von Montmorillonitschlämmen
in Vorbereitung

HEFT 560
Prof. Dr. med. J. Vonkennel und Dr. G. Froitzheim, Köln
Zur Prüfung silikonhaltiger Hautschutzsalben
in Vorbereitung

HEFT 561
Prof. Dipl.-Ing. W. Sturtzel und Dr.-Ing. Schmidt-Stiebitz, Duisburg
Verbesserung des Wirkungsgrades von Düsenpropellern durch zusätzlich angeordnete Mischdüsen
in Vorbereitung

HEFT 562
Prof. Dr.-Ing. H. Schenck, Prof. Dr. phil. habil N. G. Schmahl und Dr.-Ing. G. Funke, Aachen
Die Reduzierbarkeit von Eisenerzen
in Vorbereitung

HEFT 563
Dr. D. v. Oppen, Dortmund
Beiträge zur Soziologie der Gemeinde im Ruhrgebiet. — II. Familien in ihrer Umwelt
in Vorbereitung

HEFT 565
Dr. K. Hahn und Dr. R. Mackensen, Dortmund
Beiträge zur Soziologie der Gemeinde im Ruhrgebiet. — IV. Die kommunale Neuordnung des Ruhrgebietes, dargestellt am Beispiel Dortmunds
in Vorbereitung

HEFT 566
Dr. H. Klages, Dortmund
Der Nachbarschaftsgedanke und die nachbarliche Wirklichkeit in der Großstadt
in Vorbereitung

WESTDEUTSCHER VERLAG · KÖLN UND OPLADEN

MIX
Papier aus verantwortungsvollen Quellen
Paper from responsible sources
FSC® C105338

If you have any concerns about our products,
you can contact us on
ProductSafety@springernature.com

In case Publisher is established outside the EU,
the EU authorized representative is:
**Springer Nature Customer Service Center GmbH
Europaplatz 3, 69115 Heidelberg, Germany**

Printed by Libri Plureos GmbH
in Hamburg, Germany